职业教育计算机网络系列创新教材

Linux 网络操作系统项目教程

主　编　贵颖祺

副主编　田卫红　王浦衡　冯　馨

谢树新　武海华

科学出版社

北　京

内 容 简 介

本书根据中等职业教育的人才培养目标，结合中职中专教学改革的要求，本着“工学结合、项目引领、任务驱动、教学做评一体化”的教学模式，以项目为单元，以应用为主线，将理论知识融入实践项目，是为中等职业学校学生学习知识和提高技能量身定做的教材。

本书以网络操作系统配置与管理的企业真实项目为载体，以 RHEL 为平台，全面、系统、深入地介绍了 Linux 操作系统安装与基本配置、Linux 文件与目录管理、Linux 操作系统管理与维护、Shell 脚本编程基础、NFS 服务器配置与管理、Samba 服务器配置与管理、DHCP 服务器配置与管理、DNS 服务器配置与管理、Web 服务器配置与管理、FTP 服务器配置与管理、NAT 服务器和防火墙配置与管理等相关知识，通过大量任务把各个知识点有机地组织起来，以清晰具体的操作步骤带领学生综合运用所学知识完成 Linux 操作系统安装和各类服务器的配置与管理等实际任务，着重培养学生的动手能力。

本书既可作为中等职业学校计算机应用、计算机网络技术、网络信息安全等相关专业的教材，也可供广大的 Linux 爱好者、Linux 操作系统管理维护和网络管理人员、计算机培训机构的教师和学员参考使用。

图书在版编目（CIP）数据

Linux 网络操作系统项目教程/贵颖祺主编. —北京：科学出版社，2024.8

（职业教育计算机网络系列创新教材）

ISBN 978-7-03-078337-0

Ⅰ. ①L… Ⅱ. ①贵… Ⅲ. ①Linux 操作系统–职业教育–教材 Ⅳ. ①TP316.89

中国国家版本馆 CIP 数据核字（2024）第 064779 号

责任编辑：孙露露　王会明 / 责任校对：赵丽杰

责任印制：吕春珉 / 封面设计：东方人华平面设计部

科学出版社 出版

北京东黄城根北街 16 号

邮政编码：100717

http://www.sciencep.com

三河市骏杰印刷有限公司印刷

科学出版社发行　各地新华书店经销

*

2024 年 8 月第 一 版　开本：787×1092　1/16

2024 年 8 月第一次印刷　印张：17

字数：413 000

定价：53.00 元

（如有印装质量问题，我社负责调换）

销售部电话 010-62136230　编辑部电话 010-62135763-2010

前 言

随着网络技术的发展，网络应用已经成为人们生活和工作中的一个重要组成部分。作为开源操作系统的代表，Linux 操作系统在系统级的数据库、消息管理、Web 应用、桌面办公、嵌入式开发等领域得到了广泛的应用。Red Hat 公司发行的 Linux 是 Linux 发行版本中最成功的一个，它在 Linux 服务器应用中的市场占有率也是最高的。自从 Red Hat Linux 9.0 版本发布后，Red Hat 公司就不再开发桌面版的 Linux 发行套件，而将全部精力集中在服务器版的开发上，也就是 Red Hat Enterprise Linux（RHEL）版。RHEL 8 作为全球领先的企业级 Linux 操作系统，已经获得了数百个云服务提供商以及数千个硬件和软件供应商的认证。

本书以 RHEL 8 为平台，结合编者多年的教学及实践经验，以网络操作系统配置与管理的真实项目为载体，从实用出发，紧紧围绕“培养什么人、怎样培养人、为谁培养人”这一教育根本问题，全面落实立德树人根本任务，强化学生职业素养，将“法律意识”“安全意识”“文化自信”“工匠精神”“网络强国”等以思政小贴士的方式有机融入教材，不断提升育人效果。本书坚持“职普融通、产教融合、科教融汇”原则，充分吸收了有实践经验的企业网络工程师和兄弟学校的优秀教师参与教材大纲的审订和教材的编写。本书通过真实的企业案例全面系统地阐述了配置与管理 Linux 操作系统所需的知识与技能。

1．本书内容

本书安排了 Linux 操作系统安装与基本配置、Linux 文件与目录管理、Linux 操作系统管理与维护、Shell 脚本编程基础、NFS 服务器配置与管理、Samba 服务器配置与管理、DHCP 服务器配置与管理、DNS 服务器配置与管理、Web 服务器配置与管理、FTP 服务器配置与管理、NAT 服务器和防火墙配置与管理 11 个项目，提供了 81 个任务、96 个操作示例、157 个知识拓展、42 个技能拓展和 33 个微课，如表 0-1 所示。

表0-1　本书涉及的任务、操作示例、知识拓展、技能拓展及微课统计表

内容	项目 1	项目 2	项目 3	项目 4	项目 5	项目 6	项目 7	项目 8	项目 9	项目 10	项目 11	合计
任务	7	7	10	11	5	8	5	6	9	9	4	81
操作示例	7	8	14	12	10	4	4	17	0	2	18	96
知识拓展	12	18	14	17	13	14	13	14	14	13	15	157
技能拓展	5	3	5	6	3	3	4	3	3	4	3	42
微课	3	3	3	3	3	3	3	3	3	3	3	33

2．本书特点

本书是编者在充分汲取国内外 Linux 操作系统配置与管理方面相关文献的精华和相关编者的丰富实践经验的基础上，结合国内外信息产业发展趋势和网络服务的特点，依据自身多年的 Linux 操作系统配置与管理方面的理论研究与教学实践成果，以

及在大学和企业讲授与管理 Linux 操作系统的经验总结而成。本书遵循“工学结合、项目引领、任务驱动、教学做评一体化”的教学模式，遵循学生的认知规律和不同学生的个性特点，根据企业和行业的要求对项目重新进行优化和筛选，主要特点如下。

（1）校企联合开发，编写理念新颖

本书由校企联合开发，所有项目均与企业专家进行了深度研讨，行业特色鲜明。编写团队成员来自学校和企业，具有很强的理论研究与教学实践能力，编写经验丰富，编写理念新颖。

本书编写以“项目-任务”为载体，以工作过程为导向，提供大量任务、操作示例和项目拓展，有助于讲练结合、现场示范、互教互练教学过程的实施。

（2）体例模式创新，教学项目对接职业岗位能力标准

本书根据职业岗位需求精选教学项目，采用情境引入，按照“项目引入→项目任务→相关知识→项目实施→项目拓展→项目总结”的层次流程对教学内容进行组织。

本书所有任务、操作示例和项目拓展都源于企业的真实项目，操作步骤详细，语言通俗易懂，过程设计完整，有助于全面提升学生动手能力和综合素质。

（3）内容选材新，层次分明，重点、难点突出

本书内容选材新，案例、资料、图片选择紧密结合实际生产需要，每个项目都给出了具体的教学导航，使学生在学习新内容之前能够做到心中有数、有的放矢。

本书在项目引领下，采用由浅入深、层次递进的“层次化”策略，以大部分学生为主体，照顾全体，兼顾不同层次学生的需求，便于学生理解与记忆。

本书的知识体系构建对接了岗位职业能力要求和国家职业标准，有利于实施“课证融通”，提高教学质量。

（4）提供丰富的立体化、数字化教学资源，方便教学

本书提供丰富的教学资源，包括课程标准、课程考核方案、教学课件、教学设计、微课视频、项目库、技能考核题库等，为师生创造良好的线上、线下学习环境，便于提高学生的学习兴趣和学习效果。

（5）强化课程思政教育，践行职业道德规范

本书以立德树人为根本，充分发挥教材承载的思政教育功能，将课程思政内容有机融入每个项目的情境描述和任务等相关环节中，并结合职业特点，潜移默化地培育学生的职业精神和道德素养。

3．其他

本书由常德科技职业技术学院贵颖祺任主编；娄底潇湘职业学院田卫红，湖南化工职业技术学院王浦衡、冯馨，湖南铁道职业技术学院谢树新，长沙职业技术学院武海华任副主编。娄底职业技术学院肖忠良、常德科技职业技术学院燕飞宇、长沙幼儿师范高等专科学校张振雄、浏阳市职业中专聂蕾、湖南省衡南县职业中等专业学校全广花、神州数码（湖南）科技有限公司丁明勇等参与了教材的编写、校对与整理工作，此外还有许多同行给予了热情的帮助，在此一并表示感谢。

由于编者水平有限，书中难免存在疏漏与不足之处，希望广大读者不吝赐教。读者对书中内容如有疑问，或者在实际工作中遇到什么问题，都可以发 E-mail 至 5688609@qq.com 获得技术支持与帮助。

目　录

项目1　Linux操作系统安装与基本配置

Linux是一个优秀的操作系统，它支持多用户、多进程和多线程，实时性好，自由开放，且具备强大的网络功能。Linux的这些特性使其成为非常流行的服务器操作系统之一，且具有无限广阔的发展前景。Red Hat Enterprise Linux（RHEL）具备很多全新的特性，引起了业界广泛的关注，是构建网络服务器的理想选择。

本项目按照工作流程引领学生全面了解Linux、部署虚拟环境、选择Linux版本、分析Linux的硬件需求、安装RHEL以及配置Linux基本工作环境，所有任务提供了详细的操作步骤，以此帮助学生全面而又熟练地掌握Linux操作系统的安装、使用与基本工作环境的构建。

教学导航

知识目标	（1）了解Linux系统的诞生与发展 （2）了解Linux系统的组成与版本 （3）了解VMware虚拟机 （4）掌握Linux的磁盘分区 （5）掌握Linux的安装与使用方法 （6）掌握Linux系统基本工作环境的配置方法
技能目标	（1）会选择合适的Linux系统 （2）能利用VMware部署虚拟机环境 （3）会安装Linux网络操作系统 （4）能合理进行磁盘分区 （5）能配置Linux网络操作系统基本工作环境 （6）能简单使用Linux操作系统
素质目标	（1）培养认真细致的工作态度和工作作风 （2）养成刻苦、勤奋、好问、独立思考和细心检查的学习习惯 （3）培养自学能力，分析问题、解决问题能力和创新能力 （4）培养法律意识、奉献精神、爱国情感和责任担当
重点、难点	（1）重点：部署虚拟环境，安装Linux操作系统 （2）难点：安装Linux操作系统，配置IP地址，测试网络环境
课时建议	（1）教学课时：理论学习2课时+教学示范2课时 （2）技能训练课时：课堂模拟2课时+课堂训练2课时

1.1　项 目 引 入

易联网络技术有限公司承接了添艺教育培训中心的网络改造工程，改造后的网络拓扑结构如图 1-1 所示。改造前，局域网中的服务器采用 Windows 操作系统提供网络服务，考虑到系统的安全性、稳定性和性价比等因素，经过双方协商，决定改造后网络服务器使用 Linux 操作系统提供 Samba、NFS、DHCP、DNS、Web 和 FTP 等各类网络服务。改造前期的网络优化、网络布线、设备安装与设备配置等工作均已顺利完成。

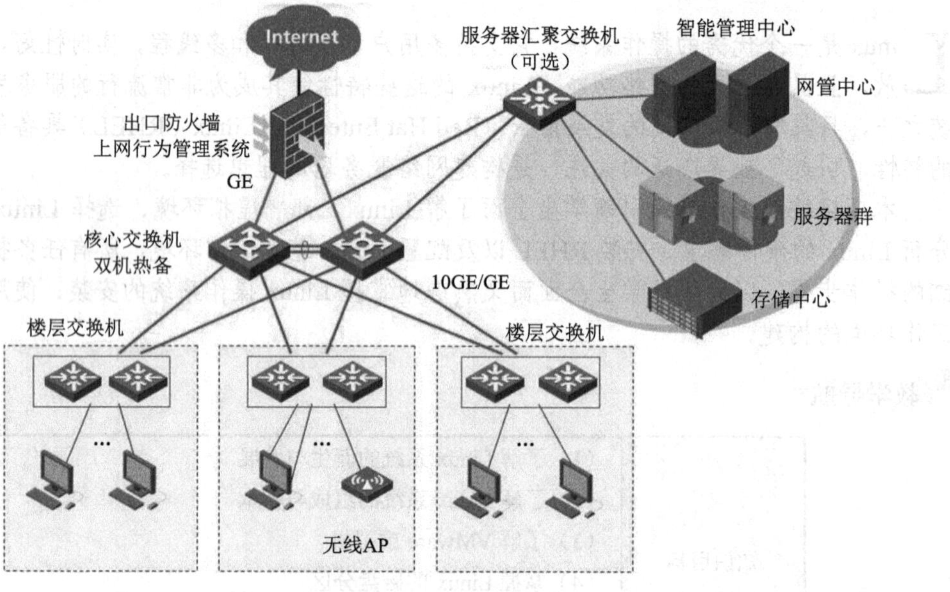

图 1-1 添艺教育培训中心网络拓扑结构

接下来需要在服务器中安装并配置 Linux 操作系统，这项任务分配给网络工程师曹捷。此时，曹捷需要为添艺教育培训中心的网络服务器选择哪个 Linux 版本？选择好 Linux 版本后又该如何安装？安装完 Linux 操作系统后，还应该构建什么样的网络工作环境呢？

1.2 项目任务

曹捷凭借所掌握的知识和技能以及多年的项目经验，通过广泛的调研和认真的分析，拟定了本项目的主要任务，具体如下。

1. 了解服务器的硬件信息

在选择与安装 Linux 操作系统之前，需要了解添艺教育培训中心原有服务器的硬件配置情况，包括服务器的 CPU 主频和内存大小，硬盘接口类型和容量，网卡、显卡、声卡和显示器的型号规格等，以确保 Linux 能顺利安装。

2. 熟悉 Linux 操作系统发行版本

根据添艺教育培训中心企业网络环境的需求，需要在服务器中安装 Linux。因此，需要了解 Linux 的版本情况，根据主流 Linux 发行版本的特点进行对比分析，选择一款既安全、稳定，又能提供后期维护且性能优异的 Linux 操作系统。

3. 在虚拟环境中安装 Linux 操作系统

为了方便学习使用并掌握 Linux 操作系统，本项目中需要使用虚拟化软件 VMware 创建虚拟机，再在虚拟机中安装 Linux。在安装过程中，需要合理设置分区、正确选择服务组件、设置好基本工作环境，以确保 Linux 能正常登录和使用。

4. 构建服务器的网络工作环境

Linux 操作系统安装完成后，若没有合适的网络工作环境，则很难正常提供相应的网络服务，甚至无法与外界进行通信。本项目所需的网络工作环境包括：

1）确定主机名并予以配置：在一个局域网中，为便于区分不同的计算机，需要为每台服务器设置不同的主机名，方便人们进行访问。

2）规划并配置服务器的 IP 地址：无论在局域网还是 Internet 上，每台主机必须有一个固定的 IP 地址，方便网络中其他主机的访问。

3）对防火墙进行必要的设置：在默认情况下，绝大多数服务是不允许外部计算机访问的，如果需要将计算机配置成网络服务器，就必须对防火墙进行合理设置。

4）使用命令测试服务器的网络工作环境：在服务器上做好相关配置后，必须采用相关命令对配置的环境进行测试，确保系统能够在网络中正常使用。

1.3 相关知识

Linux 是一种自由和开放源码的类 UNIX 操作系统，存在许多不同的 Linux 版本，但它们都使用相同的 Linux 内核。下面介绍 Linux 的发展、组成和应用情况等。

1.3.1 Linux 的诞生与发展

Linux 操作系统的诞生、发展和成长过程主要依赖 UNIX 操作系统、MINIX 操作系统、GNU 计划和 POSIX 标准等支柱的支撑。

1. Linux 的诞生、发展和成长支柱

（1）UNIX 操作系统

UNIX 操作系统的祖辈是小而简单的兼容分时系统（compatible time-sharing system，CTSS）。UNIX 操作系统的父辈是颇具开拓性的 Multics 项目，该项目试图建立一个具备众多功能的信息实用程序（information utility），能够很完美地支持大量用户对大型计算机的交互式分时使用。然而，Multics 的设计太完美了，最后因不堪自身重负而崩溃了。

当美国贝尔实验室（Bell Laboratory）从 Multics 研究联盟中退出时，Ken Thompson（肯·汤普逊，图 1-2）带着从 Multics 项目激发的灵感留了下来。UNIX 操作系统是 Thompson 和 Dennis Ritchie（丹尼斯·里奇，图 1-3）于 1969 年夏在 DEC PDP-7 计算机上开发的一个分时操作系统，当时开发这个系统是为了能在闲置不用的 DEC PDP-7 计算机上运行他非常喜欢的星际旅行（space travel）游戏，使用的开发语言是 BCPL（basic combined programming language，基本组合编程语言）。这个系统非常粗糙，与现代 UNIX 相差很远，它只具有操作系统最基本的一些特性。

图 1-2 Ken Thompson（肯·汤普逊）

图 1-3 Dennis Ritchie（丹尼斯·里奇）

1973 年，Thompson 和 Ritchie 发明了 C 语言，而后他们使用 C 语言对整个 UNIX 操作系统进行了重新加工与编写，使得 UNIX 能够非常容易地移植到其他硬件的计算机上，从那以后，UNIX 操作系统开始了令人瞩目的发展。

（2）MINIX 操作系统

在 20 世纪 80 年代，由于 AT&T 公司对 UNIX 操作系统的版权限制，学生无法获取 UNIX 的源代码，这限制了 UNIX 在教学中的使用。为了解决这个问题，荷兰的安德鲁·塔能鲍姆（Andrew Tanenbaum，图 1-4）教授决定开发一个不包含任何 AT&T 源代码的 UNIX 兼容系统，以便提供给大学用于教学和研究。这个系统被命名为 MINIX（mini UNIX，微型的 UNIX）。Tanenbaum 教授在 1986 年完成了 MINIX 操作系统的开发，并且以开源的形式发布了全部源代码。MINIX 操作系统的推出不仅满足了教学需求，也启发了后来 Linux 操作系统的诞生。

图 1-4 Andrew Tanenbaum（安德鲁·塔能鲍姆）

（3）GNU 计划

软件产业在 20 世纪 70 年代成就了两位领袖人物，他们是来自哈佛大学的 Bill Gates（比尔·盖茨，图 1-5）和 Richard Stallman（理查德·斯托曼，图 1-6）。Gates 宣布了版权（copyright）时代的到来，并构建了微软帝国的辉煌；Stallman 于 1984 年创立自由软件体系 GNU（GNU 是 GNU's Not UNIX 的递归缩写，它的发音为 guh-NEW），拟定普遍公用版权协议（general public license，GPL），所有 GPL 协议下的自由软件都遵循 Stallman 的非版权（copyleft）原则，即自由软件允许用户自由复制、修改和销售，但是对源代码的任何修改都必须向所有用户公开。

各种以 Linux 作为核心的 GNU 操作系统正在被广泛使用。虽然这些系统通常被称作 Linux，但是 Stallman 认为，严格地说，它们应该被称为 GNU/Linux 系统。今天 Linux 的成功就得益于 GPL 协议。

图 1-5　Bill Gates（比尔·盖茨）

图 1-6　Richard Stallman（理查德·斯托曼）

思政小贴士

学习完 GPL 协议，请大家分析讨论自由软件的优点和付费软件的缺点。大家在使用自由软件的同时，应该感谢软件背后的开发者，敬佩他们的奉献精神。

（4）POSIX 标准

POSIX（portable operating system interface for computing systems）是由 IEEE 和 ISO/IEC 开发的一组标准。该标准基于现有的 UNIX 实践和经验，描述了操作系统的调用服务接口，用于保证编制的应用程序可以在源代码一级上在多种操作系统上移植和运行。它是在 1980 年一个 UNIX 用户组（/usr/group）的早期工作基础上取得的。该 UNIX 用户组将 AT&T 的 System V 操作系统和 BerkeleyCSRG 的 BSD 操作系统的调用接口之间的区别重新调和集成，并于 1984 年制定出了/usr/group 标准。

20 世纪 90 年代初，POSIX 标准的制定正处在最后投票敲定时期，那是 1991～1993 年。此时正是 Linux 刚刚起步的时候，这个 UNIX 标准为 Linux 提供了极为重要的信息，使得 Linux 能够在标准的指导下进行开发，并能够与绝大多数 UNIX 操作系统兼容。在最初的 Linux 内核源代码中（0.01 版、0.11 版）就已经为 Linux 操作系统与 POSIX 标准的兼容做好了准备工作。

2. Linux 的诞生

1991 年，芬兰赫尔辛基大学的学生 Linus Torvalds（林纳斯·托瓦兹，图 1-7）为了能在家里的 PC（personal computer，个人计算机）上使用与学校一样的操作系统，开始了编写类似 UNIX 内核的工作。

当时，Torvalds 使用的是 MINIX，虽然 MINIX 不错，但它只适合学生，是个教学工

图 1-7　Linus Torvalds（林纳斯·托瓦兹）

具，而不是一个强大的实战系统。因此，Torvalds 参考 MINIX 的设计理念，使用 GUN 中的一些软件开发了 Linux 核心代码。

到了 1991 年 10 月 5 日，Torvalds 在 comp.os.minix 新闻组上发布消息，正式向外宣布 Linux 内核系统（free MINIX-like kernel sources for 386-AT）的诞生。

为了让 Linux 兼容 UNIX，Torvalds 严格参考了 POSIX，因此 Linux 成为一种“类 UNIX”的系统。

3. Linux 的发展

1991 年底，Torvalds 首次在 Internet 上发布了基于 Intel 386 体系结构的 Linux 源代码，从此以后，奇迹发生了。由于 Linux 具有结构清晰、功能简洁等特点，许多高等院校的学生和科研机构的研究人员纷纷把它作为学习和研究的对象。他们在更正原有 Linux 版本中错误的同时，也不断地为 Linux 增加新的功能。在众多热心用户的努力下，Linux 逐渐成为一个稳定可靠、功能完善的操作系统。Linux 经历了以下重要发展阶段。

1993 年，100 余名程序员参与了 Linux 内核代码的编写和修改工作，其中核心组由 5 人组成，此时 Linux 0.99 的代码约 10 万行，用户约 10 万人。

1994 年 3 月，Linux 1.0 发布，代码约 17 万行，当时按照完全自由免费的协议发布，随后正式采用 GPL 协议。

1995 年 1 月，鲍勃 • 杨（Bob Young）创办了 Red Hat（小红帽），以 GNU/Linux 为核心，集成了 400 多个源代码开放的程序模块，开发出了一种以品牌冠名的 Linux，即 Red Hat Linux，称为 Linux“发行版”。

1996 年 6 月，Linux 2.0 内核发布，此内核有大约 40 万行代码，并可以支持多个处理器。此时的 Linux 已经进入了使用阶段，全球大约有 350 万人使用。

1998 年全球前 500 台超级计算机中只有 1 台运行着 Linux；而 2015 年 500 台超级计算机中有 498 台运行着 Linux。剩余的两台超级计算机运行着基于 UNIX 的操作系统。

2003 年 12 月，Linux 2.6 内核发布。与 2.4 版内核相比，2.6 版对系统的支持有很大的变化，如支持多处理器配置和 64 位计算，它还支持实现高效率线和处理的本机 POSIX 线程库。NEC 宣布在其手机中使用 Linux 操作系统，代表着 Linux 成功进军手机领域。

2008 年 10 月，Google 推出了基于 Linux 内核的 Android 操作系统，为智能手机和平板电脑提供了一个开放的平台。

2011 年 7 月，Linux 内核发布了 3.0 版。此版本引入了新的版本编号方案，开始使用时间戳作为版本号的一部分，并新增了多项功能。

2015 年 11 月，Linux 4.3 内核发布。此版本做出了一些重要的变更，并引入了实时补丁（live patching）的功能，可以在不重启系统的情况下更新内核。

2019 年，Linux 内核发布了 5.0 版，并增加了对加密文件系统、人工智能和虚拟化等领域的支持。

2022 年，Linux 内核发布了 6.0 版。Linux 6.0 内核引入了多项新功能和改进，包括对新技术和硬件的支持、性能优化以及安全性的提升等。

1.3.2　Linux 的组成与版本

Linux 系统的内核版与发行版

1. Linux 操作系统的组成

Linux 操作系统一般由内核（kernel）、Shell、文件系统和外围应用程序 4 个部分组成。这 4 个部分一起形成了基本的操作系统结构，如图 1-8 所示。它们使得用户可以运行程序、进行文件系统的管理以及有效地使用系统资源。

（1）内核

内核是 Linux 最核心的部分，是系统的“心脏”，是运行程序、管理磁盘和打印机等硬件设备的核心程序。它包括基本的系统启动信息、各种硬件的驱动程序等。内核从应用层接收命令，根据调度算法调度进程和使用系统资源，使程序顺利执行。

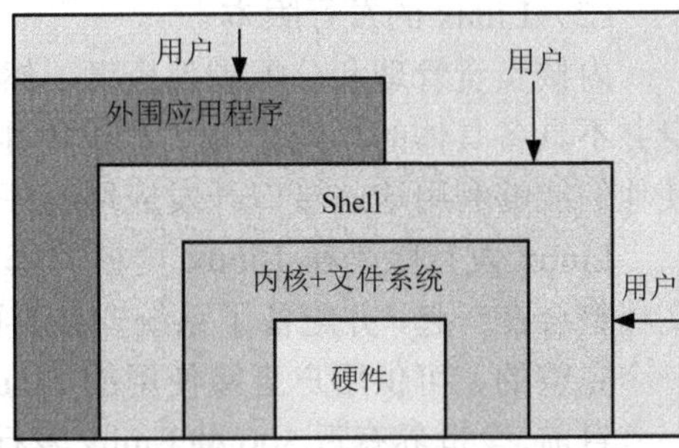

图 1-8　Linux 操作系统结构

（2）Shell

Shell 是操作系统的用户界面，提供了用户与内核进行交互操作的接口。Shell 接收用户输入的命令，并将用户输入的命令传送到内核去调用系统命令来执行。Shell 实质是一个命令解释器。

（3）文件系统

文件系统定义了文件数据在磁盘等存储介质上的存储和管理方式。只有明确了文件系统的规则，即数据的组织和存储方法，数据的存储和读取操作才能顺利执行。Linux 操作系统支持多种文件系统，包括但不限于以下几种：XFS、EXT2、EXT3、FAT、VFAT、MFS 等。这些文件系统各有特点，适用于不同的应用场景和需求。

（4）外围应用程序

标准的 Linux 操作系统除了系统核心程序外，还包括一套应用程序集，方便用户使用，包括文本编辑器、图形处理器、编程语言、办公套件等。

2. Linux 操作系统的内核版本与发行版本

Torvalds 开发的 Linux 只是一个内核，人们通常所说的 Linux 操作系统是指 GNU/Linux，即采用 Linux 内核的 GNU 操作系统。由此可知，Linux 的版本号可分为内核（kernel）版本和发行（distribution）版本。

（1）Linux 的内核版本

Linux 内核使用 C 语言编写，符合 POSIX 标准，采用 GNU 通用公共许可证发布，是目前最受欢迎的自由计算机操作系统内核。

Linux 内核一直都是由 Torvalds 领导下的开发小组负责开发和规范的，其第一个公开版本就是 1991 年 10 月 5 日发布的 0.0.2 版本。1994 年 3 月完成了具有里程碑意义的 1.0.0 版本内核。从该版本开始，Linux 内核开始使用两种方式来标注版本号，即测试版本和稳定版本，其版本由 3 部分组成，格式如下：

主版本号.次版本号.修正版本号（即 A.B.C 的形式）

其中，主版本号表示有重大的改动，次版本号表示有功能性的改动，修正版本号表示有

Bug 修正。

从次版本号可以区分内核是测试版本还是稳定版本。如果次版本号是偶数，则表示是稳定版本，用户可以放心使用；如果次版本号是奇数，则表示是测试版本。这些版本的内核通常加入了一些新的功能，而这些功能可能是不稳定的。例如，2.6.24 是一个稳定版本，2.7.64 则是一个测试版本。

Linux 的功能越来越强大，用户可以在 Linux 内核的官方网站 http://www.kernel.org 上下载最新的内核代码。

（2）Linux 的发行版本

内核负责管理和分配硬件资源。然而，仅有内核的计算机系统虽然能够运行，但本身并不具备具体的功能。为了实现各种功能，需要通过系统调用来为开发者提供接口，使他们能够利用这些接口开发应用程序。

Linux 发行版是在 Linux 内核的基础上构建的。它将内核与各种实用的外围软件、文档整合在一起，并配备了系统安装界面以及用于系统配置、设定和管理的工具。这样，一个完整的、可供用户直接使用的 Linux 发行版就形成了。

目前，全世界有近 500 种 Linux 发行版，其中比较知名的有 Red Hat、CentOS、Debian、SUSE、Ubuntu、Slackware、Mandarke、红旗、中标麒麟和鸿蒙操作系统等。

1）Red Hat（官网：http://www.redhat.com/）。Red Hat 是最成功的 Linux 发行版本之一，它的特点是安装和使用比较简单，同时它可以让用户很快享受到 Linux 的强大功能而免去烦琐的安装与设置工作，而且 Red Hat 是全球最流行的 Linux，许多人一提到 Linux 就会毫不犹豫地想到 Red Hat，它曾被权威计算机杂志 *InfoWorld* 评为最佳 Linux。Red Hat 的标志如图 1-9 所示。

RHEL 的技术支持可靠、更新及时、用户群庞大、衍生版本众多（如 CentOS、Fedora 等），服务器软件和硬件生态系统良好，技术支持社区规模大而有活力。RHEL 的缺点是技术支持和更新服务费用相当昂贵。

2）CentOS（官网：https://www.centos.org/）。CentOS 来自于 RHEL，CentOS 的目标是 100%兼容 RHEL 企业版。CentOS 是使用 RHEL 源代码再编译的产物，并在 RHEL 的基础上修正了不少已知的 Bug，因此，相对于其他 Linux 发行版，其稳定性值得信赖。CentOS 的标志如图 1-10 所示。

CentOS 包括更新在内的服务完全免费，具备良好的社区技术支持，可以平滑地从 CentOS 迁移至 RHEL。CentOS 的缺点是不提供专门技术支持，不包含封闭源代码软件；对多媒体的支持不是很好；更新服务较为滞后，当然开发团队的可靠性也无法与收费的商业版本相比。

3）Debian（官网：http://www.debian.org/）。Debian GNU/Linux 是 Linux 爱好者极为青睐的 Linux 操作系统之一，Debian 计划是以创造一个自由操作系统为共同目标的个人团体组建的协会。Debian 提供了 25000 多套完全由网络上的 Linux 爱好者负责维护的发行套件。Debian 的标志如图 1-11 所示。

Debian 是一款极为精简而又十分稳定的 Linux 发行版，有着干净的作业环境，优秀的网络和社区资源。Debian 的缺点是不提供专门的技术支持，不包含封闭源代码软件，安装相对较难；发行周期过长，稳定版本中的软件过时。

图 1-9　Red Hat 的标志　　图 1-10　CentOS 的标志　　图 1-11　Debian 的标志

4）Ubuntu（官网：https://ubuntu.com/）。Ubuntu 基于 Debian 的 Unstable 版本演变而来，安装非常人性化，只要按照提示一步一步地进行即可。Ubuntu 被誉为对硬件支持较好且较全面的 Linux 发行版之一，支持的软件也是最新版本。Ubuntu 拥有庞大的社区力量，技术支持较好，用户界面友好，硬件的兼容性好。Ubuntu 的缺点是技术支持和更新服务需要付费，软件生态系统的规模和活力稍弱于 RHEL。Ubuntu 的标志如图 1-12 所示。

5）中标麒麟（官网：http://www.cs2c.com.cn/）。自 1999 年起，中国在 Linux 操作系统领域展开了深入研究并推动市场化，催生了冲浪、蓝点、中软、红旗、华镭、中标麒麟、deepin 等多个本土 Linux 发行版。然而，目前市场上活跃的 Linux 厂商已所剩无几，其中红旗和中标麒麟仍有官方团队支持。

中标麒麟操作系统基于加强版 Linux 内核，分为桌面、通用、高级和安全等多个版本，其增强安全操作系统引入银河麒麟强制访问控制框架和角色权限管理机制，支持模块化安全策略实施，提供统一的多访问控制策略平台，是一款达到 B2 级保护的高级操作系统产品。中标麒麟的标志如图 1-13 所示。

6）鸿蒙操作系统（官网：https://www.harmonyos.com/）。自 2012 年起，华为着手规划研发操作系统。2019 年 8 月 9 日，华为正式发布鸿蒙操作系统（HarmonyOS），并在随后几年推出了 HarmonyOS 2 至 HarmonyOS 4 多个大版本更新。自 2023 年 9 月宣布全面启动鸿蒙原生应用以来，到 2024 年 1 月，已有 200 多款应用和 60 多款游戏加入鸿蒙生态，超过 70 款应用完成了鸿蒙原生应用开发。

鸿蒙操作系统是一个轻量级、分布式的系统，具备高安全性和强大功能，代码行数较市场上其他操作系统显著减少。它适用于手机、计算机、汽车、物联网设备、电视和手表等多种产品。鸿蒙操作系统的标志如图 1-14 所示。

图 1-12　Ubuntu 的标志　　图 1-13　中标麒麟的标志　　图 1-14　鸿蒙操作系统的标志

思政小贴士

操作系统作为最基本、最重要的基础软件之一，是计算机系统的内核与基石。Windows 操作系统存在很多安全隐患，2024 年 7 月 19 日美国网络安全企业“群集打击”（CrowdStrike）软件出现问题，引发了操作系统蓝屏、全球宕机事件。此次微软蓝屏波及不少国家和地区，影响全球近千万台使用 Windows 操作系统的设备，导致航空公司、银行、电信公司和媒体、健康医疗等各个行业陷入混乱。

由此可见，拥有自主可控操作系统与软件是十分必要的，我们要积极支持并使用国产 Linux 操作系统，以确保国家安全和关键基础设施的稳定运行。

1.3.3 Linux 磁盘分区基础

安装过 Windows 的用户都知道，在安装操作系统前必须对硬盘进行分区，对于 Linux 来说也是如此。但是 Linux 中的分区和 Windows 中的分区有很大的区别。由于对 Linux 进行分区是难点也是重点，因此下面将对分区知识进行详细介绍。

1. 分区命名方式

在 Windows 操作系统中使用英文字母表示每个分区（如 C、D、E），但是在 Linux 中不使用这种方式。如果 Linux 中使用 SATA 硬盘或 SCSI 硬盘，那么它使用/dev/sdXN/来表示，如图 1-15 所示。其中，/dev/sd 是固定的文字；x 表示第几个磁盘，从小写的 a 开始，接下来是 b、c、d 等；N 表示第几个分区，Linux 中前 4 个分区用数字 1～4 表示，逻辑分区从 5 开始，以此类推。

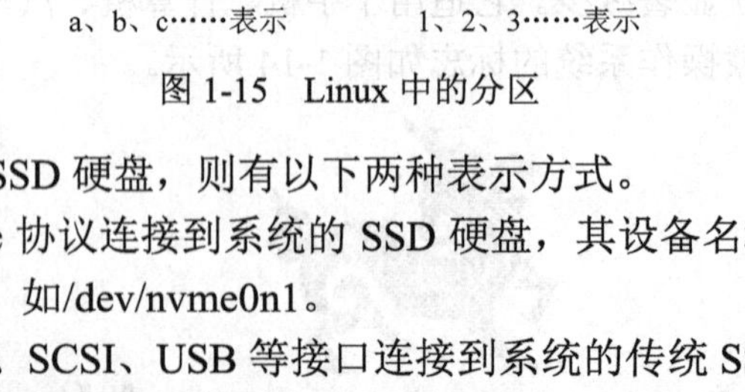

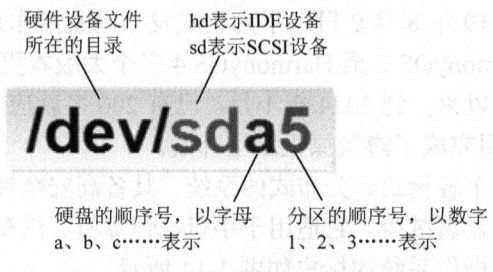

图 1-15 Linux 中的分区

如果 Linux 中使用 SSD 硬盘，则有以下两种表示方式。

1）对于通过 NVMe 协议连接到系统的 SSD 硬盘，其设备名称通常是/dev/nvme 后跟一个数字和字母组合，如/dev/nvme0n1。

2）对于通过 SATA、SCSI、USB 等接口连接到系统的传统 SSD 硬盘，其设备名称通常以/dev/sd 开头，后面跟着一个或多个字母和数字，如/dev/sda。

2. Linux 中的 3 个分区

安装 Linux 时最少需要 3 个分区：引导（/boot）分区、交换（swap）分区和根（/）分区。

1）/boot 分区：该分区用于引导系统，在安装 Linux 时允许 Linux 自动创建其大小，也可以手动设置。这个分区包含 Linux 中的引导文件，用来对 Linux 进行初始化和引导，该分区的大小一般为 200MB。

2）swap 分区：该分区的作用是充当虚拟内存，swap 的调整对 Linux 服务器，特别是 Web 服务器的性能至关重要。swap 空间应大于或等于物理内存的大小，最小不应小于 64MB，通常 swap 空间的大小应是物理内存的 1.5～2 倍。

3）/（根）分区：该分区包括所有的 Linux 安装后的文件以及分区，其类似于 Windows 中的 C 盘。

3. Linux 分区格式

在 Windows 中有 FAT16、FAT32 和 NTFS 等分区格式，Linux 的分区格式比 Windows 多一些，有 EXT2、EXT3、EXT4、swap、SoftRAID、ReiserFS、XFS、JFS 和 VFAT 等。

1）EXT2：标准的 UNIX 文件系统与 Linux 是兼容的，具有文件名长度为 255 个字符的功能，在早期的 Linux 中就是使用的这种格式，其文件大小不得超过 2GB。

2）EXT3：EXT3 文件系统直接从 EXT2 文件系统发展而来，EXT3 所支持的文件系统最大可达 16TB，文件最大可达 2TB，可支持 32000 个子目录。

3）EXT4：Linux 内核自 2.6.28 开始正式支持新的文件系统 EXT4，EXT4 可支持 1EB（1EB=1024PB，1PB=1024TB）的文件系统，16TB 的文件，以及支持无限数量的子目录。

4）swap：swap 分区是 Linux 系统的交换分区，当内存不够用时，可使用 swap 分区存放内存中暂时不用的数据。

5）XFS：XFS 文件系统是由硅图公司开发的高级日志文件系统，它以出色的数据处理能力而著称。XFS 文件系统能够支持极大的单个文件系统容量，最大可达 8EB，同时单个文件的容量也高达 16TB。XFS 不仅拥有庞大的数据容量，还具备高度的扩展性，这些特性使其在处理大规模数据集时表现出色。

1.4 项目实施

1.4.1 利用 VMware 部署虚拟环境

VMware Workstation 是一款功能强大的桌面虚拟计算机软件，允许用户在单一的桌面上同时运行不同的操作系统。对于 IT 开发人员和系统管理员而言，VMware 在虚拟网络、实时快照、拖曳共享文件夹、支持 PXE 等方面的特点使它成为必不可少的工具。

任务 1-1

上网下载并安装好 VMware Workstation 16，在较为空闲的磁盘分区（建议大于 30GB）上创建 VM-RHEL8.3 文件夹，然后新建虚拟主机（VM-RHEL8.3），设置好虚拟主机的内存、硬盘等。

完成任务的具体步骤如下。

STEP 01　下载并安装 VMware Workstation。

1）在浏览器中搜索并下载 VMware Workstation。该文件很大，此步建议在课前完成。

2）找到下载好的 VMware Workstation 文件，双击进入安装向导界面，按提示完成安装。

3）在需要安装 Linux 系统的计算机上，选择较为空闲的磁盘分区（建议大于 30GB），创建用于存储虚拟机的文件夹 VM-RHEL8.3。

STEP 02 创建虚拟主机。

1）在主界面中选择“创建新的虚拟机”或选择“文件”→“新建虚拟机”选项，进入新建虚拟机向导。在此界面保持默认的“典型（推荐）”选项，单击“下一步”按钮继续。

2）进入“安装客户机操作系统”界面，选中“稍后安装操作系统”单选按钮，单击“下一步”按钮继续。

3）进入“选择客户机操作系统”界面，选择需要安装的操作系统 Linux，在操作系统的“版本”文本框中选择“Red Hat Enterprise Linux 8 64 位”，选择好后单击“下一步”按钮继续。

4）进入“命名虚拟机”界面，在此设置虚拟机的名称和系统文件保存的位置。在“虚拟机名称”文本框中为新建的虚拟机命名，输入 VM-RHEL8.3，在“位置”文本框中选择前面建立的 VM-RHEL8.3 文件夹（如果前面没有建好文件夹，可在此单击“浏览”按钮建立）作为虚拟机的存储目录，单击“下一步”按钮继续。

5）进入“指定磁盘容量”界面，根据实际情况合理设置虚拟机的磁盘大小，此处设置为 30GB，其他保持默认，单击“下一步”按钮继续。

6）进入“已准备好创建虚拟机”提示界面（如果对个别设置不满意，可以单击“自定义硬件”按钮进行更改），单击“自定义硬件”按钮可以对虚拟机的相关参数进一步进行配置。

7）进入“硬件”配置界面，在此界面可以对内存、处理器、新 CD/DVD（IDE）、网络适配器等进行配置，还能在此给虚拟机添加硬盘、添加网卡等。

STEP 03 设置虚拟机参数。

1）在“硬件”配置界面单击“内存”可以对虚拟机的内存进行配置。在右侧“此虚拟机的内存（M）”文本框中输入虚拟机内存的大小，如 4096MB，也可以拖动下方的滑块设置虚拟内存的大小。

2）单击“新 CD/DVD（IDE）”可以配置 RHEL 8.3 的安装映像。在右侧选中“使用 ISO 映像文件”单选按钮，再单击“浏览”按钮，找到之前准备好的安装光盘的镜像文件（没有的话上网搜索并下载，文件名为 rhel-8.3-x86_64-dvd.iso）。

注意：虚拟机使用的内存资源来自宿主机的物理内存。因此，在为虚拟机分配内存时，应首先确保宿主机在正常运行时拥有足够的内存。如果宿主机的内存不足，可能会导致整体运行速度下降。通常情况下，虚拟机分配的内存不应超过宿主机总内存的一半。例如，如果宿主机配备了 8GB 的物理内存，那么虚拟机的内存配置应控制在 4GB 以下，以保证宿主机和虚拟机都能流畅运行。

3）各项参数配置完成后，单击“关闭”按钮关闭“硬件”配置界面，返回虚拟机 VM-RHEL8.3 的工作界面。

1.4.2 安装 Red Hat Enterprise Linux 8.3

Linux 操作系统安装方式多样、灵活，可以根据不同的环境选择不同的安装方式。常见安装方式有硬盘安装、网络安装和光驱安装等几种。本任务以光盘安装为例，详细介绍 RHEL 8.3 在虚拟机中的安装过程，并帮助用户解决安装中可能遇到的问题。

任务 1-2

在虚拟机 VM-RHEL 8.3 的工作界面中启动虚拟机，设置好启动顺序，以全新方式安装 RHEL 8.3。在安装过程中合理进行分区，正确选择安装内容，完成 RHEL 8.3 的安装、初始配置和登录。

完成任务的具体步骤如下。

STEP 01 设置启动顺序。在已设置好 DVD 映像文件的 VM-RHEL8.3 虚拟机中，单击启动按钮“▶”或单击“开启此虚拟机”按钮启动计算机，按 F2 键进入虚拟机的 BIOS 设置界面，将光盘设置为第一启动盘，设置完成后保存退出。

STEP 02 选择安装模式。系统自动重新启动计算机，并进入 RHEL 8.3 安装菜单，该菜单有 3 个选项，分别如下。

- Install Red Hat Enterprise Linux 8.3：直接安装 RHEL 8.3。
- Test this media & install Red Hat Enterprise Linux 8.3：测试镜像，然后安装 RHEL 8.3（镜像源检测需要一定的时间，如果镜像源没有问题，请选择第 1 项）。
- Troubleshooting：故障排除。

这里请选择第 1 项进行安装，即先按 i 键再按回车键进入安装向导。也可以按 Esc 键，出现 boot: 后输入 linux，再按回车键进行安装。安装程序将会加载内核 vmlinuz 以及 RAMDISK 映像 initrd 进入安装。

STEP 03 选择安装语言。进入安装语言选择界面（注意：此处选择的不是系统语言，系统语言在后面选择）。在列表中选择“简体中文（中国）”，单击“继续”按钮继续进行安装。

STEP 04 进入安装信息摘要界面。进入安装信息摘要（一站式安装）界面，在此界面，需要把所有带内容的感叹号选项全部消除，才能正式进行安装。这里包括键盘布局设置、语言支持设置、时间和日期设置、安装源设置、软件选择、安装目的地设置、网络和主机名设置、安全策略设置等 12 个设置项。

STEP 05 选择键盘布局。在安装信息摘要（一站式安装）界面单击“键盘”按钮，进入键盘布局界面，保持默认，单击“完成”按钮返回安装信息摘要（一站式安装）界面。

STEP 06 设置系统语言。在安装信息摘要（一站式安装）界面单击“语言支持”按钮为系统选择系统语言，在此选择“中文”→“简体中文（中国）”，然后单击“完成”按钮返回安装信息摘要（一站式安装）界面。

注意：在生产环境中建议安装英文版本。

STEP 07 设置系统时间和日期。在安装信息摘要（一站式安装）界面单击“时间和日期”按钮，进入时间和日期设置界面，在此设置好地区（亚洲）、城市（上海）和正确的日期时间等，然后单击“完成”按钮返回安装信息摘要（一站式安装）界面。

STEP 08 设置安装源。在安装信息摘要（一站式安装）界面单击“安装源”按钮，进入安装源设置界面，在此保持默认设置，然后单击“完成”按钮返回安装信息摘要（一站式安装）界面。

STEP 09 软件选择。在安装信息摘要（一站式安装）界面单击“软件选择”按钮，进入软件选择界面，在基本环境中选中“带 GUI 的服务器”，在右侧已选的附加项中选择合适的附加项，这里需要选择“远程桌面客户端”“网络文件系统客户端”等，然后单击“完成”按钮返回安装信息摘要（一站式安装）界面。常见的安装类型如下：

- 带 GUI 的服务器：带有图形界面的服务器安装，用于管理。
- 最小安装：没有 GUI 的最小系统，用于高级 Linux 系统管理员。
- 工作站：适用于笔记本计算机和 PC 上的安装。
- 定制操作系统：按照需求配置软件包。

STEP 10 设置安装目的地。在安装信息摘要（一站式安装）界面单击“安装目的地”按钮，进入安装目标位置界面，在此对磁盘设置分区（可选择自动分区，也可进行手动分区），在此保持默认的“自动”，然后单击“完成”按钮返回安装信息摘要（一站式安装）界面。

注意：如果划分磁盘分区时出现 no disks selected 的提示信息，说明在创建虚拟机时磁盘属性设置错误，退出后重新设置磁盘属性即可。

STEP 11 设置网络和主机名。在安装信息摘要（一站式安装）界面单击“网络和主机名”按钮，进入网络和主机名设置界面，在主机名列表框中可修改主机名，此处保持默认。在右侧设置网络，拖动右侧滑块至打开处，单击“配置”按钮进入网络配置界面，在此选择“IPv4 设置”，在方法中选择“手动”，在地址列表框中单击“添加”按钮，输入 IP 地址（192.168.0.110）、子网掩码（255.255.255.0）、网关（192.168.0.1）和 DNS（222.246.129.80），输入完成后单击“保存”按钮返回网络和主机名设置界面，最后单击“完成”按钮返回安装信息摘要（一站式安装）界面。

STEP 12 设置安全策略。在安装信息摘要（一站式安装）界面单击“安全策略”按钮，进入安全策略设置界面，在选择档案窗口选中所需策略，单击“选择档案”按钮，然后单击“完成”按钮返回安装信息摘要（一站式安装）界面。

STEP 13 设置 root 用户密码。在安装信息摘要（一站式安装）界面单击“根密码”按钮，进入 ROOT 密码设置界面。在“Root 密码”文本框中输入登录密码（如 abc123XYZ），在“确认”文本框中输入相同的密码，如果密码过于简单，会出现“密码未通过字典检查，太简单或太有规律 必须按两次完成按钮进行确认”，因此输入完成后需要单击“完成”按钮两次才能返回安装信息摘要（一站式安装）界面。

STEP 14　开始安装 RHEL 8.3。所有设置全部完成后，在安装信息摘要（一站式安装）界面可以看到“开始安装”按钮由原来的灰色变成了黑色，此时单击“开始安装”按钮安装 RHEL 8.3。

STEP 15　正式安装 RHEL 8.3。进入“安装进度”提示界面，RHEL 8.3 开始进行安装，安装过程有进度提示。此步骤时间较长（大约 45 分钟），需要耐心等待。

STEP 16　提示成功安装。RHEL 8.3 安装完成后，出现重启提示界面，在界面中可以看到 “Red Hat Linux Enterprise Linux 已成功安装并可使用！重启然后使用吧！”的提示，至此 RHEL 8.3 的安装全部完成，单击“重启”按钮重启系统。

STEP 17　进入初始设置界面。重启系统后，进入 RHEL 8.3 的“初始设置”界面。在此界面需要接受 RHEL 8.3 的许可，单击“未接受许可证”按钮，进入“许可信息”界面，在此选中“我同意许可协议”复选框，单击“完成”按钮返回初始设置界面。

思政小贴士

在安装和使用操作系统及各类软件时，必须遵循法律法规，并尊重知识产权，确保所有软件的安装和使用都是合法和合规的。对于商业软件，特别是像 RHEL 这样的操作系统，使用前应进行合法注册和授权，以遵守软件许可协议和相关法律法规。

如果考虑成本效益，可以选择使用那些提供自由许可的免费 Linux 发行版，这些系统同样稳定可靠，适合多种用途。重要的是，无论选择哪种软件或操作系统，都应确保不侵犯版权，不使用未经授权的软件副本。

STEP 18　创建普通登录用户。接下来单击“创建用户”按钮进入“创建用户”界面。在“全名”文本框中输入登录用户的用户名，在“密码”和“确认密码”文本框中输入登录密码，输入完成后单击两次“完成”按钮返回“初始设置”界面，单击“结束配置”按钮结束初始设置，系统重启。

STEP 19　进入 RHEL 8.3 登录界面。系统重新启动后，进入 RHEL 8.3 的登录界面，在此界面单击“未列出？”链接继续。

STEP 20　登录 RHEL 8.3。进入输入登录用户名界面，在“用户名”文本框中输入登录用户名后单击“下一步”按钮，进入输入登录密码界面。输入登录密码后，单击“登录”按钮登录 RHEL 8.3。

STEP 21　进入“欢迎”登录界面。进入“欢迎”登录界面后可以看到系统语言是“中文”，单击“前进”按钮，进入选择“输入”选择界面，再单击“前进”按钮，进入“隐私”设置界面，在此保持默认，再次单击“前进”按钮，进入“连接您的在线账号”界面，单击“跳过”按钮继续。

STEP 22　进入“关于您”设置界面。在“全名”文本框中输入用户名，在“用户名”文本框中会自动出现与全名同名的用户名，输入完成后单击“前进”按钮继续。

STEP 23　进入“准备好了”提示界面。在“准备好了”提示界面单击“开始使用 Red Hat Enterprise Linux”按钮。

STEP 24　成功启动 RHEL 8.3。等待一会儿进入 Getting Started 界面，单击右上角的“关闭”按钮关闭窗口，随即进入 RHEL 8.3 工作界面。至此，RHEL 8.3 成功启动。

1.4.3 配置基本工作环境

网络环境的设置是所有服务搭建的基础。没有好的网络环境，Linux 操作系统的配置与管理就很难顺利进行，并且很难更好地与外界进行通信。一个良好的网络环境可以减少维护成本，大大提高 Linux 操作系统的工作效率和服务质量。

网络的基本配置主要包括配置主机名、配置 IP 地址、配置网卡和配置客户端名称解析服务等。

1. 配置主机名

主机名是用于标识主机的名称。在网络中要保证主机名的唯一性，否则通信会受到影响，建议按一定的规则设置主机名。

任务 1-3

以 root 用户登录到 RHEL 8.3，打开 GNOME Terminal 仿真器，查看当前主机名，将系统的配置主机名设置为添艺教育培训中心的拼音首字母（TianYi），并保证主机名更改后长期生效。

完成任务的具体步骤如下。

STEP 01 进入终端模式。开启 Linux 系统，在登录界面选择“未列出？”，然后在“用户名”文本框中输入 root，再单击“下一步”按钮，在“密码”文本框中输入 root 用户的密码（abc123XYZ），然后单击“登录”按钮即可进入 RHEL 8.3 的 GNOME 桌面。单击左上角“活动”链接，在左下方弹出的快捷图标中单击“■”按钮即可进入 GNOME 桌面的终端模拟器。

STEP 02 在终端模拟器中查看主机名。查看主机名的命令格式如下：

```
hostnamectl  [status]  [--static|--transient|--pretty]
```

选项说明如下：

- status——可同时查看静态、瞬态和灵活 3 种主机名及相关的设置信息。
- --static——仅查看静态（永久）主机名。
- --transient——仅查看瞬态（临时）主机名。
- --pretty——仅查看灵活主机名。

在 GNOME 桌面的终端模拟器中，在 root 用户的提示符“#”后面输入 hostnamectl status 命令查看当前的主机名是 localhost.localdomain，如图 1-16 所示。

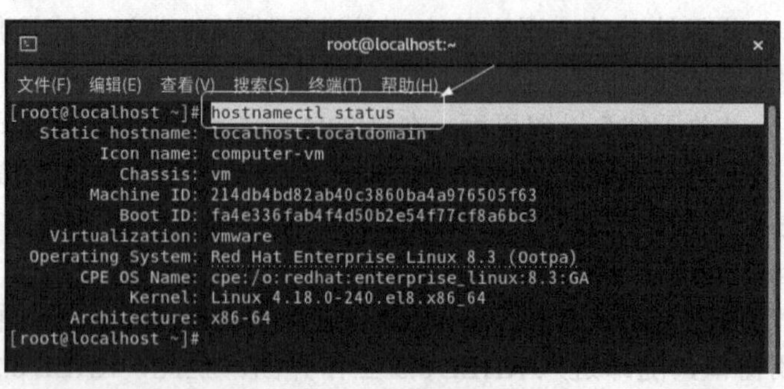

图 1-16 查看当前主机名

STEP 03　修改主机名。修改主机名的命令格式如下：

```
hostnamectl [--static|--transient|--pretty] set-hostname <新主机名>
```

1）使用 hostnamectl　--transient　set-hostname TianYi 命令修改瞬态（临时）主机名，然后使用 hostnamectl　--transient 命令查看修改后的主机名是 TianYi，操作方法如图 1-17 所示。

图 1-17　查看、修改瞬态（临时）主机名

2）使用 hostnamectl　--static 命令查看静态（永久）主机名，使用 hostnamectl　--static set-hostname　TianYi.com 命令修改静态（永久）主机名，修改完成后，再次使用 hostnamectl --static 命令查看修改后的静态主机名是 TianYi.com，操作方法如图 1-18 所示。

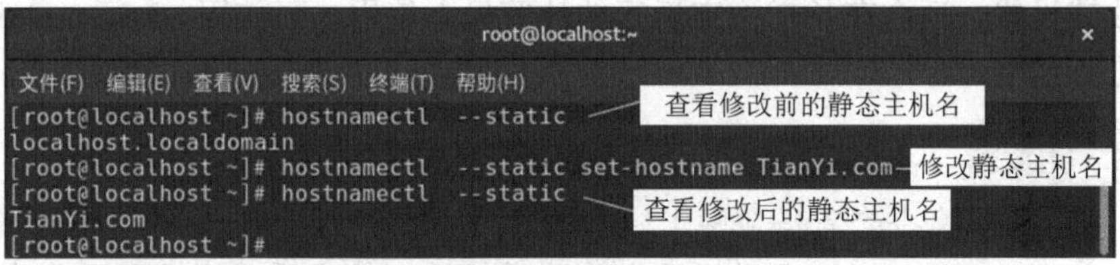

图 1-18　查看、修改静态（永久）主机名

3）在设置新的静态主机名后，会立即修改内核主机名，只是在提示符中“@”后面的主机名还未自动刷新，此时，只要执行重新开启 Shell 登录命令，便可在提示符中显示新的主机名，操作方法如图 1-19 所示。

图 1-19　重新开启 Shell

4）当使用 hostnamectl 命令修改静态主机名后，/etc/hostname 文件中保存的主机名会被自动更新，而/etc/hosts 文件中的主机名却不会自动更新。因此，在每次修改主机名后，一定要使用 vim 编辑器打开/etc/hosts 文件，进入命令模式，移动光标到文件末尾，输入 a 进入编辑模式，添加新主机名与 IP 地址的映射关系，如 192.168.0.110 TianYi.com，按 Esc 键退出编辑模式，输入“:wq 回车”保存文件，退出 vim 编辑器，操作方法如图 1-20 所示。

图 1-20　更新/etc/hosts 文件

注：vim 文本编辑工具将在项目 2 中介绍。

2. 配置 IP 地址

在 RHEL 8.3 上没有传统的 network.service，在/etc/sysconfig/network-scripts/里也看不到任何脚本文件，因此只能通过 NetworkManager.service（简称 NM）进行网络配置，包括动态 IP 和静态 IP。换言之，在 RHEL 8.3 上必须开启 NM，否则无法使用网络。

任何一台计算机要连接到网络，都需要对该计算机的网络接口进行配置，而对网络接口的配置，实际上就是在网络接口上添加一个或多个网络连接。添加网络连接有如下两种方式。

- 添加临时生效的网络连接：该方式适合在调试网络时临时使用。这种方式虽然在设置后能马上生效，但在系统或网络服务重启后配置会失效。
- 添加持久生效的网络连接：此方式需要对存放网络连接参数的配置文件进行修改或设置，适合在长期稳定运行的计算机上使用。可使用 vim、nmtui 和 nmcli 进行配置。

任务 1-4

首先用 ip 命令查看当前网卡 ens160 的 IP 地址，再临时设置为 10.0.0.18，子网掩码为 255.255.0.0，设置好后查看设置结果。然后通过编辑配置文件、使用 nmtui 工具和使用 nmcli 命令等方式配置 IP 使之永久生效。

完成任务的具体步骤如下。

STEP 01 查看当前网卡的 IP 地址。首先按照“任务 1-3”的第一步打开终端模拟器，然后使用 ip addr show ens160 命令查看第 1 块以太网卡 ens160（网卡的配置文件在/etc/sysconfig/network-scripts/目录中）的 IP 地址和子网掩码，操作方法如图 1-21 所示。

图 1-21 查看网卡的 IP

1）已启用的活动接口的状态为 up，禁用接口的状态为 down。
2）link 行指定网卡设备的硬件（MAC）地址。
3）inet 行显示 IPv4 地址和网络前缀（子网掩码）。
4）广播地址、作用域和网卡设备的名称。

STEP 02 使用 ip 命令配置临时生效的网络连接。使用 ip addr add 10.0.0.18/24 dev ens160 命令在接口 ens160 上添加临时 IP 地址 10.0.0.18，接下来使用 ip addr show ens160

命令查看配置情况，然后使用 ip link set ens160 down 命令停止网卡的工作，再使用 ip link set ens160 up 命令启动网卡，最后使用 ip addr show 命令查看网卡状态，配置方法如图 1-22 所示。

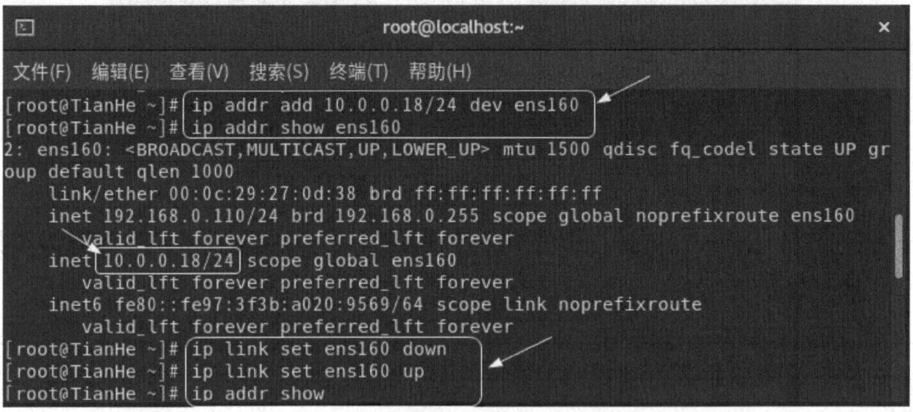

图 1-22　配置临时生效的网络连接

提示： ip 命令不会修改网卡的配置文件，所设置的 IP 地址仅对本次操作有效，重启系统或网卡被禁用后又重启，其 IP 地址将被还原。因此，要使所做的修改长期有效，必须编辑配置文件、使用 nmtui 工具或使用 nmcli 命令。

STEP 03　编辑配置文件，设置永久生效 IP。利用 vim 编辑/etc/sysconfig/network-scripts/ifcfg-ens160 文件，将 IPADDR 修改成 192.168.0.118，网关 GATEWAY 设置为 192.168.0.1，最后保存退出即可使配置的 IP 地址永久生效，操作方法如图 1-23 所示。

图 1-23　编辑 ifcfg-ens160 文件

STEP 04　用 nmtui 工具修改网卡配置文件。首先使用 systemctl status NetworkManager.service 命令检查 nmtui 是否启用，若 nmtui 工具的软件包没有安装，可用 yum install NetworkManager-tui 命令进行安装，并使用 systemctl start NetworkManager.service 命令启用。如果已经安装了 nmtui 软件包，则可运行 nmtui 配置 IP 地址等。

1）在终端模拟器的命令行执行 nmtui，操作方法如图 1-24 所示。

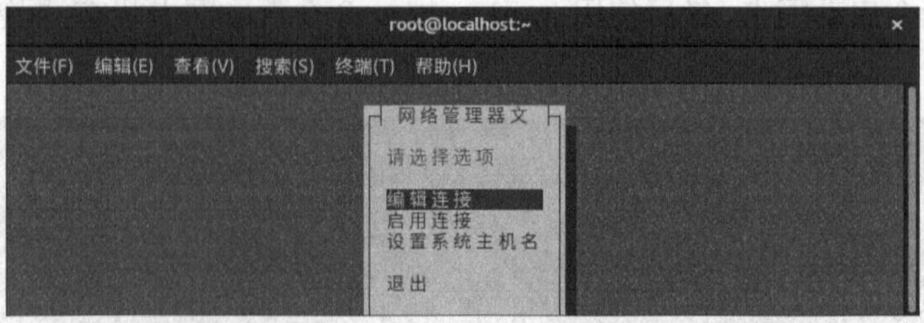

图 1-24　执行 nmtui 打开配置窗口

2）在打开的 NetworkManager 窗口中添加第 2 块网卡 ens168 并配置网络参数，操作过程如图 1-25 所示。

提示： 此处步骤较多，请严格按图中 1～5 的步骤执行操作，最后一定要单击“确定”按钮。

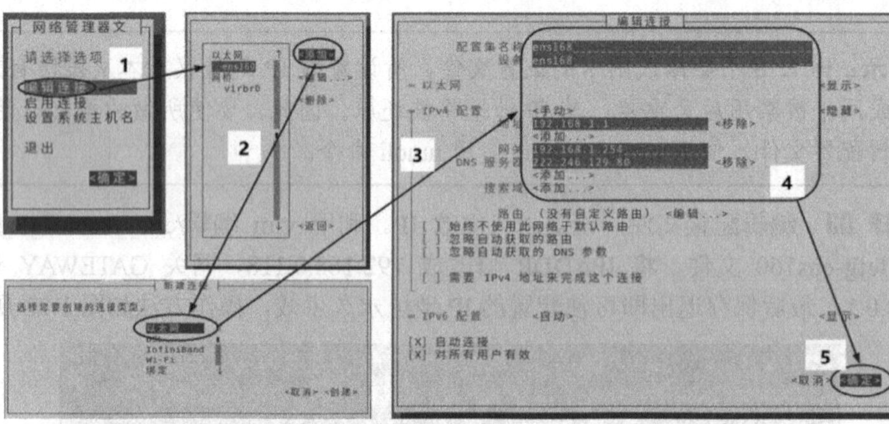

图 1-25　添加第 2 块网卡 ens168 并配置网络参数

3）系统返回“以太网”窗口，按 Tab 键将焦点移至“<返回>”，按回车键，返回 NetworkManager 窗口，使用光标下移键将焦点移至“退出”选项，按回车键退出 nmtui 工具。

4）在命令行下，执行 systemctl restart network.service 命令重启网络服务命令，使配置生效。

提示： 用户还可以使用 nmcli 命令配置网络连接，由于篇幅有限，请读者自行安排。

3. 网卡的禁用和启用

在 Linux 中有时需要对网卡进行禁用和启用，但要注意的是，如果是远程连接到 Linux，不要随便禁用网卡，否则就会被“挡在外面”，无法进入内部网，这个操作只适合本地。

任务 1-5

首先使用 ifdown/up 命令启用或禁用网卡 ens160，并查看启用或禁用结果；然后使用 nmcli connection down/up 命令启用或禁用网卡 ens160。

完成任务的具体步骤如下。

STEP 01　使用 ifdown/up 命令启用或禁用网卡。格式如下。

1）禁用网卡命令格式：

```
ifdown  网卡设备名
```

2）启用网卡命令格式：

```
ifup  网卡设备名
```

【操作示例 1-1】 使用 ifdown 和 ifup 命令实现禁用和启用网卡 ens160，操作方法如图 1-26 所示。

图 1-26　使用 ifdown 和 ifup 命令禁用和启用网卡

STEP 02　使用 nmcli connection down/up 命令启用或禁用网卡。格式如下。

1）禁用网卡命令格式：

```
nmcli connection down 网卡设备名
```

2）启用网卡命令格式：

```
nmcli connection up 网卡设备名
```

【操作示例 1-2】 使用 nmcli connection down ens160 命令先禁用网卡 ens160，然后再使用 nmcli connection up ens160 命令启用网卡 ens160，操作方法如图 1-27 所示。

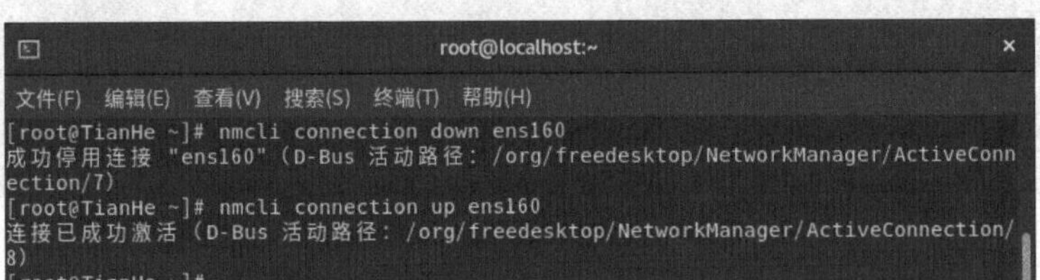

图 1-27　使用 nmcli connection down/up 禁用和启用网卡

STEP 03　重启网卡。重启网卡命令如下：

```
nmcli connection reload
nmcli connection up ens160
```

4. 为 Linux 主机指派域名解析

DNS 就是域名解析器，访问网站时其实都是在访问一个 IP 主机，如访问 www.baidu.com，输入的是百度的网址，但实际转换的是该主机的 IP 地址。这样的好处是访问网站或者服务器时，不用记 IP 地址的数字串，而是记一些比较容易记的字符，如 baidu.com。在

Linux 中实现域名解析涉及的文件通常包括 hosts、host.conf 和 resolv.conf。

1）hosts：存放 IP 地址和域名的对应关系。

2）host.conf：解析器查询顺序配置文件

3）resolv.conf：配置 Linux 系统 DNS 服务器的配置文件。在这个配置文件中，一定有 nameserver 关键字。作用是指定 DNS 服务器的位置，不指定的话，无法通过输入 www.baidu.com 访问百度，只能输入百度服务器的 IP 地址来访问它。

任务 1-6

在 Linux 中通过修改 hosts、host.conf 和 resolv.conf 3 个文件保证系统能正确完成域名解析。

完成任务的具体步骤如下。

STEP 01 使用 vim 编辑器修改/etc/hosts。使用 vim 编辑器修改/etc/hosts 文件实现主机名 www.baidu.com 与 IP 地址 14.215.177.39 之间的解析，操作方法如图 1-28 所示。

图 1-28 使用 vim 编辑器修改/etc/hosts

STEP 02 使用 vim 编辑器修改/etc/resolv.conf 文件。使用 vim 编辑器修改/etc/resolv.conf 文件，指派 222.246.129.80、114.114.114.114 为域名解析服务的地址，操作方法如图 1-29 所示。

图 1-29 使用 vim 编辑器修改/etc/resolv.conf 文件

STEP 03 指定域名解析的顺序。/etc/hosts 和/etc/resolv.conf 文件均可响应域名解析的请求，响应的先后顺序可在文件/etc/nsswitch.conf 中设置，默认解析顺序为 hosts 文件、resolv.conf 文件中的 DNS 服务器，操作方法如图 1-30 所示。

图 1-30 指定域名解析的顺序

1.4.4　测试网络环境

RHEL 8.3 安装完成以后，为了保证 Linux 操作系统能够正常工作，必须保证它能够与网络中其他计算机正常通信。前面介绍了如何配置主机名、IP 地址和域名解析等，这些参数配置完成后，能否正常工作，还需使用命令进行测试。

任务 1-7

在 RHEL 8.3 中先使用 ifconfig 命令查看网络配置信息；然后使用 ping 命令检测网络状况；接下来使用 netstat 命令显示实际的网络连接、路由表等情况。

完成任务的具体步骤如下。

STEP 01　ifconfig 命令是一个用于在 Linux 操作系统中查看、显示网络接口状态以及进行简单网络配置的工具。它可以用来配置网络接口的 IP 地址、子网掩码、MAC 地址、广播地址和网关，以及启用或禁用网络接口。然而，使用 ifconfig 命令所做的配置是临时的，一旦网卡或系统重启，这些配置就会丢失。

该命令的一般格式如下：

```
ifconfig [网络设备] [参数]
```

【操作示例 1-3】使用 ifconfig ens160 命令显示 Linux 操作系统中网络设备 ens160 的配置信息（激活状态的），操作方法如图 1-31 所示。

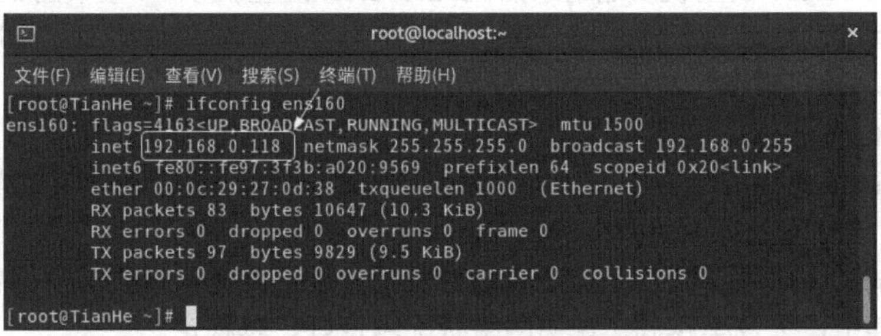

图 1-31　查看 ens160 的配置信息

STEP 02　用 ping 命令检测网络状况。ping 命令是测试网络连接状况以及信息包发送和接收状况非常有用的工具，是网络测试最常用的命令。ping 命令在执行时向目标主机（地址）发送一个回送请求数据包，要求目标主机收到请求后给予答复，从而判断网络的响应时间和本机是否与目标主机（地址）连通。

如果执行 ping 不成功，则可以根据 ping 的结果初步判断故障出现在哪个位置，如网线故障、网络适配器配置不正确、IP 地址不正确等。如果执行 ping 成功而网络仍无法使用，那么问题很可能出在网络系统的软件配置方面。

该命令的一般格式如下：

```
ping [-dfnqrRv][-c<完成次数>][-i<间隔秒数>][-I<网络接口>][-l<前置载入>][-p<范本样式>][-s<数据包大小>][-t<存活数值>][主机名称或 IP 地址]
```

ping 命令支持大量可选项，功能十分强大。ping 命令的主要选项如表 1-1 所示。

表 1-1　ping 命令的主要选项

选项	说明
-c<完成次数>	设置完成要求回应的次数
-s<数据包大小>	设置数据包的大小
-i<间隔秒数>	指定收发信息的间隔时间
-n	只输出数值
-R	记录路由过程
-q	不显示指令执行过程，开头和结尾的相关信息除外
-r	忽略普通的路由表，直接将数据包送到远端主机上
-t<存活数值>	设置存活数值 TTL 的大小

【操作示例 1-4】使用 ping 命令简单测试网络连通性，操作方法如图 1-32 所示。

图 1-32　测试网络连通性

向 192.168.0.118 的主机发送请求后，192.168.0.118 主机以 64 字节的数据包做回应，说明两节点间的网络可以正常连接。每条返回信息会表示响应的数据包情况。

- icmp_seq：数据包的序号从 1 开始递增。
- ttl：time to live，生存周期。
- time：数据包的响应时间，即从发送请求数据包到接收到响应数据包的整个时间。该时间越短说明网络的延时越小，速度越快。

在 ping 命令终止后，会在下方出现统计信息，显示发送及接收的数据包、丢包率及响应时间。其中，丢包率越低，说明网络状况越良好、越稳定。

也可以利用 ping 命令检查当前系统能否连接到 Internet。

STEP 03　用 netstat 命令检测网络配置。netstat（network statistics）命令是监控 TCP/IP 非常有用的工具，它可以显示实际的网络连接、路由表以及每一个网络接口设备的状态信息，可以让用户得知目前都有哪些网络连接正在运作。netstat 支持 UNIX、Linux 及 Windows 系统，功能强大。

该命令的一般格式如下：

```
netstat [可选项]
```

netstat 命令常用的可选项很多。netstat 命令的主要选项如表 1-2 所示。

表 1-2　netstat 命令的主要选项

选项	说明
-r 或-route	显示路由表
-a 或-all	显示所有连接信息
-t 或-tcp	显示 TCP 的连线状况

续表

选项	说明
-u 或-udp	显示 UDP 的连线状况
-h 或-help	在线帮助

【操作示例 1-5】使用 netstat　-atn 命令查看端口信息，以数字方式查看所有 TCP 连接情况，操作方法如图 1-33 所示。其中，-a 表示显示所有连接；-t 表示只显示 TCP，不设置则显示所有协议；-n 表示显示主机名和服务名称。

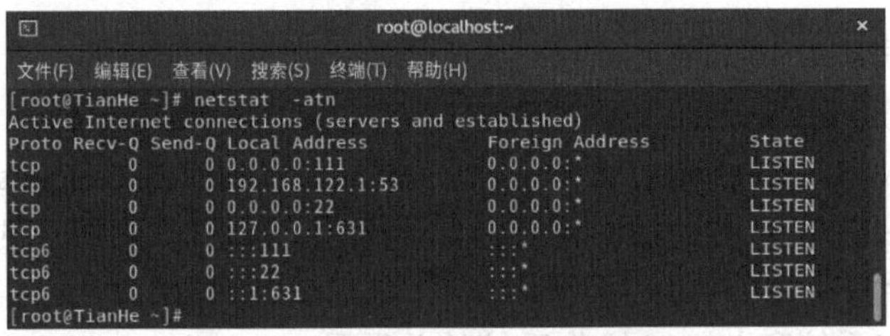

图 1-33　查看所有 TCP 连接情况

【操作示例 1-6】使用 netstat　-r 命令显示当前主机的路由表信息，操作方法如图 1-34 所示。

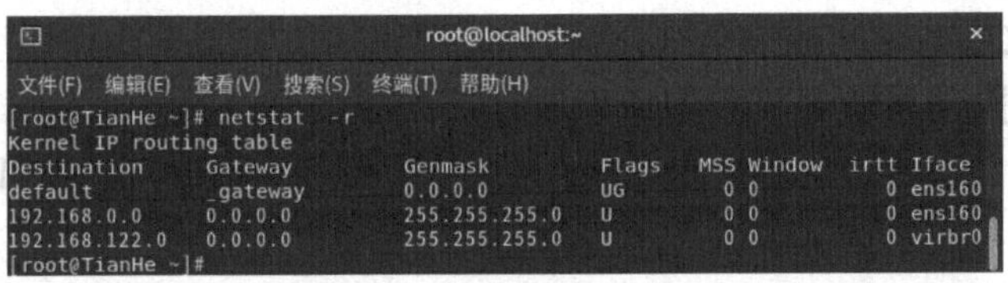

图 1-34　查看路由表

【操作示例 1-7】使用 netstat　-t 命令监控主机网络接口的统计信息，显示数据包发送和接收情况，操作方法如图 1-35 所示。

图 1-35　查看网络接口状态

1.5 项 目 拓 展

1.5.1　知识拓展

1. 填空题

1）Linux 操作系统一般由________、________、________和________4 个部分组成。

2）目前 Linux 支持多种文件系统，其中 RHEL 8.3 所采用的默认文件系统是________。

3）Linux 的版本号可分为________版本和________版本。

4）Linux 操作系统中硬盘的分区/dev/sdc5 代表系统中第________块________接口硬盘的第________个分区。

5）在安装 Linux 操作系统时最少需要________、________和________3 个分区。

2. 选择题

1）Linux 最早是由一位名为（　　）的计算机爱好者开发的。

A. Ken Thompson　　B. Dennis Ritchie

C. Andrew S.Tanenbaum　　D. Linus B.Torvalds

2）在安装 RHEL 8.3 的过程中需要添加一个用户账户，此用户的类型是（　　）。

A. 超级用户　　B. 系统用户　　C. 普通用户　　D. 管理者用户

3）Linux 操作系统和 UNIX 操作系统的关系是（　　）。

A. 没有关系

B. Linux 操作系统是一种自由和开放源码的类 UNIX 操作系统

C. Linux 操作系统和 UNIX 操作系统是同一种操作系统

D. UNIX 操作系统是一种自由和开放源码的类 Linux 操作系统

4）在 Linux 操作系统中，设置或查看网络配置的命令是（　　）。

A. ping　　B. ipconfig　　C. ifconfig　　D. nslookup

3. 简答题

1）简述 Linux 操作系统的主要特性。

2）简述 Linux 内核版和发行版之间的关系。

3）列举 3 个知名的 Linux 发行版，并介绍它们各自的优缺点。

1.5.2 技能拓展

1. 课堂练习

【课堂练习 1-1】上网下载并安装好 VMware Workstation 16，在较为空闲的磁盘（建议盘空间 30GB 以上）创建 VM-yyy-CentOS 8.3 文件夹，然后参考“任务 1-1”建立虚拟主机，设置好虚拟主机的内存、光驱等相关配置，并提交重要操作步骤的截图。

【课堂练习 1-2】准备 CentOS 8.3 操作系统的安装镜像文件，打开虚拟机，设置系统从光盘引导，再在虚拟机中光驱设置使用 ISO 光盘映像文件，按照“任务 1-2”实施安装，并提交重要操作步骤的截图。

【课堂练习 1-3】参考“任务 1-3”对新安装的 CentOS 8.3 的网络工作环境进行配置，包括配置主机名为 yyy、配置 IP 地址为 192.168.x.x、指定 DNS 域名解析服务器等，并提交重要操作步骤的截图。

说明：课堂任务中的 yyy 为学生姓名的拼音缩写或简写，x 为学号最后两位，后续项目中的练习与此相同。

2. 课后实践

【课后实践 1-1】在已经安装好 Linux 操作系统但还没有配置 TCP/IP 的虚拟机上设置 TCP/IP 的各项参数。其中，主机名为 TianYi，IP 地址为 192.168.0.100+x，子网掩码为 255.255.255.0，默认网关为 192.168.0.254，DNS 服务器为 192.168.0.118。全部设置好后，检查网络的连通性（包括与真实机之间的连通性）。

【课后实践 1-2】上网下载红旗 Linux 最新版的映像文件，在 VMware 中新建虚拟机，然后在虚拟机中完成红旗 Linux 安装，并体验最新版红旗 Linux。

1.6　项 目 总 结

本项目首先介绍了 Linux 操作系统的诞生与发展、组成与版本，以及 Linux 磁盘分区的基础知识。接下来通过 7 个具体任务训练了职业岗位能力。Linux 的安装简单易学，相信学生能很快掌握 Linux 的安装步骤和要领。配置与管理网络工作环境有一定的难度，希望学生多加练习，并熟练掌握。

通过本项目的学习，你的收获怎样？请认真填写学习情况考核登记表（表 1-3），并及时予以反馈。

表 1-3　学习情况考核登记表

序号	知识与技能	重要性	自我评价					小组评价					教师评价				
			A	B	C	D	E	A	B	C	D	E	A	B	C	D	E
1	了解 Linux 的组成与版本	★★															
2	熟悉 Linux 的分区	★★★															
3	会安装 VMware，会建立虚拟机	★★★☆															
4	会安装、使用 RHEL 8.3	★★★★★															
5	会配置主机名、IP 地址、子网掩码、网关等	★★★★															
6	会使用相关命令测试网络环境	★★★															
7	会使用虚拟机	★★★☆															
8	会安装国产 Linux 操作系统	★★★★															

注：评价等级分为 A、B、C、D 和 E 共 5 等。其中，对知识与技能掌握很好，能够熟练地完成 Linux 的安装，并掌握网络环境的配置为 A 等；掌握了 75%以上的内容，能较为顺利地完成任务为 B 等；掌握 60%以上的内容为 C 等；基本掌握为 D 等；大部分内容不够清楚为 E 等。

项目 2　Linux 文件与目录管理

在对 Linux 操作系统的使用与管理过程中，文件和目录是管理员打交道最多的，也是最基本的管理对象。文件系统中的文件是数据的集合。文件系统不仅包含文件中的数据，还包含文件系统的结构。所有 Linux 用户和程序看到的文件、目录、文件保护信息等都存储在文件系统中。

本项目按照工作流程引领学生了解 Linux 文件系统的组织方式、Linux 的安装目录、Linux 的文件类型、Linux 的文件权限、vim 编辑器等几个方面的内容。通过具体任务教会学生使用命令管理文件系统、使用命令管理文件和目录、使用 vim 编辑器编辑文件。所有任务提供了详细的操作步骤，以此帮助学生全面而又熟练地掌握使用命令管理 Linux 文件系统。

教学导航

知识目标	（1）了解 Linux 文件系统的概念 （2）了解 Linux 文件系统的组织方式 （3）了解 Linux 的文件类型 （4）掌握常用的文件系统管理命令的使用方法 （5）掌握设置和修改文件权限的方法 （6）掌握 vim 编辑器的使用方法
技能目标	（1）能使用命令管理文件系统 （2）能使用命令对文件进行压缩与归档 （3）能使用命令浏览文件和目录 （4）能使用命令操作文件和目录 （5）能使用命令设置文件和目录的权限 （6）能使用 vim 编辑器编辑文件
素质目标	（1）培养认真细致的工作态度和工作作风 （2）养成刻苦、勤奋、好问、独立思考和细心检查的学习习惯 （3）培养自学能力，分析问题、解决问题能力和创新能力 （4）培养信息安全意识，能够保护好文件与目录的安全
重点、难点	（1）重点：文件和目录的基本操作、vim 编辑器的使用 （2）难点：设置文件和目录的权限、vim 编辑器的使用
课时建议	（1）教学课时：理论学习 2 课时+教学示范 4 课时 （2）技能训练课时：课堂模拟 4 课时+课堂训练 4 课时

2.1 项 目 引 入

在添艺教育培训中心的网络改造项目中，曹捷负责技术服务和服务器的配置与管理，目前已经初步完成了 Linux 操作系统的安装和基本工作环境的配置。接下来的任务是使用命令对 Linux 操作系统进行有效的配置与管理。同时，还要对添艺教育培训中心的谢奇林和杨涛等工作人员进行技术培训，使他们能够在 Linux 操作系统中使用相关命令对文件和目录进行操作；并根据安全需要，合理设置文件和目录的权限。

根据添艺教育培训中心的要求，曹捷与谢奇林和杨涛等相关工作人员进行了多次交谈。通过交谈曹捷了解到他们对 Windows 系统比较熟悉，有一定的命令基础，但没有使用过 Linux 操作系统，接下来需要让谢奇林和杨涛等工作人员尽快掌握 Linux 操作系统中文件与目录管理的方法和技巧。

那么，对 Linux 操作系统中文件与目录进行管理需要掌握哪些方面的知识和技能呢？

2.2 项 目 任 务

曹捷凭借自己所学的知识和多年的工作经验，经过思考和分析，确定首要任务是让谢奇林和杨涛等相关工作人员尽快熟悉 Linux 操作系统中文件的目录结构、文件类型、文件和目录的权限，并能使用命令对文件和目录进行管理。本项目的具体任务如下。

1）了解 Linux 文件系统、了解 Linux 系统的目录结构、掌握 Linux 命令的语法。

2）使用命令对文件和目录进行浏览、创建、修改及删除等操作。

3）使用命令对文件和目录的权限进行管理。

4）使用 vim 编辑器对普通文件进行有效的编辑与管理。

2.3 相 关 知 识

2.3.1 Linux 文件系统概述

操作系统中负责管理和存储文件信息的软件机构称为文件管理系统，简称文件系统。文件系统由 3 部分组成：与文件管理有关的软件、被管理的文件以及实施文件管理所需的数据结构。从系统角度来看，文件系统是对文件存储设备空间进行组织和分配，负责文件的存储并对存入的文件进行保护和检索的系统。具体地说，它负责为用户建立文件，存入、读出、修改、转储文件，控制文件的存取，当用户不再使用时撤销文件等。

文件系统是操作系统用于明确磁盘或分区上的文件的方法和数据结构，即在磁盘上组织文件的方法，也指用于存储文件的磁盘或分区，或文件系统的种类。

2.3.2 Linux 文件系统的组织方式

不同的操作系统组织文件的方式各不相同，其所支持的文件系统数量和种类也不完全相同。Linux 文件系统的组织方式称为文件系统分层标准（filesystem hierarchy standard，FHS），即采用层次式的树状目录结构。在此结构的最上层是根目录“/”，根目录下是其他的目录和子目录，如图 2-1 所示。

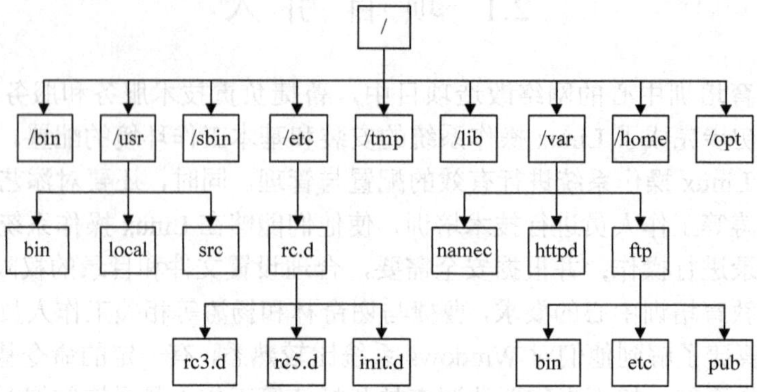

图 2-1 Linux 文件系统目录层次结构

Linux 与 DOS 及 Windows 一样，采用路径表示文件或目录在文件系统中所处的层次。路径由以“/”为分隔符的多个目录名字符串组成，分为绝对路径和相对路径。

1. 绝对路径

绝对路径是指由根目录“/”为起点，表示系统中某个文件或目录的位置的方法。例如，如果用绝对路径表示图 2-1 中第 4 层目录中的 bin 目录，应表示为“/var/ftp/bin”。

2. 相对路径

相对路径是以当前目录为起点，表示系统中某个文件或目录在文件系统中的位置的方法。若当前工作目录是“/var”，则用相对路径表示图 2-1 中第 4 层目录中的 bin 目录，应表示为“ftp/bin”或“./ftp/bin”，其中“./”表示当前目录，通常可以省略。

2.3.3 Linux 的默认安装目录

按照 FHS 的要求，Linux 操作系统在安装过程中会创建一些默认的目录。这些默认的目录都有特殊的功能，不能随便更名，以免造成系统错误。表 2-1 列出了 Linux 操作系统的主要安装目录及其功能。

表 2-1 Linux 操作系统的主要安装目录及其功能

目录名称	说明
/	Linux 文件系统的最上层目录，称为根目录，其他所有目录均是该目录的子目录
/bin	binary 的缩写，该目录包含供用户使用的可执行程序（文件）
/dev	/dev 目录包含代表硬件设备的特殊文件，主要包括：块设备，如硬盘；字符设备，如磁带机和串设备。例如，/dev/hda 表示第 1 块 IDE 设备
/etc	有关系统设置与管理的文件，包括密码、守护程序及 X-Window 相关的配置，可以通过编辑器进行编辑
/home	普通用户的主目录（也称为家目录）或 FTP 站点目录，一般存放在/home 目录下
/mnt	文件系统挂载点（mount），例如，光盘的挂载点可以是/mnt/cdrom，ZIP 驱动器为/mnt/zip
/root	根用户的主目录
/sbin	system binary 的缩写，目录包含仅供管理员使用的可执行程序
/tmp	temporary 的缩写，用来存放临时文件的目录

续表

目录名称	说明
/usr	存放用户使用的系统命令和应用程序
/usr/bin	存放用户可执行的程序，如 OpenOffice 的可执行程序

2.3.4 Linux 中的文件类型

Linux 中的文件类型

在 Linux 操作系统中，文件可分为普通文件、目录文件、设备文件、链接文件和管道文件 5 种类型，下面对文件类型予以说明。

1. 普通文件

普通文件是用于存放数据、程序等信息的文件，一般长期存放在外存储器（磁盘、光盘等）中。普通文件又分为文本文件和二进制文件。

2. 目录文件

目录文件是由文件系统中一个目录所包含的目录项组成的文件。目录文件只允许系统进行修改。用户进程可以读取目录文件，但不能对其进行修改。

3. 设备文件

设备文件是用于为输入/输出（I/O）设备提供连接的一种文件，分为字符设备文件和块设备文件，对应于字符设备和块设备。Linux 把对设备的 I/O 操作当作普通文件的读取/写入操作，内核提供了对设备处理和对文件处理的统一接口。每种 I/O 设备对应一个设备文件，存放在/dev/目录中。

4. 链接文件

链接文件（又称为符号链接文件），在链接文件中不是通过文件名实现文件共享，而是通过链接文件中包含的指向文件的指针实现对文件的访问。普通用户可以建立链接文件，并使用通过其指针所指向的文件。使用链接文件可以访问普通文件，还可以访问目录文件和不具有普通文件实态的其他文件，它可以在不同的文件系统之间建立链接关系。

5. 管道文件

管道文件[又称先进先出（first in，first out，FIFO）文件]主要用于在进程之间传递数据。管道是进程之间传递数据的“媒介”，某进程数据写入管道的一端，另一个进程从管道另一端读取数据。Linux 对管道的操作与文件操作相同，它把管道作为文件进行处理。

2.3.5 Linux 中的文件权限

Linux 中的文件权限

Linux 操作系统以高安全性而著称，它有完善的文件和目录权限控制机制。在 Linux 的终端窗口使用 ls -l 命令可以查看系统中文件和目录的权限，操作方法如下：

```
[root@TianYi~]#ls -l
drwxr-xr-x   3 root    root  4096 2024-07-05 02:01 SAPGUI
```

```
lrwxrwxrwx   1 root    root  7 2024-05-21 22:16 x001.txt -> readme.txt
-rw-r--r--   1 root    root  72 2024-07-03 20:24 setup.log
```

1. 文件和目录的权限

左边（10 位）的第 1 列字符是文件和目录的权限控制字符串，权限字符串各位的作用和分组的方式如图 2-2 所示。

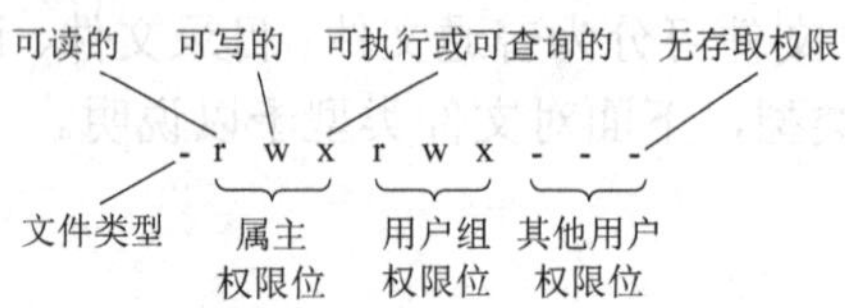

图 2-2　文件权限表示

权限字符串的第 1 个字母代表文件类型，不同字符代表不同的文件类型，具体含义如下。

1）-：代表普通文件。

2）d：代表目录。

3）l：代表符号链接（软链接）。

4）b：代表块设备。

5）c：代表字符型设备。

6）s：代表套接字（socket）。

7）p：代表命名管道。

2. 属主、用户组和其他用户的权限

权限字符串中后面 9 个字符每 3 位被分为 1 组，分别代表属主权限位、用户组权限位和其他用户权限位。例如，rwxr-xr-x，数一下就知道是不是 9 个位置了，正是这 9 个权限位来控制文件属主、用户组以及其他用户的权限。每组有 3 个权限位，代表具体的权限。

1）r：表示文件可读或目录可读，位于 3 位权限组的第 1 位。

2）w：表示文件可修改或目录可修改，位于 3 位权限组的第 2 位。

3）x：表示文件可执行或目录中的文件可执行，位于 3 位权限组的第 3 位。

4）s：表示 set UID 或 set GID，位于 user 或 group 权限组的第 3 位。s 权限位是一个敏感的权限位，容易造成系统的安全问题。

5）t：表示黏着位（sticky），位于 other 权限组的第 3 位。该位的文件和目录只有创建者才能删除。

6）-：表示没有权限。该字符可出现在任何位置，表示没有许可权限。

在 Linux 中创建文件或目录时，系统通过 umask 环境变量控制默认的权限位的设置。umask 的值多为 022，在 profile 文件中设置。设置格式如下：

```
……
umask 022
……
```

通过 chmod 八进制语法可以改变文件或目录的权限，权限用数字表达分别是：r 用 4 代表；w 用 2 代表；x 用 1 代表；-用 0 代表。

每个 3 位的权限代码（分别是属主、用户组和其他用户）组合有 8 种可能，如表 2-2 所示。

表 2-2 权限代码组合的八进制数值

八进制数值	权限	值的计算方法
0	---	0+0+0=0
1	--x	0+0+1=1
2	-w-	0+2+0=2
3	-wx	0+2+1=3
4	r--	4+0+0=4
5	r-x	4+0+1=5
6	rw-	4+2+0=6
7	rwx	4+2+1=7

可以根据表 2-2 的数字列表来组合权限，比如想让属主拥有 rwx 权限（所对应的数字是 7），属组拥有--x 权限（所对应的数字是 1），其他用户拥有---权限（所对应的数字是 0），这样把各组的权限组合起来就是 rwx--x---（对应的八进制数值是 710）。

按照上面的规则，rwx 合起来就是 4+2+1=7，一个 rwxrwxrwx 权限全开放的文件，数值表示为 777；而完全不开放权限的文件“---------”其数值表示为 000。

2.3.6 vim 编辑器

vim 是一个功能强大、高度可定制的文本编辑器，它在经典的 vi 编辑器的基础上进行了改进和增强。作为一款自由软件，vim 因其高效的工作方式而广受推崇。vim 的效率得益于其独特的多模式操作：命令模式、插入模式和末行模式，每种模式又分别支持多种不同的命令快捷键，从而可以显著提升工作效率。这种设计不仅使得 vim 易于上手，而且在用户熟悉之后，能够实现更加流畅和高效的编辑体验。

1. 命令模式

使用 vim 编辑文件时，首先进入的就是命令模式。在这个模式中，如果打开的文件已经存在，则可以使用“上”“下”“左”“右”按键移动光标，也可以使用“删除字符”或“删除整行”处理文件的内容，还可以使用“复制”“粘贴”处理文件数据。

2. 编辑模式

在命令模式下可以执行删除、复制、粘贴等动作，但无法对文件进行编辑。要按下 i、I、o、O、a、A 中任一字母键之后才会进入编辑模式，只有在编辑模式下才能对文件进行编辑。在 Linux 中，按下上述的字母键后，在画面的左下方会出现 INSERT 或 REPLACE 的提示。此时，即可将字符输入文件。如果要返回命令模式，则必须按 Esc 键退出编辑模式。

3. 末行模式

末行模式也称 ex 转义模式，在命令模式下，输入“:”“/”“?”就可以将光标移动到最末一行。在这个模式中，可以进行“搜寻资料”的操作，如读取、存盘、替换字符、退出 vim、显示行号等操作都是在此模式中进行的。

4. vim 3 种模式的转换

在任意模式下，按 Esc 键即可进入命令模式；在命令模式下，按 i、I、o、O、a、A 等键即可进入编辑模式，按“:”键即可进入末行模式；想要退出编辑模式或末行模式，按 Esc 键即可回到命令模式。

vim 3 种模式的转换可用图形方式表示，如图 2-3 所示。

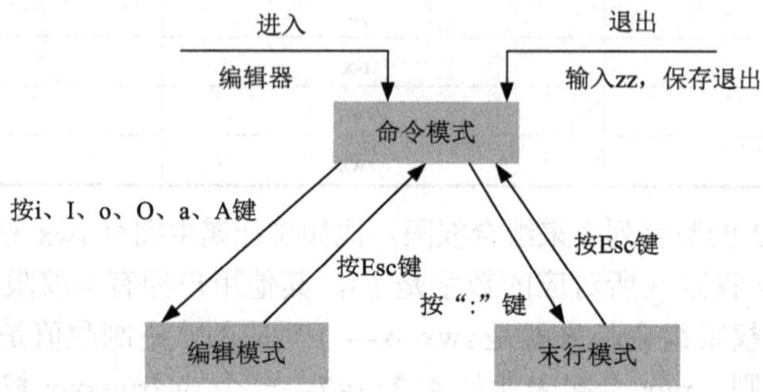

图 2-3 vim 3 种模式的转换

2.4 项 目 实 施

2.4.1 熟悉 Linux 命令的使用

Linux 与用户的交互依靠 shell 程序，它接收来自用户的命令，将其传递给操作系统进行处理，并显示输出。Linux 提供了几百条命令，虽然这些命令的功能不同，但它们的使用方式和规则是统一的。

1. Linux 命令格式

Linux 命令具有下面的通用格式：

```
命令名 [选项] [参数 1] [参数 2]……
```

命令名由小写的英文字母构成，往往是表示相应功能的英文单词或单词的缩写。例如，date 表示日期；who 表示谁在系统中；cp 是 copy 的缩写，表示复制文件等。方括号中的部分对命令行来说是可选项，可有可无。

思政小贴士

Linux 操作系统的命令很多，既枯燥又难记。大家可以了解一下“李时珍和曼陀罗”的故事以及“荷花定律”的具体内容，体会学习需要发挥主观能动性，多实践、多积累，成功不是一蹴而就的，而是一个厚积薄发的过程。

【操作示例 2-1】进入 Linux 终端模式，在命令提示符（#或$）后输入 date 命令，显示系统当前的日期和时间。

```
[root@TianYi ~]# date
2024年 06月 28日 星期五 17:20:20 CST
```

【操作示例 2-2】也可以在 date 命令名后带有选项和参数，如“date -s 15:30:00”，设置系统时间为下午 3 点 30 分，其中-s 是选项，15:30:00 是参数。

```
[root@TianYi ~]# date -s 15:30:00
2024年 06月 28日 星期五 15:30:00 CST
```

【操作示例 2-3】选项是对命令的特别定义，以“-”开始，多个选项可用一个“-”连起来，如“ls -l -a”与“ls -la”相同。其中，-l、-a 和-la 都是选项。

```
[root@TianYi~]# ls -l -a          //与ls -la相同
总用量 52
dr-xr-x---. 15 root root 4096 5月  28 2021 .
dr-xr-xr-x. 17 root root  224 5月  23 20:42 ..
drwxr-xr-x.  2 root root    6 5月  23 23:04 公共
drwxr-xr-x.  2 root root    6 5月  23 23:04 模板
……
```

命令行的参数提供命令运行的信息，或者命令执行过程中所使用的文件名。通常参数是一些文件名，告诉命令从哪里可以得到输入，以及把输出送到什么地方。

如果命令行中没有提供参数，命令将从标准输入文件（即键盘）接收数据，输出结果显示在标准输出文件（即显示器）上，而错误信息则显示在标准错误输出文件（即显示器）上。可使用重定向功能对这些文件进行重定向。

2. Linux 目录使用技巧

1）在 Linux 操作系统中，命令区分大小写。

2）在命令行中，可以使用 Tab 键自动补齐命令，即可以只输入命令的前几个字母，然后按 Tab 键，如果系统只找到一个和输入字符相匹配的目录或文件，则自动补齐；如果没有匹配的内容或有多个相匹配的名字，系统将发出警鸣声，再按一下 Tab 键将列出所有相匹配的内容（如果有的话），以供用户选择。

3）利用向上或向下按键，可以翻查曾经执行过的历史命令，并可以再次执行。

4）如果要在一个命令行上输入和执行多条命令，可以使用分号分隔命令。

5）断开一个长命令行，可以使用反斜杠“\”将一个较长的命令分成多行表达，增强命令的可读性。执行后，Shell 自动显示提示符“>”，表示正在输入一个长命令，此时可继续在新行上输入命令的后续部分。

2.4.2　目录与文件操作命令的使用

在 Linux 操作系统中，大部分的操作需要通过目录来完成，而 Linux 的最大特点就是有功能强大的 Shell 模块。通过该模块，用户可以方便地查看某个目录的内容，改变当前的工作目录或创建/删除目录。本节将介绍 Linux 中经常使用的一些目录操作命令。

1. 目录浏览系列命令的使用

目录浏览主要包括显示用户当前所在目录、改变用户当前工作路径和列出某个目录中的文件或子目录等工作。

任务 2-1

利用 root 用户登录 Linux 操作系统。在 Linux 终端模式下利用 pwd 命令查看用户当前的工作路径；利用 cd 命令改变用户的工作路径；利用 ls 命令查看当前目录下的文件清单，并全面掌握它们的作用。

完成任务的具体步骤如下。

STEP 01 查看当前路径命令 pwd 的使用。首先运用“任务 1-3”中的 STEP 01 进入终端模式，使用 pwd 命令显示用户当前所在的目录，操作方法如下：

```
[root@TianYi~]# pwd                          #显示用户当前所在目录
/root                                        #可以看到用户当前所在目录
[root@TianYi~]#
```

从命令的执行结果可得知，系统的当前用户所在目录是/root。

STEP 02 改变当前路径命令 cd 的使用。cd 命令用来在不同的目录中进行切换。用户在登录系统后，会处于用户的家目录（$HOME）中，普通用户以/home 开始，后跟用户名，这个目录就是用户的初始登录目录，root 用户的家目录为/root。如果用户想切换到其他目录，可以使用 cd 命令，后跟想要切换的目录名，操作方法如下：

```
[root@TianYi~]#cd /etc                       #改变目录到/etc
[root@TianYi etc]#                           #执行完 cd /etc，进入/etc 目录
[root@TianYi~]#cd ~                          #进入用户登录时的工作目录(即/root)
[root@TianYi~]#                              #执行完 cd ~，返回登录用户的工作目录
[root@TianYi~]#cd /etc/sysconfig             #改变目录到/etc/sysconfig 目录下
[root@TianYi sysconfig]#                     #已进入/etc/sysconfig 目录
[root@TianYi sysconfig]# cd ..               #进入当前目录的父目录(即/etc)
[root@TianYi etc]#                           #已进入/etc 目录
[root@TianYi~]#cd /etc/samba                 #改变目录到/etc/samba 目录下
[root@TianYi samba]#                         #已进入/etc/samba 目录
[root@TianYi~]#cd ../yum                     #进入当前目录父目录下的 yum 子目录
[root@TianYi yum]#                           #已进入/etc/yum 目录
```

注意：在 Linux 操作系统中，用“.”代表当前目录；用“..”代表当前目录的父目录；用“~”代表用户的家目录（主目录）。例如，root 用户的个人主目录是/root，不带任何参数的 cd 命令相当于“cd ~”，即将目录切换到用户的家目录。

STEP 03 列出文件清单命令 ls 的使用。ls 命令用来显示指定目录中的文件或子目录信息，当不指定文件或目录时，将显示当前工作目录中的文件或子目录信息。

1）熟悉 ls 命令的语法及相关参数，具体语法格式如下：

```
ls [参数] [目录|文件]
```

ls 命令的常用参数选项如下。

- -a：显示所有文件，包括以“.”开头的隐藏文件。
- -A：显示指定目录下所有的子目录及文件，包括隐藏文件，但不显示“.”和“..”。
- -c：按文件的修改时间排序。
- -C：分成多列显示各行。
- -d：如果参数是目录，只显示其名称而不显示其下的各个文件。
- -l：以长格式显示文件的详细信息。
- -i：在输出的第一列显示文件的 i 节点号。

2）ls 命令的使用练习，操作方法如下：

```
[root@TianYi~]#cd
[root@TianYi~]#ls        #不带参数，列出当前目录下的文件及子目录
[root@TianYi~]#ls -a     #使用-a 列出包括以“.”开始的隐藏文件在内的所有文件
[root@TianYi~]#ls -t     #使用-t 依照文件最后修改时间的顺序列出文件
[root@TianYi~]#ls -F     #使用-F 列出当前目录下的文件名及其类型
[root@TianYi~]#ls -l     #列出所有文件的权限、所有者、文件大小、修改时间及名称
[root@TianYi~]#ls -R     #使用-R 显示目录及所有子目录的文件名
```

2. 文件内容浏览系列命令的使用

在 Linux 操作系统中浏览文件内容有多种不同的浏览方式，包括只显示文件首页，只显示文件最后一页，显示文件内容可以从上往下翻页，显示文件内容可以上下左右翻页等。

任务 2-2

在 Linux 终端模式下，利用 cat、more、less、head 和 tail 等命令以不同的方式显示文件内容。任务完成后，熟记这些命令的使用方法和各命令的作用。

完成任务的具体步骤如下。

STEP 01　显示文件内容命令 cat 的使用。cat 命令主要用于滚屏显示文件内容或将多个文件合并成一个文件。

1）熟悉 cat 命令的语法及相关参数，具体语法格式如下：

```
cat  [参数]   文件名
```

cat 命令的常用参数选项如下。

- -b：对输出内容中的非空行标注行号。
- -n：对输出内容中的所有行标注行号。

2）cat 命令的使用练习。通常使用 cat 命令查看文件内容时不能分页显示，要查看超过一屏的文件的内容时，需要使用 more 或 less 等浏览命令，操作方法如下：

```
[root@TianYi~]#cd  /etc                #进入 etc 目录
[root@TianYi etc]# cat sudo.conf       #查看/etc/ sudo.conf 文件的内容
```

利用 cat 命令还可以合并多个文件。例如，要把 file1 和 file2 文件的内容合并为 file3，且 file2 文件的内容在 file1 文件的内容前面，操作方法如下：

```
[root@TianYi~]#echo "123">file1        #新建文件 file1，文件内容为 123
```

```
[root@TianYi~]#echo "abc">file2          #新建文件 file2，文件内容为 abc
[root@TianYi~]#cat file2 file1>file3     #如果 file3 文件存在，此命令的执行结
                                         #果会覆盖 file3 文件中原有内容
[root@TianYi~]#cat file2 file1>>file3    #如果 file3 文件存在，此命令的执行结
                                         #果将把 file2 和 file1 文件的内容附
                                         #加到 file3 文件中原有内容的后面
```

Linux 系统中一个非常有用的概念就是 I/O 重定向，能用输出重定向符“>”将输出内容写入一个指定的文件。通常命令的执行结果都显示在屏幕上，但如果想要将结果记录到一个文件中，就可以利用该输出重定向的功能了。

STEP 02 分屏显示文件命令 more 的使用。当文件内容过长整个屏幕都显示不全时，用 cat 命令只能看到最后几行，这时 more 命令就大有用处了，它能一页一页地查看内容冗长的文件内容。执行 more 命令后，进入 more 状态，按回车键可以向下移动一行；按 Space 键可以向下移动一页；按 Q 键可以退出 more 命令。在 more 状态下还有许多功能可用 man more 命令获得。

1）熟悉 more 命令的语法及相关参数，具体语法格式如下：

```
more  [参数]  文件名
```

more 命令的常用参数选项如下。

- -num：这里的 num 是一个数字，用来指定分页显示时每页的行数。
- +num：指定从文件的第 num 行开始显示。
- -c：从顶部清屏然后显示文件内容。

2）more 命令的使用练习，操作方法如下：

```
[root@TianYi~]#cd /etc                   #进入 etc 目录
[root@TianYi~]#more sudo.conf            #以分页方式查看 sudo.conf 文件的内容
[root@TianYi~]#cat sudo.conf|more        #以分屏方式查看 sudo.conf 文件的内容
```

more 命令经常在管道中被调用，用以实现各种命令输出内容的分屏显示。上面的最后一个命令就是利用 Shell 的管道功能分屏显示 sudo.conf 文件的内容。

STEP 03 分屏显示文件命令 less 的使用。less 命令可以向下、向上翻页，甚至可以进行前、后、左、右的移动。执行 less 命令后，进入 less 状态，按回车键可以向下移动一行，按 Space 键可以向下移动一页，按 B 键可以向上移动一页，也可以用上、下、左、右光标键进行移动，按 Q 键可以退出 less 命令。

1）熟悉 less 命令的语法及相关参数，具体语法格式如下：

```
less [参数] 文件
```

less 命令的常用参数选项如下。

- -f：强制打开文件，二进制文件显示时，不提示警告。
- -m：显示读取文件的百分比。
- -N：在每行前输出行号。

2）less 命令的使用练习，操作方法如下：

```
[root@TianYi etc]# less  sudo.conf  #以分页方式查看 sudo.conf 文件的内容
```

STEP 04 从头查看文件内容命令 head 的使用。head 命令用于显示文件的开头部分，默认情况下只显示文件的前 10 行内容。

1）熟悉 head 命令的语法及相关参数，具体语法格式如下：

```
head  [参数]  文件名
```

head 命令的常用参数选项如下。

- -n num：显示指定文件的前 num 行。
- -c num：显示指定文件的前 num 个字符。

2）head 命令的使用练习，操作方法如下。按照默认设置，只能阅读文件的前 10 行。可以通过指定一个数字选项来改变要显示的行数，以下命令是显示文件的前 20 行：

```
[root@TianYi etc]#head -n 20  sudo.conf  #显示 sudo.conf 文件前 20 行的内容
```

STEP 05　tail 命令的使用。与 head 命令相反的是 tail 命令。使用 tail 命令，可以查看文件结尾的 10 行。这有助于查看日志文件的最后 10 行来阅读重要的系统消息。还可以使用 tail 命令来观察日志文件更新的过程。使用-f 选项，tail 命令会自动实时地将打开文件中的新消息显示到屏幕上。

1）熟悉 tail 命令的语法及相关参数，具体语法格式如下：

```
tail  [参数]  文件名
```

tail 命令的常用参数选项如下。

- -n num：显示指定文件的末尾 num 行。
- -c num：显示指定文件的末尾 num 个字符。
- +num：从第 num 行开始显示指定文件的内容。
- -f：参数-f 使 tail 命令不停地去读最新的内容，这样有实时监视的效果。

2）tail 命令的使用练习，操作方法如下：

```
[root@TianYi~]#tail -20 /etc/passwd
[root@TianYi~]#tail -f /var/log/messages
```

3. 目录操作系列命令的使用

在 Linux 操作系统中可以用命令方式建立目录和删除目录。

任务 2-3

在 Linux 终端模式下，使用 mkdir 建立目录、使用 rmdir 命令删除目录。任务完成后，请熟记这些命令的使用方法和各命令的作用。

完成任务的具体步骤如下。

STEP 01　使用 mkdir 命令建立目录。mkdir（make directory）命令用于创建目录，目录可以是绝对路径，也可以是相对路径。

1）熟悉 mkdir 命令的语法及相关参数，具体语法格式如下：

```
mkdir  [参数]  目录名
```

mkdir 命令的常用参数选项如下。

- -p：在创建目录时，如果父目录不存在，则同时创建该目录及该目录的父目录。

2）mkdir 命令的使用练习，操作方法如下：

```
[root@TianYi~]#mkdir test1          #在当前目录下建立 test1 目录
[root@TianYi~]#mkdir test2          #在当前目录下建立 test2 目录
```

```
[root@TianYi~]#mkdir -p test3/bak  #在 test3 目录下建立 bak 目录，如果
                                   #test3 目录不存在，那么同时建立 test3 目录
```

STEP 02 使用 rmdir 命令删除目录。rmdir 命令用于删除空目录，目录可以是绝对路径，也可以是相对路径，但所删除的目录必须为空目录。

1）熟悉 rmdir 命令的语法及相关参数，具体语法格式如下：

```
rmdir  [参数]  目录名
```

rmdir 命令的常用参数选项如下。

- -p：一起删除父目录时，父目录下应无其他目录。

2）rmdir 命令的使用练习，操作方法如下：

```
[root@TianYi~]#rmdir test2          #在当前目录下删除 test2 目录
[root@TianYi~]#rmdir -p test3/bak #删除当前目录中 test3/bak 子目录，删除 bak
                                  #目录时，如果 test3 目录下无其他目录，则一起删除
```

4. 文件操作系列命令的使用

在 Linux 系统中，可以用命令方式复制文件、移动文件、删除文件、建立空文件、比较两个文件的内容、对文件进行归档和压缩、对文件进行打包等。

任务 2-4

在 Linux 终端模式下，使用 cp、touch、mv、rm、diff、ln、gzip、gunzip、tar、man 和 help 等一系列命令完成对文件的复制、更新、移动、删除、比较、链接、压缩、解压缩、归档、获取命令使用方法等一系列的操作。

完成任务的具体步骤如下。

STEP 01 使用 cp 命令复制文件或目录。命令 cp（copy）用于将一个文件、多个文件或目录复制到另一个地方。

1）熟悉 cp 命令的语法及相关参数，具体语法格式如下：

```
cp  [参数]   源文件    目标文件
```

cp 命令的常用参数选项如下。

- -f：强制复制，如果目标目录存在相同的文件或者目录，将会覆盖它。
- -i：交互式的复制文件，通常在使用*通配符时用到。
- -r：复制目录时必须使用这个参数。

2）cp 命令的使用练习，操作方法如下：

```
[root@TianYi ]#cp /etc/inittab  ~/inittab.bak
[root@TianYi~]#cp  -R  /etc/init.d/  /initbak
```

上面第一句是将/etc/inittab 文件复制到用户的家目录下，复制后的文件名为 inittab.bak。第二句是将/etc/init.d 目录（包含 rc.d 目录的文件及子目录）复制到/initbak 目录下。

STEP 02 使用 touch 命令更新文件的修改日期。touch 命令用于建立文件或更新文件的修改日期。

1）熟悉 touch 命令的语法及相关参数，具体语法格式如下：

```
touch  [参数]  文件名或目录名
```

touch 命令的常用参数选项如下。

➢ -d yyyymmdd：把文件的存取或修改时间改为 yyyy 年 mm 月 dd 日。
➢ -a：只把文件的存取时间改为当前时间。
➢ -m：只把文件的修改时间改为当前时间。

2）touch 命令的使用练习，操作方法如下：

```
[root@TianYi ~]# cd test1
[root@TianYi test1]# touch newfile
[root@TianYi test1]# touch -d 20240630 newfile
```

上面第一句是如果当前目录下存在 newfile 文件，则把 newfile 文件的存取和修改时间改为当前时间；如果不存在 newfile 文件，则新建 newfile 文件。第二句是将 newfile 文件的存取和修改时间改为 2024 年 6 月 30 日。

STEP 03 使用 mv 命令移动文件或目录。mv（move）命令具有“移动”和“重命名”双重意义。它既可以移动文件，也可以重命名文件，还可以移动目录。

1）熟悉 mv 命令的语法及相关参数，具体语法格式如下：

```
mv [参数] 源文件或目录 目标文件或目录
```

mv 命令的常用参数选项如下。

➢ -b：移动后原文件不删除，效果相当于复制。
➢ -f：强制移动，如果目标目录存在相同的文件或者目录，将会覆盖它。
➢ -i：交互式的移动文件，通常在使用*通配符时用到。

2）mv 命令的使用练习，操作方法如下：

```
[root@TianYi~]#mv inittab.bak /root/test1/
[root@TianYi~]#touch /usr/file-a
[root@TianYi~]#mv /usr/file-a /myfile1
```

上面第一句是将当前目录下的 inittab.bak 文件移动到/root/test1/目录下，目录名不变。第二句是在/usr 目录下新建一个名为 file-a 的文件。第三句是将/usr/file-a 文件移动到根目录下，移动后的文件名为 myfile1。

STEP 04 使用 rm 命令删除文件或目录。rm（remove）命令用于删除文件和目录。

1）熟悉 rm 命令的语法及相关参数，具体语法格式如下：

```
rm [参数] 文件名或目录名
```

rm 命令的常用参数选项如下。

➢ -r：用于删除目录，功能与 rmdir 相当，当目录中存在文件时，rm 会询问是否进入目录删除其中的文件，同意后还会对每一个文件确认删除。
➢ -f：强制删除文件而不询问，常和-r 一起使用删除有文件的目录。
➢ -i：用于交互式的删除文件，在删除每一个文件时都需要用户确认。
➢ -R：递归删除目录，即包含目录下的文件和各级子目录。

2）rm 命令的使用练习，操作方法如下：

```
[root@TianYi~]# mkdir /test1              #在 Linux 的根目录下建立 test1 目录
[root@TianYi~]# cd /test1                 #进入 test1 目录
[root@TianYi test1]# touch file0 file1 file2       #创建 3 个空文件
[root@TianYi test1]#rm *                  #删除当前目录下的所有文件
[root@TianYi test1]# rm -iR dir   #删除当前目录下的子目录 dir，包含其下的
                                  #所有文件和子目录，并提示用户确认
```

注意：命令 rm 支持通配符*，因此在日常使用时，删除目录中的所有文件使用*通配符时可以和-i 搭配，以免错误删除文件。

STEP 05 使用 ln 命令为文件建立链接。在 Linux 操作系统中，可以使用 ln（link）命令为文件或目录建立链接。链接是到某个文件的指针。广义上讲，任何文件名都是一个指针，指向文件在磁盘中的实际位置，即当用户使用程序打开或编辑文件时，通过读取指针的信息便可以找到文件在磁盘上的物理位置。因此，指针可以复制，而真正的文件不需要复制或移动，这样做可以节省硬盘空间和移动所花费的时间，通常使用 ln 命令实现文件链接。

1）熟悉 ln 命令的语法及相关参数，具体语法格式如下：

```
ln [参数] 源文件或目录 链接名
```

ln 命令的常用参数选项如下。

- -s：建立符号链接（软链接），不加该参数时建立的链接为硬链接。
- -f：删除已经存在的目标文件。
- -i：交互式地删除目标文件。

2）两个文件之间的链接关系有两种：一种称为硬链接（hard link），这时两个文件名指向的是硬盘上的同一块存储空间，对两个文件中的任何一个文件的内容进行修改都会影响到另一个文件。

硬链接命令 ln 的使用，操作方法如下：

```
[root@TianYi test1]# echo 'This is link test file'>testfile.txt
[root@TianYi test1]# cat testfile.txt
This is link test file                                        ①
[root@TianYi test1]# ln testfile.txt lntest
[root@TianYi test1]# ll testfile.txt lntest
-rw-r--r--. 2 root root 23 5月  28 16:59 lntest
-rw-r--r--. 2 root root 23 5月  28 16:59 testfile.txt
[root@TianYi test1]# cat lntest
This is link test file                                        ②
```

从①和②两处可以看出，testfile.txt 和 lntest 的大小相同，内容相同。再看详细信息的第 2 列，原来 testfile.txt 文件的链接数为 1，说明这块硬盘空间只有 testfile.txt 文件指向，而建立起 testfile.txt 和 lntest 的硬链接后，这块硬盘空间就有 testfile.txt 和 lntest 两个文件同时指向它，所以 testfile.txt 和 lntest 的链接数都变为 2。

此时，如果修改 testfile.txt 或 lntest 任何一个文件的内容，另外一个文件的内容也将随之变化。如果删除其中一个文件，就是删除了该文件和硬盘空间的指向关系，该硬盘空间不会释放，另外一个文件的内容也不会发生改变，但是该文件的链接数会减少一个。

注意：只能对文件建立硬链接，不能对目录建立硬链接，但可以对文件或目录建立软链接。

另外一种链接方式称为符号链接（软链接，symbolic link），是指一个文件指向另外一个文件的文件名。符号链接类似于 Windows 操作系统中的快捷方式，建立符号链接时需要在 ln 命令后加-s 参数。

创建testfile.txt文件的符号链接test_soft_ln，创建完成后查看testfile.txt和test_soft_ln文件的链接数，操作方法如下：

```
[root@TianYi~]# ll testfile.txt
-rw-r--r--. 2 root root 23 5月  28 16:59 testfile.txt
[root@TianYi~]# ln -s testfile.txt test_soft_ln
[root@TianYi~]# ll testfile.txt test_soft_ln
-rw-r--r--. 2 root root 23 5月  28 16:59 testfile.txt
lrwxrwxrwx. 1 root root 12 5月  28 17:04 test_soft_ln -> testfile.txt
```

可以看出，test_soft_ln 文件是指向 testfile.txt 文件的一个符号链接；而指向存储 testfile.txt 文件内容的那块硬盘空间的文件仍然只有 testfile.txt 一个文件，test_soft_ln 文件只不过是指向了 testfile.txt 文件名而已，因此 testfile.txt 文件的链接数仍为 1。

在利用 cat 命令查看 test_soft_ln 文件的内容时，cat 命令在寻找 test_soft_ln 的内容时，发现 test_soft_ln 是一个符号链接文件，就会根据 test_soft_ln 记录的文件名找到 testfile.txt 文件，然后将 testfile.txt 文件中的内容显示出来。此时，如果将 test_soft_ln 删除，对 testfile.txt 文件无任何影响，但如果删除了 testfile.txt 文件，那么 test_soft_ln 文件就毫无用处了。

STEP 06 文件压缩命令和归档命令的使用。首先需要明确两个概念：压缩文件和归档文件。压缩文件是将文件或目录保存在另一个文件中，并按照某种存储格式保存在磁盘上，所占用的磁盘空间比其中所有文件的总和都要少。归档文件是将一组文件或目录保存在一个文件中，归档文件是没有经过压缩的。

1）文件的压缩 gzip 命令与解压缩 gunzip 命令的使用。gzip 命令用于对文件进行压缩，生成以“.gz”为结尾的压缩文件，而 gunzip 命令用于对“.gz”结尾的文件进行解压缩。

① 熟悉 gzip 命令和 gunzip 命令的语法和相关参数，具体语法格式如下：

```
gzip -v 文件名
gunzip -v 文件名
```

gzip 和 gunzip 命令的常用参数选项如下。

➢ -v：表示显示被压缩文件的压缩比或解压时的信息。

② gzip 和 gunzip 命令的使用练习，操作方法如下：

```
[root@TianYi~]#cd /root/test1
[root@TianYi test1]# gzip -v inittab.bak
inittab.bak:  42.7% -- replaced with inittab.bak.gz
[root@TianYi test1]# gunzip -v  inittab.bak.gz
inittab.bak.gz:   42.7% -- replaced with inittab.bak
```

2）文件归档命令 tar 的使用。tar 命令可以把一系列的文件（甚至磁带）归档到 tar 文件中，通常文件扩展名为 tar，然后再使用 zip、gzip 或 bzip2 等压缩工具进行压缩。tar 命令主要用于打包和解包。

① 熟悉 tar 命令的语法及相关参数，具体语法格式如下：

```
tar [参数] 档案文件 文件列表
```

tar 命令的常用参数选项如下。

- -c：生成档案文件。
- -v：列出归档、解档的详细过程。
- -f：指定档案文件名称。
- -r：将文件追加到档案文件末尾。
- -z：以 gzip 格式压缩或解压缩文件。
- -x：解开档案文件。

② tar 命令的使用练习，操作方法如下：

```
[root@TianYi~]#cd /root/test1
[root@TianYi test1]#ll a1.txt a2.txt
-rw-r--r--. 1 root root 5 5月  28 16:54 a1.txt
-rw-r--r--. 1 root root 9 5月  28 16:55 a2.txt
[root@TianYi test1]# tar -cvf a.tar a1.txt a2.txt #将a1.txt和a2.txt
                                                  #归档为a.tar
[root@TianYi test1]# tar -xvf a.tar      #从a.tar档案文件中恢复数据
[root@TianYi test1]# tar -czvf a.tar.gz a1.txt a2.txt#将a1.txt和a2.txt
                                           #文件归档并压缩为a.tar.gz
[root@TianYi test1]# tar -xzvf a.tar.gz #将a.tar.gz文件解压缩并恢复数据
```

STEP 07 获取命令使用方法的命令。

1）man 命令的使用练习。假设想查 ls 命令的更多信息，输入 man ls，就会打开 man page（man 是 manual 的缩写，因此 man page 就是“手册页面”），显示关于 ls 命令的所有信息。试着查一查前面已经介绍的有关命令的更多信息，会发现几乎所有的命令都有各自的 man page。

① 熟悉 man 命令的语法，具体语法格式如下：

```
man  命令名称
```

② man 命令的使用练习，操作方法如下：

```
[root@TianYi~]#man ls
……
[root@TianYi~]#man cat
……
```

使用 man 命令可以查看相关命令的使用方法，查看时可以使用上、下、左、右键进行移动，查看完成后按 q 键退出。

2）help 命令的使用练习。显示 bash shell 内置命令的简单信息。使用 help 命令而不带任何参数，将显示 bash shell 所有内置的命令。最常用的 bash shell 内置命令应该包括 alias、bg、cd、echo、exit、export、help、history、jobs、kill、logout、pwd、set、source、ulimit、umask、unalias、unset。

① 熟悉 help 命令的语法，具体语法格式如下：

```
help  命令名称
```

② help 命令的使用练习，操作方法如下：

```
[root@TianYi~]#help cd
……
[root@TianYi~]#help pwd
```

```
……
[root@TianYi~]#help kill
……
```

2.4.3　文件与目录的权限操作

在 Linux 中，一个用户是否有权利使用一个文件（目录），是由此文件（目录）设置的权限所决定的，从安全性上考虑，文件目录访问权限是 Linux 设置中最基础的环节。

Linux 中的一个文件在正常情况下属于一个用户所有，将此用户称为文件的所有者（也可以称为属主），而将一些用户统一分在一个组里，设定此组对文件操作的权限，这个组为文件的所属组，既不是文件的所有者，也不是文件的所属组里的用户，统一称为其他人。

> **思政小贴士**
>
> 计算机中的重要文件丢失或被人窃取会带来无法弥补的损失，因此，在实际工作中要有安全意识，应合理规划并设置文件和目录的权限，保护系统中的重要资源。

1. 权限设置命令 chmod 的使用

在 Linux 中，文件（目录）的权限分为可读、可写和可执行 3 类，其中可读用字母 r 表示，可写用字母 w 表示，可执行用字母 x 表示。对于每个文件有 3 类用户：所有者（u）、同组用户（g）和其他用户（o），也可以使用 a 代表所有人。“+”代表赋予权限，“-”表示取消权限。也可以用八进制表示这些权限，把拥有权限的表示为 1，把没有相应权限的用 0 表示，文件的拥有者具有改变文件权限的权利，而 root 用户具有改变所有文件权限的权利，不管 root 是不是文件的拥有者。

使用 chmod 命令设定权限的方法有两种：数字方式和字符方式。字符方式使用符号表示文件权限，对大多数新用户来说，这种方式更容易理解；数字方式使用数字表示文件权限的每一个集合，这种表示方法更加有效，而且系统也使用这种方法查看权限。

任务 2-5

> 在 Linux 终端模式下，使用 chmod 命令的数字方式和字符方式对文件和目录设定相应的权限，任务完成后，请熟记这些命令的使用方法和各命令的作用。

完成任务的具体步骤如下。

STEP 01　使用 chmod 命令的字符方式设定权限。

1）chmod 命令符号方式的一般语法格式如下：

```
chmod [who] [opt] [mode] 文件/目录名
```

其中，who 代表对象，是以下字母中的一个或组合：u 表示文件所有者；g 表示同组用户；o 表示其他用户；a 表示所有用户。

opt 代表操作：“+”表示添加某个权限；“-”表示取消某个权限；“=”表示赋予给

定权限，并取消原有权限。

mode 代表权限：r 表示可读；w 表示可写；x 表示可执行。

```
[root@TianYi~]#cd /root/test1
[root@TianYi test1]# ls -l testfile.txt
-rw-r--r--. 2 root root 23 5月  28 16:59 testfile.txt
```

在以上命令中，testfile.txt 文件的权限为“-rw-r--r--”，即文件所有者具有可读可写的权限，组内用户和其他用户都具有可读权限。

2）使用 chmod 命令，分别为文件所有者添加可执行的权限，为组内用户设置可写和可执行权限，为其他用户添加可写权限。最后 testfile.txt 文件的权限为“-rwx-wxrw-”，操作方法如下：

```
[root@TianYi test1]#chmod  u+x  testfile.txt
[root@TianYi test1]#chmod  g=wx  testfile.txt
[root@TianYi test1]#chmod  o+w  testfile.txt
[root@TianYi test1]# ls -l testfile.txt
-rwx-wxrw-. 2 root root 23 5月  28 16:59 testfile.txt
```

STEP 02 使用 chmod 命令的数字方式设定权限。

1）chmod 命令数字方式的一般语法格式如下：

```
chmod  [mode]  文件名
```

这里关键是 mode 的取值，将 rwx 看成二进制数，如果有则用 1 表示，如果没有则用 0 表示，那么“rwx r-x r--”可以表示成二进制数 111 101 100，再将其每 3 位转换成为一个十进制数，就是 754。

2）延续上面的例子，依然是希望将 testfile.txt 的权限“-rw-r--r--”设置为“-rwx-wxrw-”，转换成二进制数就是 111 011 110，再将每 3 位转换成为一个十进制数，就得到 736，因此执行命令 chmod 736 testfile.txt 即可，操作方法如下：

```
[root@TianYi test1]# chmod  736 testfile.txt
[root@TianYi test1]# ls -l testfile.txt
-rwx-wxrw-. 2 root root 23 5月  28 16:59 testfile.txt
```

注意：文件权限是一种安全措施，无论何时如果允许其他人读取、写入或执行文件，都会增加文件被篡改或删除的危险。作为一种基本原则，只能给予那些真正需要对文件进行读写的用户权限。

2. 改变目录或文件的属主或属组

一个 Linux 目录或者文件，都会有一个属主和属组。所谓属主，即文件的所有者；而所谓属组，即该文件属主所在的组。设置目录或文件属性的目的是目录或文件的安全。

任务 2-6

在 Linux 终端模式下，使用 chmod 命令的数字方式和字符方式给文件和目录设定相应的权限。任务完成后，熟记这些命令的使用方法和各命令的作用。

完成任务的具体步骤如下。

STEP 01 使用 chgrp 命令改变文件或目录的属组。

在 Linux 系统中，当使用 ls -l 命令查看文件时，如果看到该文件的属主和属组均是 root，其权限是"-rwxr--r--"时，普通用户是无法修改此文件的，此时需要使用 chgrp 命令修改文件或目录的属组。

1）熟悉 chgrp 命令的语法及相关参数，具体语法格式如下：

```
chgrp  [ -R ]  组名  文件名/目录
```

其中，文件名为改变所属组的文件名，可以是多个文件，用空格隔开。选项"-R"表示递归地改变指定目录及其子目录和文件的所属组。需要说明的是，更改文件或目录的属组，需要有超级用户或所改组用户的权限才能执行有关操作。

2）chgrp 命令的使用练习，将 testfile.txt 的属组由原来的 root 组更改为 TianYi 组，操作方法如下：

```
[root@TianYi ~]# cd /root/test1
[root@TianYi test1]# chgrp TianYi testfile.txt  #改变testfile.txt 的属组
chgrp: 无效的组: "TianYi"                  #出错是因为系统中没有建立 TianYi 组
[root@TianYi test1]# groupadd TianYi#添加一个 TianYi 的组
[root@TianYi test1]# chgrp  TianYi  testfile.txt   #再执行一遍
[root@TianYi test1]# ls -l testfile.txt
-rwx-wxrw-. 2 root TianYi 23 5月 28 16:59 testfile.txt  #可以看出文件
                                                        #已经属于 TianYi 组
[root@TianYi test1]#
```

STEP 02 使用 chown 命令改变文件或目录的属主。chown 命令用于将指定文件的所有者改变为指定的用户或组。

1）熟悉 chown 命令的语法和相关参数，具体语法格式如下：

```
chown  [ -R ]  [user:group]  文件/目录名
```

其中，"文件"为改变属主或属组的文件名，可以是多个文件，用空格隔开。选项"-R"表示递归地改变指定目录及其子目录和文件的属主或属组。

2）chown 命令的使用练习，将 testfile.txt 的属主和属组由原来的 root TianYi 更改为 root root，可以看出 chown 命令功能是 chgrp 命令的超集。

```
[root@TianYi test1]# ls -l testfile.txt
-rwx-wxrw-. 2 root TianYi 23 5月  28 16:59 testfile.txt
[root@TianYi test1]# chown root:root testfile.txt  #改变文件的属主或属组
[root@TianYi test1]# ls -l testfile.txt
-rwx-wxrw-. 2 root root 23 5月  28 16:59 testfile.txt
```

2.4.4 vim 编辑器的使用

vim 编辑器可以执行输出、删除、查找、替换、块操作等众多文本操作，而且用户可以根据自己的需要对其进行定制，这是其他编辑程序所没有的。但 vim 只是一个文本编辑程序，不是排版程序，它不能对字体、格式、段落等属性进行编排。vim 没有菜单，只有命令，且命令繁多。本节将通过具体的任务介绍一些主要命令的应用。

任务 2-7

在 Linux 终端模式下，熟悉 vim 编辑器的启动、编辑、退出等相关操作，同时在 vim 编辑器中完成文本的输入、删除、修改、替换等操作。任务完成后，请熟记这些命令的使用方法和各命令的作用。

完成任务的具体步骤如下。

STEP 01 启动 vim 编辑器。在命令终端窗口启动 vim 编辑器。根据不同目的，有 3 种启动方式，如表 2-3 所示。

表 2-3 vim 编辑器启动方式

命令	描述
vim	打开 vim 空白面板。不使用文件名作参数，在退出时，系统提示保存编辑内容
vim filename	以编辑模式打开文件。如参数为已有文件名时，在 vim 中打开该文件；如以新文件名作参数时，在 vim 退出时，系统提示保存编辑内容
vim –R filename	以只读方式打开文件

当 vim 编辑器启动后，即进入了 vim 的命令模式。在这种模式下，所输入的任何内容甚至单个字符都被解释成命令，以便用户能够执行管理任务。在这种模式下，用户可以用以下按键在文本区域移动光标。

➢ ↑或 k：上移一行（文本中的上一行）。
➢ ↓或 j：下移一行（文本中的下一行）。
➢ ←或 h：左移一个字符。
➢ →或 l：右移一个字符。

如果用户需要输入文本（内容），必须进入编辑模式，只有在编辑模式下，才能输入文本（内容）。由命令模式进入编辑模式，可按 i、o、a 或 I、O、A 键，具体功能键如表 2-4 所示，退出编辑模式需要按 Esc 键。如果用户不能确定当前 vim 处于什么状态，按两次 Esc 键，就会进入命令模式。

表 2-4 vim 编辑器编辑模式切换命令

命令	功能描述	命令	功能描述
i	在当前的光标位置之前插入文本	I	在当前行的开始处插入文本
o	在光标位置的下面为文本条目创建一个新行	O	在光标位置的上面为文本条目创建一个新行
a	在当前的光标位置之后插入文本	A	在当前行的结尾处插入文本

【操作示例 2-4】启动 vim 编辑器打开/etc 目录下的 hosts 文件，操作方法如下：

```
[root@TianYi ~]# vim /etc/hosts
```

文件被打开后，vim 编辑器会检测会话终端的类型，并用全屏模式将整个控制台窗口作为编辑器区域。在编辑窗口显示了 hosts 文件的内容，并在窗口的底部显示了一条消息行。如果文件内容并未占据整个屏幕，vim 会在非文件内容行放置一个波浪线，其结果如图 2-4 所示，此时处于 vim 编辑器命令模式，需要进入编辑模式才能对文件进行编辑。

在命令模式中，使用“:q”命令可退出 vim 编辑器，如果需要编辑文件，请进入下一步。

图 2-4　利用 vim 编辑器打开 hosts 文件

STEP 02　编辑文件。vim 编辑器启动后首先处于命令状态，等待用户下达命令进入编辑模式，才可开始文本编辑。除了使用 i 键外，还有其他方法可进入编辑模式，只是进入的编辑状态不同，其他进入编辑模式的命令如表 2-4 所示。

在 vim 编辑器的命令模式下，使用表 2-4 中的命令就可以开始编辑文本了。用户会一直保持在编辑模式下，直到按下 Esc 键。在文本编辑过程中，命令模式下可以利用上、下、左、右键移动光标，用户的输入总是从光标处开始。

【操作示例 2-5】在/root/test 目录中利用 vim 编辑器建立一个新文件 myfile，在该文件中输入图 2-4 中的所有内容，输入完成后再进行相应的修改，将 ftp.TianYi.com 中的.com 改为.net，在 www.TianYi.com 后面添加.cn，操作方法如下：

```
[root@TianYi test1]# vim myfile
```

按回车键后即可看到打开的空白文件，如图 2-5 所示。然后在光标处按 i 键进入编辑模式，接下来输入图 2-4 中所有内容，输入完毕按 Esc 键退出编辑模式，返回命令模式。

将光标移到 ftp.TianYi.com 行的.com 的点“.”处，按 A 键后，输入 net；按 Esc 键，将光标移到 www.TianYi.com 的 m 处，按 A 键后，输入.cn；再按 Esc 键，此时文件内容如图 2-6 所示。按 Esc 键，再使用“:wq!”命令可保存文件，并退出 vim 编辑器。

图 2-5　编辑 myfile 文件

图 2-6　输入文件内容并进行编辑

在编辑过程中，使用 vim 的编辑命令可以大大简化日常编辑工作，提高工作效率。表 2-5 列出了 vim 编辑器常用的与编辑功能相关的命令。

表 2-5　vim 编辑器常用的编辑命令

功能类别	命令	功能描述
删除	x	删除光标所在位置的字符
	X	删除光标位置前面的字符
	dw	从当前的光标位置开始删除，一直到下一个单词
	d$	删除当前光标所在位置至行尾的内容
	D	从光标位置开始删除，一直到当前行结束
	dd 或 ndd	删除光标所在的行或删除 n 行（这里 n 是需删除的行数）

续表

功能类别	命令	功能描述
修改	cw	修改光标所在位置的单词，修改范围是从游标位置一直到单词结束
	r	替换光标所在位置的字符
	R	覆盖从光标当前所在的字符开始的多个字符
替换	s	用输入字符替换当前字符
	s/old/new/g	一行命令替换所有 old
	n,ms/old/new/g	替换行号 n 和 m 之间所有 old
	S	删除光标所在行，并用新文本替换，输入新文本后，仍处在插入状态
复制	J	将当前行与下面的行合并为一行
	yy 或 nyy	复制当前行或复制 n 行（这里 n 是需复制的行数）
	yw	复制当前单词
	p	将复制的文本插入光标位置的后面
	P	将复制的文本插入光标位置的前面

【操作示例 2-6】利用 vim 编辑器打开 myfile，然后删除 192.168.0.111 mail.TianYi.com 这一行，删除 www.TianYi.com.cn 中的.cn，再将这一行复制一份，操作方法如下：

```
[root@TianYi test1]# vim myfile
```

打开 myfile 后，将光标移到 192.168.0.111 mail.TianYi.com 这一行，输入 dd 即可删除该行；将光标移到 www.TianYi.com.cn 中的.cn 点“.”处，按 D 键即可删除.cn；再将光标移到行前，输入 yy 后，再输入 p 即可将当前行复制一份并插入光标位置的后面，操作后文件的内容如图 2-7 所示。

图 2-7 编辑 myfile 文件

STEP 03 保存文件。在使用 vim 编辑器完成文件的读取或编辑后，用户应当完成相关保存或放弃保存等操作，以便安全退出 vim 编辑器。表 2-6 列出了 vim 编辑器的常用保存和退出命令。

表 2-6 vim 编辑器的常用保存和退出命令

命令	功能描述
:q	退出 vim 编辑器，如果对文件进行了修改，vim 不能退出，返回编辑模式
:q! 或 :w! 或 :wq!	强行退出 vim 编辑器，无论对文件是否进行了修改，都将退出编辑器
:w	保存当前文件，如果用户正在编辑一个已有文件，直接保存。如果当前用户对该文件没有写入权限，将保存失败
:wq 或 ZZ 或:x	保存并退出
:w filename	将文件保存在 filename 中，该命令将修改后的文件保存为另一个文件。如果用户启动 vim 编辑器时没有使用文件名作为参数，就必须使用这个命令，否则会丢失已做的修改
:e!	打开文件上一次成功保存的版本，以便在发现输入错误时，退回最近一次的保留版本

【操作示例 2-7】在图 2-7 中按 Esc 键退出编辑模式，再使用“:wq”命令保存退出，然后使用 vim myfile 命令打开 myfile，在 TianYi.net 后输入.cn，删除最后一行即可。

STEP 04　其他操作。

【操作示例 2-8】将“操作示例 2-4”所修改的内容保存并退出，再利用 vim 编辑器打开 myfile 文件，首先在文件中使用“:set nu”命令显示行号，然后使用“:set autoindent”命令设置自动缩排，最后使用“:1,$s/TianYi/TianYi/g”命令替换字符串（其中，1 是指从第一行开始，$是指直到最后一行，TinaHe 是被替换字符串，TianYi 是替换后的字符串，g 是替换该行的所有匹配）。任务完成后，文件的内容如图 2-8 所示。

图 2-8　对 myfile 文件的其他操作

2.5　项 目 拓 展

2.5.1　知识拓展

1. 填空题

1）在 Linux 操作系统中，命令区分________。在命令行中，可以使用________键来自动补齐命令。

2）在 Linux 操作系统中，文件可分为________、________、设备文件、链接文件和管道文件共 5 种类型。

3）Linux 能够支持的文件系统类型有 EXT、EXT2、EXT3、EXT4、JFS2、XFS 和 ISO9660 等数十种，RHEL 从 7.0 开始默认使用________文件系统。

4）在 Linux 操作系统中，使用 ls -l 命令看到的文件或目录的后面 9 个字符每 3 位被分为一组，分别代表________、________和________。

5）使用 ls -l 命令显示指定目录中的文件或子目录信息，其中-l 的作用是________。

6）建立目录使用的命令是________，而删除目录使用的命令是________。

7）使用 chmod 命令设定权限的方法有两种，分别是________和________。

8）vim 编辑器设置了________、________和________共 3 种模式。

2. 选择题

1）在 Linux 操作系统中，文件和目录的类型及权限共 10 位长度，分成 4 段，其中第 3 段表示的内容是（　　）。

A．文件类型　　　　B．属主权限

C．用户组权限　　　　　　　　　　　D．其他用户的权限

2）用来显示/home 及其子目录下的文件名的命令是（　　）。

A．ls -a /home　　B．ls -R /home　　C．ls -l /home　　D．ls -d /home

3）如果忘记了 ls 命令的用法，可以采用（　　）命令获得帮助。

A．?ls　　B．help ls　　C．man ls　　D．get ls

4）Linux 中有多个查看文件内容的命令，如果希望在查看文件内容的过程中可以使用光标上、下、左、右移动来查看，则使用的命令是（　　）。

A．cat　　B．more　　C．less　　D. head

5）将 f1.txt 复制为 f2.txt 的命令是（　　）。

A．cp f1.txt | f2.txt　　　　B．cat f1.txt | f2.txt

C．cat f1.txt > f2.txt　　　　D．copy f1.txt | f2.txt

6）使用 vim 编辑只读文件时，需要在命令模式下强制保存文件并退出编辑器的命令是（　　）。

A．:w!　　B．:q!　　C．wq!　　D．:x

3. 简答题

1）有哪些命令可用来查看文件的内容？这些命令各有什么特点？

2）什么是符号链接？什么是硬链接？符号链接和硬链接有什么区别？

3）vim 编辑器有哪几种工作模式？如何在这几种工作模式之间转换？

4）请简述以数字方式设置文件权限的方法。

2.5.2　技能拓展

1. 课堂练习

【课堂练习 2-1】利用 root 用户登录，进入终端模式，按照要求完成建立目录和文件、复制文件、修改文件权限、压缩文件、对文件进行打包等相关操作，并上交重要操作步骤的截图，熟练掌握各种文件和目录操作命令的使用。

具体要求如下。

1）使用 cd 命令进入 usr 目录。

2）使用 mkdir 命令建立 yourname 的子目录，并进入新建目录。

3）使用 touch 命令在/usr/yourname/目录中，分别以绝对路径和相对路径的方式建立 yyy-testfile01 和 yyy-testfile02 的空文件。

4）使用 cp 命令复制/etc 目录中的 passwd 文件到当前目录，并改名为 yyy-passwd。

5）使用 diff 命令对 passwd 和 yyy-passwd 进行比较。

6）使用 pwd 命令确认用户当前工作目录。

7）使用 ls -l 命令列出当前目录中的文件，并说明 yyy-passwd 文件的权限。

8）使用 chmod 命令将目录中所有文件的权限设置为 764，并说明其含义。

9）使用 tar 命令将该目录中所有文件进行打包归档。

10）使用 gzip 命令对打包归档文件进行压缩。

11）使用 rm 命令删除 testfile 文件。

【课堂练习 2-2】在 Linux 终端模式下，启动 vim 编辑器，熟练掌握 vim 编辑器 3 种模式的切换，具体完成文本的录入，对文本进行插入、删除、复制等各类操作，并提交重要操作步骤的截图。

具体要求如下。

1）以普通用户身份登录系统。

2）启动 vim 编辑器，此处无须输入文件名。

3）从命令模式转换至编辑模式，输入一段文字，最好是英文，如“This is myfile!”。

4）将该文件命名为 file1，然后保存并退出。

5）对 vim 编辑器进行环境设置，显示每一行的行号，此时输入“:se nu”命令即可。

6）以 vim file2 的方式进入 vim 编辑 file2。

7）输入“I am a student.”和“She is a teacher.”两行。

8）在第 1 和第 2 行之间插入文件 file1，将光标移到第 1 行，此时输入“:r file1”命令即可。

9）删除当前行。

10）查询文章中的“student”字符串。

11）复制当前行至缓冲区，再将通用缓冲区的内容粘贴到文章的第 4 行。

12）在文章的第 1、3、5 行开始处插入“Linux”字符串。

13）取消行号的显示。

2. 课后实践

测试是否已经熟悉了 vim 编辑器的使用，请按照需求进行操作，看看显示结果与书中的结果是否相同。

1）在/tmp 目录下建立一个名为 yyy-test 的目录。

2）进入 yyy-test 目录中。

3）将/etc/man_db.config 复制到本目录中，并改名为 yyy- man_db.conf。

4）使用 vim 打开本目录下的 yyy- man_db.conf 文件。

5）在 vim 中通过设置显示行号。

6）移动到第 58 行，向右移动 40 个字符，请问双引号内是什么目录?

7）移动到第 1 行，并向下搜索“gzip”字符串，请问它在第几行?

8）将第 50～100 行的小写的 man 改为大写 MAN，要求一个一个挑选进行修改，如何实现?

9）修改完之后，若突然反悔，要全部复原，有哪些方法?

10）复制第 51～60 行的内容，并粘贴到最后一行之后。

11）删除第 11～30 行的 20 行。

12）将这个文件另存为 man.test.config 文件。

13）所有操作完毕，保存后退出。

2.6 项 目 总 结

Linux 的许多操作都可以通过命令方式来完成，本项目首先介绍了 Linux 文件系统的基本概念，文件系统的组织方式和文件的类型，再对文件权限进行了分析，然后着重训练了文件和目录的显示、增加、删除、修改，以及文件和目录的权限设置等命令的使用练习技能，最后训练了利用 vim 编辑器进行文本的编辑等。

通过本项目的学习，学生应对 Linux 中文件和目录的操作有一个大致的了解，这对后续学习有很大的帮助，越往后学习越能体会到这一点。通过本项目的学习，你的收获怎样？请认真填写学习情况考核登记表（表 2-7），并及时予以反馈。

表 2-7 学习情况考核登记表

序号	知识与技能	重要性	自我评价					小组评价					教师评价				
			A	B	C	D	E	A	B	C	D	E	A	B	C	D	E
1	会进入终端模式	★★★☆															
2	能分析 Linux 文件系统的组织方式	★★★☆															
3	会识别 Linux 的文件类型	★★★★															
4	会分析文件和目录的权限	★★★★															
5	能对文件和目录进行浏览	★★★★☆															
6	能对文件和目录进行建立、删除、修改等	★★★★★															
7	能设置文件和目录的权限	★★★★☆															
8	能运用 vim 编辑文件	★★★★★															
9	能完成课堂训练	★★★☆															

注：评价等级分为 A、B、C、D 和 E 共 5 等。其中，对知识与技能掌握很好，能够熟练地完成文件和目录的各项浏览与操作，能够利用 vim 很好地完成文本编辑工作为 A 等；掌握了 75%以上的内容，能够较为顺利地完成任务为 B 等；掌握 60%以上的内容为 C 等；基本掌握为 D 等；大部分内容不够清楚为 E 等。

项目 3　Linux 操作系统管理与维护

在管理与维护 Linux 操作系统的过程中，虽然有很多应用可以使用图形界面，但在大多数情况下还是通过输入命令来实现。使用命令对 Linux 操作系统进行管理与维护，可以大大提高效率。对于 Linux 操作系统管理员来说，使用命令对 Linux 操作系统进行管理与维护显得尤为重要。

本项目详细介绍如何在 Linux 操作系统中进行用户和组的管理、软件包的管理、存储设备的管理和进程的管理。通过任务引导学生学习用户和组的建立与删除、软件包的安装与删除、存储设备的挂载与卸载、进程的查看与终止等，并训练学生的操作技能，使学生具备使用命令管理与维护 Linux 操作系统的能力。

教学导航

知识目标	（1）了解系统管理的概念 （2）了解用户和组管理配置文件 （3）了解 Linux 操作系统中的存储设备 （4）掌握 RPM 软件包的管理 （5）掌握进程管理
技能目标	（1）能完成用户和组的添加与删除 （2）能进行存储设备的挂载与卸载 （3）能进行软件包的安装与删除 （4）能进行进程的查看、调整运行级别和终止等操作 （5）能查看系统的磁盘信息、内存信息等 （6）能使用命令关闭与重启 Linux 操作系统
素质目标	（1）培养认真细致的工作态度和工作作风 （2）养成刻苦、勤奋、好问、独立思考和细心检查的学习习惯 （3）培养自学能力，分析问题、解决问题能力和创新能力 （4）激发爱国热情，培育精益求精的工匠精神
重点、难点	（1）重点：用户和组的管理，软件包的管理，存储设备的使用 （2）难点：软件包的安装与升级，进程的查看、终止与运行级别的调整
课时建议	（1）教学课时：理论学习 2 课时+教学示范 2 课时 （2）技能训练课时：课堂模拟 2 课时+课堂训练 2 课时

3.1　项 目 引 入

添艺教育培训中心的谢奇林和杨涛等工作人员已基本掌握了在终端模式下使用命令对文件和目录进行维护与管理的技巧和方法，但在 Linux 操作系统中还有很多的对象和资源需要使用命令去进行配置与维护。在添艺教育培训中心的建设方案中，涉及用户管理、存储设备管理、软件安装、进程管理、系统资源分析等工作，这些工作需要使用命令来完成。

接下来，曹捷需要培训添艺教育培训中心的谢奇林和杨涛等工作人员，使他们掌握使用命令对 Linux 操作系统中的用户、组、软件包、进程和存储设备等实施有效的管理。

3.2 项 目 任 务

曹捷充分运用所学的知识和工作中掌握的技能，对 Linux 操作系统中很多对象和资源的维护和管理进行了深入分析，并参考了企业专家的意见和建议，确定了培训谢奇林和杨涛等工作人员管理与维护 Linux 操作系统的具体任务。

1）用户和组的管理：用户账户与组账户的添加、删除和属性的设置，用户与组配置文件的管理与维护。

2）存储设备的使用：磁盘的分区与格式化、光盘的使用、U 盘的使用，存储设备的挂载和卸载。

3）软件包的管理：软件包的安装与卸载，软件包的升级以及软件包的查询与校验，YUM 源的配置。

4）进程的管理：查看系统进程，终止系统进程，设置进程优先级。

5）查看系统信息：查看开机信息，查看磁盘和内存情况，查看系统日期和时间。

6）系统的关闭与重启：多个关机与重启命令的使用。

3.3 相 关 知 识

3.3.1 Linux 操作系统管理概述

Linux 操作系统=1 个内核+n 个系统程序+ n 个用于工作的应用程序

其中，内核是操作系统的心脏，它维护着磁盘上文件的轨迹，启动程序并且并行地运行着它们，给各种进程分配内存及其他资源，从网络上接收和发送数据包等。内核做的事很少，但提供了建立所有服务所需的工具，也防止了用户直接对硬件的访问，迫使用户使用内核所提供的工具。这样，内核为各个用户之间提供了一些保护。内核所提供的工具是通过系统调用实现的。

系统程序利用内核所提供的工具实现操作系统所需的各种服务。系统程序及所有其他程序都运行于“内核之上”，即所谓的用户模式（user mode）。系统程序和应用程序之间的区别在于不同的应用方面：应用程序主要用于将有用的事情做好（或用于游戏，如果它正好是一个游戏程序），而系统程序用于使系统正常地工作。

操作系统也可包含一些编译程序以及相应的库程序（在 Linux 下是指 GCC 以及 C 库程序），尽管不是所有编程语言必须成为操作系统的一部分；另外，文档有时甚至是一些游戏，也能算是操作系统的一部分。

Linux 内核由几个重要部分组成：进程管理、内存管理、硬件设备驱动程序、文件系统驱动程序、网络管理以及各种其他部分。也许内核中最重要的部分（没有它就不能工作）是内存管理以及进程管理，其中内存管理用来给进程分配内存区域和分配交换空间区域；进程管理主要用于创建进程，以及通过在处理器上交换活动进程实现多任务的功能。

3.3.2 Linux 中的用户分类

Linux 操作系统中的用户可以分为 3 类：超级用户、系统用户和普通用户。超级用户的用户名为 root，提示符为“#”，它具有一切权限，只有进行系统维护（如建立用户等）或其他必要情形下才用超级用户登录，以避免系统出现安全问题。系统用户是 Linux 操作系统正常工作所必需的内建的用户，主要是为了满足相应的系统进程对文件属主的要求而建立的，系统用户不能用来登录，如 bin、daemon、adm、lp 等用户。

每个用户都有一个数值，称为 UID。超级用户的 UID 为 0，系统用户的 UID 一般为 1～999，普通用户的 UID≥1000。

root 用户的 UID 和 GID 都为 0。实际上，普通用户如果其 UID 和 GID 也都为 0，它就成了和 root 平起平坐的超级用户了。这样做并没有什么好处，而且还有坏处。但有时在组织中需要多个系统管理员管理同一系统，多个超级用户有利于明确多个管理员的责任。普通用户是为了让使用者能够使用 Linux 操作系统资源而建立的，大多数用户属于此类。

3.3.3 Linux 中的用户管理配置文件

Linux 操作系统中用户和组群的管理是通过对有关的系统文件进行修改和维护实现的，与用户和用户组相关的管理维护信息都存放在一些系统文件中。

Linux 中的用户管理配置文件

1. /etc/passwd 文件

在/etc 目录下的 passwd 文件是用于用户管理的最重要的文件，文件对系统的所有用户都是可读的，可以通过 cat /etc/passwd 命令查看文件的内容。

```
[root@TianYi~]#cat /etc/passwd      #使用 cat 命令查看 passwd 文件的内容
......
caojie:x:1000:1000:CaoJie:/home/caojie:/bin/bash
......
```

可以看到，在文件中每个用户账户对应一行，并且用冒号（:）分为 7 个域，每一行的格式如下：

```
用户名：加密的口令：UID：GID：用户的全名或描述：登录目录：Shell
```

字段说明如下。

- 用户名：用户登录 Linux 操作系统时使用的名称（caojie）。
- 加密的口令：以前是以加密格式保存密码的位置，现在密码保存在/etc/shadow 文件中，此处只是密码占位符 x 或*。若为 x，说明密码经过了 shadow 的保护。
- UID：用户的标识，是一个数值，用它来区分不同的用户（RHEL 从 7.0 开始新建用户的 UID 默认从 1000 开始）。
- GID：用户组识别码，是一个数值，用它来区分不同的组，相同的组具有相同的 GID。

- 用户的全名或描述：可以记录用户的完整姓名、地址、电话等个人信息。
- 登录目录：类似 Windows 的个人目录，通常是/home/username，这里 username 是用户名（caojie），用户执行“cd~”命令时当前目录会切换到个人主目录。
- Shell：定义用户登录后激活的 Shell，默认是 Bash Shell（/bin/bash）。

/etc/passwd 文件对系统的所有用户都是可读的，这样的好处是每个用户都能知道系统上有哪些用户，缺点是其他用户的口令容易受到攻击（尤其当口令较简单时）。因此，很多 Linux 操作系统都使用了 shadow 技术，把真正加密的用户口令字存储在另一个文件 /etc/shadow 中，而在/etc/passwd 文件的口令字段中只存放一个特殊字符，并且该文件只有根用户 root 可读，因而大大提高了安全性。

2. /etc/shadow 文件

为了保证系统的安全性，系统通常对用户的口令进行 shadow 处理，并把用户口令保存到只有超级用户可读的/etc/shadow 文件中，使用 cat/etc/shadow 命令可显示文件中的内容。

```
[root@TianYi~]#cat /etc/shadow
……
caojie:$6$SfmcXgWFpDVgT20O$N8wCn1KS2ImXKIIh.4rjVnc2MWL0XHBfPQ6XPRf
oS7hiOraCULgFcZLPEeNzgfUXx82OqapDFnPRzZ2iF8B28/::0:99999:7:::
……
```

可以看到，该文件包含了系统中所有用户和用户口令等相关信息，每个用户在该文件中对应一行，并且用冒号（:）分成 9 个域。每一行包括以下内容。

- 用户登录名。
- 用户加密后的口令（使用 SHA-512/SHA-256/MD5 算法加密后的密码，若为空，表示该用户无须密码即可登录；若为“*”，表示该账户不能用于登录系统；若为“!!”，表示该账户密码已被锁定）。
- 最后一次修改时间：从 1970 年 1 月 1 日至口令最近一次被修改的天数。
- 最小时间间隔：密码在多少天内不能被修改。默认值为 0，表示不限制。
- 最大时间间隔：密码在多少天后必须被修改。默认值为 99999，表示不进行限制。
- 警告时间：提前多少天警告用户密码将过期，默认值为 7 天，0 表示不提供警告。
- 不活动时间：密码过期多少天后禁用此用户。
- 密码失效日期，以距离 1970 年 1 月 1 日的天数表示，默认为空，表示永久可用。
- 保留域。

3. /etc/group 文件

在 Linux 操作系统中，使用组来赋予用户访问文件的不同权限。组的划分可以采用多种标准，一个用户可同时包含在多个组内。管理用户组的基本文件是/etc/group，其中包含了系统中所有用户组的相关信息，使用 cat /etc/group 命令可显示文件中的内容。

```
caojie:x:1000:
```

可以看到，每个用户组账户对应文件中的一行，并用冒号（:）分成 4 个域，每一行的格式如下：

```
用户组名：加密后的组口令：组 ID：组成员列表
```

Linux 在系统安装中同样创建了一些标准的用户组，在一般情况下，建议不要对这些用户组进行删除和修改。

3.3.4　Linux 中的设备文件

Linux 操作系统中的设备也是由文件来表示的，每种设备都被抽象为设备文件的形式，这样就给应用程序一个一致的文件界面，方便应用程序和操作系统之间的通信。设备文件集中放置在/dev 目录下，一般有几千个，都是 Linux 操作系统在安装时自动创建的。需要说明的是，一台 Linux 计算机即使在物理上没有安装某种设备，或者数量只有一个，Linux 也会创建该类设备文件，而且数量足够，以备用户使用。例如，服务器（或计算机）中最常见的是安装 1～3 块 SCSI（或 SATA）接口的硬盘，而 Linux 也会创建出 sda、sdb、sdc 直至 sdz 共 26 个 SATA 接口的硬盘设备文件以供使用。

Linux 操作系统下的驱动程序命名与其他操作系统下的命名不同，常见的设备名称与驱动程序的对应关系如表 3-1 所示。

表 3-1　Linux 操作系统下常见设备及对应的驱动程序命名

设备	命名	设备	命名
软盘驱动器	/dev/fd[0-1]	SATA/SCSI/SAS/USB 硬盘/U 盘接口	/dev/sdbXY
光驱 CD ROM/DVD ROM	/dev/cdrom	第 1 个磁盘阵列设备	/dev/md0
IDE 接口硬盘	/dev/hdXY	第 1 个 SCSI 磁带设备	/dev/st0
打印机	/dev/lp0	计算机的串行接口	/dev/ttyS

注：

X：硬盘设备的 ID 序号，从字母 a 开始依次命名。例如，第 1 个 SCSI 硬盘设备为 sda，第 2 个 SCSI 硬盘设备为 sdb。

Y：硬盘上的分区顺序号。对于硬盘中的分区，可在设备文件名后增加相应的数字来代表相应的分区。主分区或扩展分区的序号为 1～4，如第 1 个 SCSI 硬盘中的第 1 个主分区为 sda1，第 2 个主分区为 sda2，以此类推。若创建逻辑分区，则逻辑分区的序号从 5 开始，在/dev/sda 上的第 1 个逻辑分区是/dev/sda5，即便磁盘上没有主分区，只有一个扩展分区也是如此。

第 1 个软驱的设备名为/dev/fd0；计算机的串行接口用/dev/ttyS 表示，其中 COM1 的设备名为/dev/ttyS0；空设备用/dev/null 表示。

思政小贴士

紫光集团有限公司在 2019 年初自主研发的国产固态硬盘——紫光存储 S100 实现了量产，该硬盘采用了国产闪存颗粒。至此，我国一举打破了国外固态硬盘长期垄断的局面。

3.4 项目实施

3.4.1 管理用户与用户组

Linux 作为一个多用户、多任务的操作系统，可以允许多个用户同时登录到系统上，并响应每一个用户的请求。对于系统管理员而言，一个非常重要的工作就是对用户账户和用户组进行管理。

1. 用户账户管理

用户账户管理主要涉及用户创建、用户口令修改、用户属性修改等。

任务 3-1

在 Linux 终端模式下，使用 useradd 创建用户，使用 passwd 为用户添加口令、办理用户停用，使用 chage 和 usermod 修改用户的属性等。任务完成后，请牢记命令的作用和重要参数。

完成任务的具体步骤如下。

STEP 01 创建新的用户。在系统中新建用户可以使用 useradd 命令或 adduser 命令，一般来说这两个命令是没有差别的，可先用 root 用户登录后，再执行。

1）熟悉 useradd 命令的语法及相关参数，具体语法格式如下：

```
useradd ［选项］ <username>
```

useradd 命令的常用参数选项如下。

- -d home_dir：设置个人主目录，默认值是/home/用户名。
- -g group：设定用户的所属基本组，group 必须是存在的组名或组的 GID。
- -p passwd：加密的口令。
- -s Shell：设置用户登录后启动的 Shell，默认是 Bash Shell。
- -u UID：设置账户的 UID，默认是已有用户的最大 UID 加 1。

2）useradd 命令的使用练习。

【操作示例 3-1】 新建用户 stu001，用户的 UID 为 1001，并指定它所属的私有组为 test（test 组的标识符为 1001），用户的主目录为/home/ stu001，用户的 Shell 为/bin/bash，用户的初始密码为 123456，账户永不过期，操作方法如下：

```
    [root@TianYi~]#useradd -u 1001 -g 1001 -d /home/stu001 -s /bin/bash
-p 123456 -f -1 stu001
```

查看/etc/passwd 文件，可以看到文件中增加了以下一行：

```
[root@TianYi~]#tail -1 /etc/passwd
stu001:x:1001:1001::/home/stu001:/bin/bash
```

同时，用 ls 命令查看/home 目录中的 stu001 会发现 stu001 对/home/stu001 目录有所有权限，其他用户无任何权限，操作方法如下：

```
[root@TianYi~]#ls -l /home
```

```
……
drwx------. 3 stu001 TianYi 78 5月  28 20:12 stu001
……
```

同时，打开/etc/shadow 文件，也会发现增加了如下一行：

```
[root@TianYi~]#tail -1 /etc/shadow
stu001:123456:18775:0:99999:7:::
```

添加用户最简单的方法是：先使用 useradd stu002 添加用户，再使用 passwd stu002 为用户添加口令，操作方法如下：

```
[root@TianYi~]#useradd stu002
[root@TianYi~]#passwd stu002
更改用户 stu002 的密码。
新的密码：                    #在此输入密码，注意输入密码时无任何提示信息
重新输入新的密码：            #再次输入相同的密码
passwd：所有的身份验证令牌已经成功更新。
[root@TianYi~]#
```

STEP 02 修改用户的属性。

1）用 passwd 命令修改用户的密码。修改用户的密码需要两次输入密码确认。密码是保证系统安全的一个重要措施，在设置密码时，不要使用过于简单的密码。超级用户可以为自己和其他用户设置口令，而普通用户只能为自己设置口令。

① 熟悉 passwd 命令的语法及相关参数，具体语法格式如下：

```
passwd [选项] <username>
```

passwd 命令的常用参数选项如下。

➢ -l：锁定（停用）用户账户。
➢ -u：口令解锁。
➢ -f：强迫用户下次登录时必须修改口令。

② passwd 命令的使用练习。

【操作示例 3-2】假设当前用户为 root，请先修改 root 用户的口令，再修改 stu001 用户的口令，操作方法如下：

```
[root@TianYi~]# passwd        #更改用户 root 的密码
新的密码：                    #在此输入密码，注意输入密码时无任何提示信息
重新输入新的密码：            #再次输入相同的密码
passwd：所有的身份验证令牌已经成功更新。
[root@TianYi~]# passwd stu001     #更改用户 stu001 的密码
新的密码：                    #在此输入密码，注意输入密码时无任何提示信息
重新输入新的密码：            #再次输入相同的密码
passwd：所有的身份验证令牌已经成功更新。
```

思政小贴士

为了系统安全，与用户和用户组相关的管理维护信息要分别保留在不同的配置文件中，且用户密码是加密存储的。同时，系统中用户的密码应设置成包含字母、数字和特殊符号的复杂口令，其长度应大于 6 个字符。

2）用 chage 命令修改用户的密码，chage 命令也可以修改用户密码的有效期。

① 熟悉 chage 命令的语法及相关参数，具体语法格式如下。

```
chage [选项] <username>
```

chage 命令的常用参数选项如下。

- -m：密码可更改的最小天数，为 0 时代表任何时候都可以更改密码。
- -M：密码保持有效的最大天数。
- -W：用户密码到期前，提前收到警告信息的天数。
- -l：列出当前的设置。由非特权用户来确定他们的密码或账户何时过期。

② chage 命令的使用练习。

【操作示例 3-3】设置 stu001 用户的最短口令存活期为 7 天，最长口令存活期为 60 天，口令到期前 3 天提醒用户修改口令，设置完成后查看各属性值，操作方法如下：

```
[root@TianYi~]# chage -m 7 -M 60 -W 3 stu001
[root@TianYi~]# chage -l stu001
最近一次密码修改时间：5月 28, 2024
密码过期时间：7月 27, 2024
密码失效时间：从不
账户过期时间：从不
两次改变密码之间相距的最小天数：7
两次改变密码之间相距的最大天数：60
在密码过期之前警告的天数 ：3
```

3）改变用户的属性。管理员用 useradd 命令创建好账户之后，可以用 usermod 命令修改 useradd 的设置，两者的用法几乎相同。

① 熟悉 usermod 命令的语法及相关参数，具体语法格式如下：

```
usermod [选项] <username>
```

usermod 命令的主要参数选项如下。

- -e YYYY-MM-DD：修改用户的有效日期。
- -f days：在密码到期的 days 天后停止使用账户。
- -g GID 或组名：修改用户的所属基本组。
- -p 密码：修改用户的密码。
- -s Shell：修改用户的登录 Shell。
- -u UID：改变用户的 UID 为新的值。

② usermod 命令的使用练习。

【操作示例 3-4】将用户 stu002 的主目录改为/home2/stu002，操作方法如下：

```
[root@TianYi~]# usermod -d /home2/stu002 stu002
```

STEP 03 用户停用。有以下几种不同程度的停用。

- 暂时停止用户登录系统的权利，日后再恢复。
- 从系统中删除用户，但保留用户的文件。
- 从系统中删除用户，并删除用户所拥有的文件。

① 暂停用户。暂停用户常常用于某用户在未来较长的一段时间内不登录系统的情形（如出差）。只需要利用编辑工具将 passwd 文件中的密码字段加上“*”即可（如果采用了 shadow 文件，就编辑 shadow 文件）。恢复时，把“*”删除即可。也可以使用

带“-l”参数的 passwd 命令暂停用户。

【操作示例 3-5】在系统中暂停 stu001 用户使用系统，操作方法如下：

```
[root@TianYi~]# passwd -l stu001
锁定用户 stu001 的密码。
passwd：操作成功
```

② 删除用户。删除账户可以直接将 passwd 文件中的用户记录整行删除（如采用 shadow，还要删除 shadow 文件中的记录）。也可以使用 userdel 命令：

```
userdel [选项] <username>
```

userdel 命令的常用参数选项如下。

- -r：删除用户时将用户主目录下的所有内容一并删除，同时删除用户的邮箱。

【操作示例 3-6】删除 stu001，并将 stu001 下的内容删除，操作方法如下：

```
[root@TianYi~]# userdel -r stu001
```

2. 组的管理

Linux 操作系统的组有私有组、系统组、标准组之分。建立账户时，若没有指定账户所属的组，系统会建立一个组名和用户名相同的组，这个组就是私有组，这个组只容纳了一个用户，而标准组可以容纳多个用户，组中的用户都具有组所拥有的权利。系统组是 Linux 操作系统正常运行所必需的，安装 Linux 操作系统或添加新的软件包会自动建立系统组。

一个用户可以属于多个组，用户所属的组又有基本组和附加组之分。在用户所属组中的第一个组称为基本组，基本组在/etc/passwd 文件中指定；其他组为附加组，附加组在/etc/group 文件中指定，属于多个组的用户所拥有的权限是它所在的组的权限之和，Linux 操作系统关于组的信息存放在文件/etc/group 中。

任务 3-2

在 Linux 终端模式下，使用 groupadd 命令完成建立组、修改组的属性、为组添加用户等操作。任务完成后，按要求牢记命令的作用和重要参数。

完成任务的具体步骤如下。

STEP 01 组的添加。创建组群和删除组群的命令与创建和维护账户的命令相似。创建组可以使用 groupadd 命令或 addgroup 命令。

1）熟悉 groupadd 命令的语法及相关参数，具体语法格式如下：

```
groupadd [选项] 组名
```

groupadd 命令的主要参数选项如下。

- -g GID：指定新组的 GID，默认值是已有的最大的 GID 加 1。
- -r：建立一个系统专用组，与-g 不同时使用时，则分配一个 1～999 的 GID。

2）groupadd 命令的使用练习。

【操作示例 3-7】在系统中添加一个组 ID 为 1003、组名为 thgp01 的组，操作方法如下：

```
[root@TianYi~]# groupadd -g 1003 thgp01
```

STEP 02 组属性的修改。使用 groupmod 命令修改组的属性。

1）熟悉 groupmod 命令的语法及相关参数，具体语法格式如下：

```
groupmod [选项] 组名
```

groupmod 命令的主要参数选项如下。

➢ -g GID：指定组新的 GID。

➢ -n name：更改组的名字为 name。

2）groupmod 命令的使用练习。

【操作示例 3-8】将组 thgp01 的标识号修改为 1011，组名修改为 thgp02，操作方法如下：

```
[root@TianYi~]# groupmod -g 1011 -n thgp02 thgp01
```

STEP 03 为组添加用户。在 RHEL 8.3 中使用不带任何参数的 useradd 命令创建用户时，会同时创建一个和用户账户同名的组，称为主组。当一个组中必须包含多个用户时，则需要使用附属组。在附属组中增加、删除用户使用 gpasswd 命令。

1）熟悉 gpasswd 命令的语法及相关参数，具体语法格式如下：

```
gpasswd [选项] [用户] [组]
```

只有 root 用户和组管理员才能够使用 gpasswd 命令，其主要参数选项如下。

➢ -a：把用户加入组。

➢ -d：把用户从组中删除。

➢ -r：取消组的密码。

2）gpasswd 命令的使用练习。

【操作示例 3-9】将 stu002 用户加入 thgroup00 组，并指派 stu002 为管理员，操作方法如下：

```
[root@TianYi~]# gpasswd -a stu002 thgroup00
正在将用户“stu002”加入“thgroup00”组中
[root@TianYi~]# gpasswd -A stu002 thgroup00
```

3.4.2 存储设备的使用

在 Linux 操作系统中，常用的存储设备有硬盘、移动硬盘、光盘、U 盘等。如果需要在 Linux 操作系统中增加新的硬盘，就必须对新增的硬盘进行安装、分区（fdisk）、格式化（创建文件系统，mkfs）和挂载（mount），才能存储程序和数据；如果在 Linux 操作系统中要使用移动硬盘、光盘和 U 盘，也必须先进行挂载。挂载完成之后，将其作为一个目录才能进行访问。

1. *磁盘的分区与格式化*

任务 3-3

在 Linux 操作系统中新增 1 块 10GB SCSI 硬盘；然后使用 fdisk 将新硬盘分出 1 个 3GB 的主分区和 1 个 2GB 的扩展分区；再使用 mkfs 对分区进行格式化并创建为 xfs 和 ext4 文件系统；最后使用 mount 进行挂载，并在挂载点测试数据存储情况。

完成任务的具体步骤如下。

STEP 01 添加 10GB 的硬盘。在 Linux 的虚拟机中选中 RHEL 8.3 的虚拟机，然后单击 VMware 主菜单中的“虚拟机”→“设置”→“添加”→选中“硬盘”→下一步→保持默认的“SCSI”磁盘类型→下一步→保持默认的“创建新的虚拟磁盘”→下一步→在“最大磁盘大小”文本框中设置为 10GB，其他保持默认→下一步→单击“完成”按钮，返回虚拟机设置界面，可以看到新增加了 1 个 10GB 的 SCSI 的硬盘，如图 3-1 所示。

STEP 02 设置启动顺序。重启 RHEL 8.3，在虚拟机中快速按 F2 键进入 BIOS 设置界面，在 boot 选项中将第 1 启动设备设置为 NVMe（B:0.0:1），如图 3-2 所示，移至 Save and Exit 选项，保存后退出。

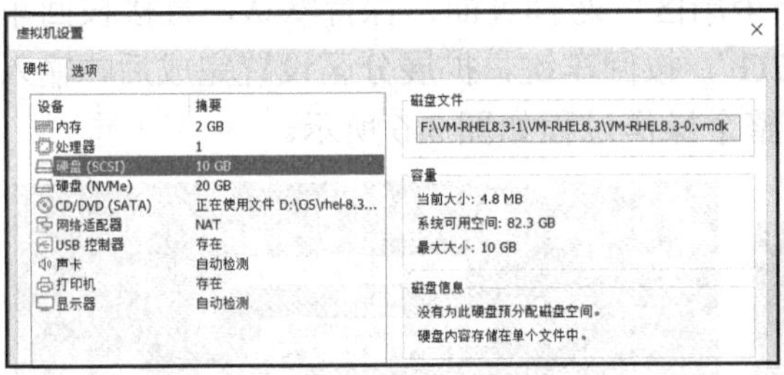

图 3-1　添加 1 个 10GB 的硬盘

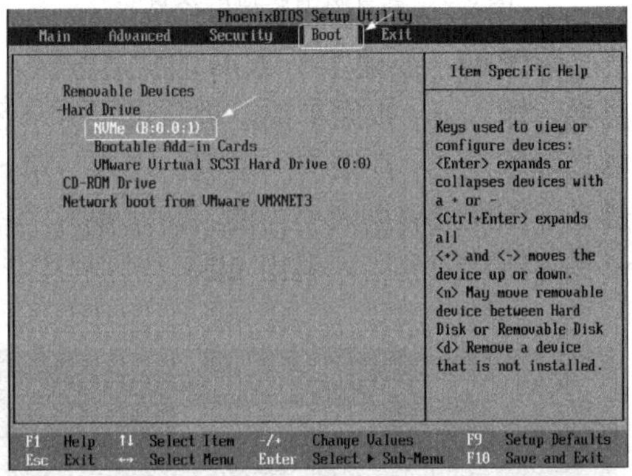

图 3-2　将第 1 启动设备设置为 NVMe（B:0.0:1）

注意：如果不进行启动顺序的设置，因为新增加了硬盘，有可能导致系统无法启动。

STEP 03 查看硬盘设备情况。再次启动 RHEL 8.3，以 root 用户登录 RHEL 8.3，打开终端窗口，使用 fdisk -l 命令查看新增硬盘的设备名，操作方法如图 3-3 所示。从图中可以看出，系统中包含了所有硬盘的整体情况和分区信息，其中/dev/nvme0n1 为原有硬盘，/dev/sda 为新增硬盘。

STEP 04 对新增硬盘进行分区。接下来需要对新增加的硬盘/dev/sda 进行分区，使用 fdisk /dev/sda 命令进入分区操作界面，如图 3-4 所示。如果不知道怎么操作可以输入 m 获取帮助，可看到有很多对磁盘管理命令的帮助信息，如“d 删除分区”“n 添加新分区”“w 将分区表写入磁盘并退出”等。

STEP 05 新建 1 个 3GB 的主分区。输入 n，按回车键，进入选择“分区类型”页面，这里有主分区和扩展分区两种分区类型，保持默认（即新建 1 个主分区），可以输入 p 或直接按回车键，进入设置“分区号”页面。在此设置硬盘分区的编号，默认编号从 1 开始，按回车键，进入“第一个扇区”选择页面，在此看到默认值是 2048，保持默认，直接按回车键，进入设置磁盘大小页面。在此需要设置新增分区的容量大小，设置使用“+size{ K,M,G,T,P}”的方式给/dev/sda 分配 1 个 3GB 的主分区，因此需要输入“+3G”，按回车键。建立主分区的操作过程如图 3-5 所示。

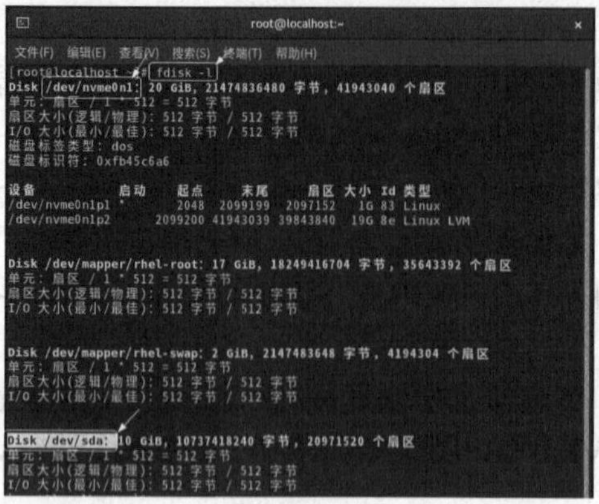

图 3-3 查看新增硬盘的设备名

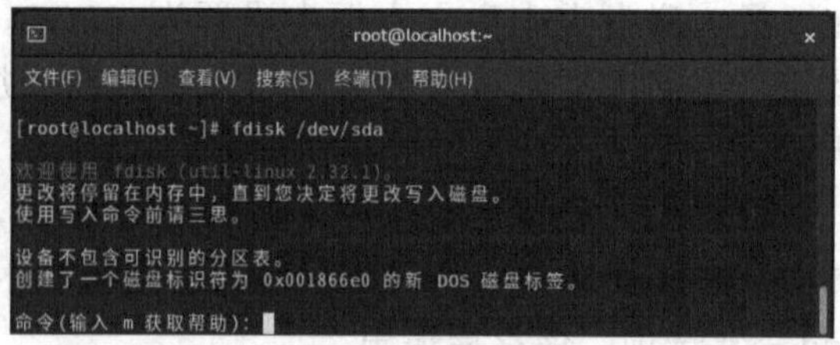

图 3-4 分区操作界面

STEP 06 新建 1 个 2GB 的扩展分区。再次输入 n 新建分区，进入选择“分区类型”页面。输入 e，按回车键，进入设置“分区号”页面。在此设置磁盘分区的编号，现在默认编号是 2，直接按回车键，进入“第一个扇区”选择页面，保持默认，直接按回车键。进入设置磁盘大小页面，在此输入“+2G”，按回车键，扩展分区设置完成后，输入 w 保存新建的分区，退出 fdisk 分区程序，整个操作过程如图 3-6 所示。

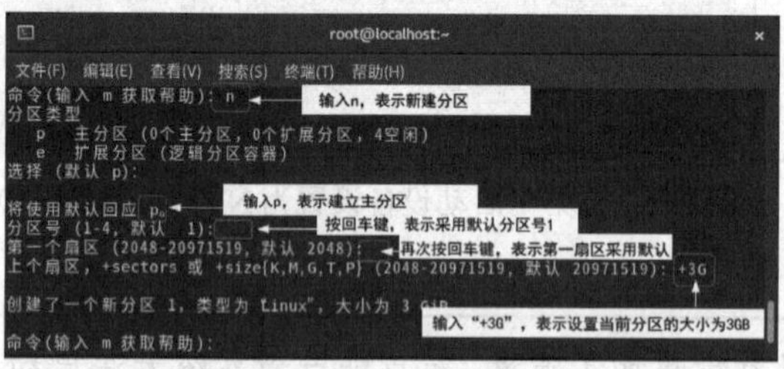

图 3-5 新建 1 个 3GB 的主分区

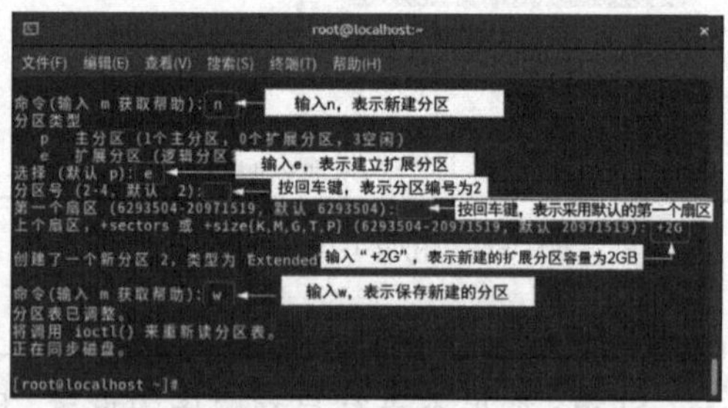

图 3-6 新建 1 个 2GB 的扩展分区

STEP 07 在扩展分区上建立逻辑分区。再次输入 fdisk /dev/sda 命令，进入分区页面，输入 n 新建分区，进入选择“分区类型”页面，输入 l，按回车键。进入“第一个扇区”选择页面，保持默认，直接按回车键，进入设置磁盘大小页面。在此输入“+1G”，按回车键，逻辑分区设置完成，输入 w 保存新建的逻辑分区，退出 fdisk 分区程序，整个操作过程如图 3-7 所示。

STEP 08 查看新建分区。接下来再次使用 fdisk -l 命令查看新建的分区，可以看到有/dev/sda1、/dev/sda2、/dev/sda5 等分区，如图 3-8 所示。其中，/dev/sda2 是扩展分区，/dev/sda5 是逻辑分区。

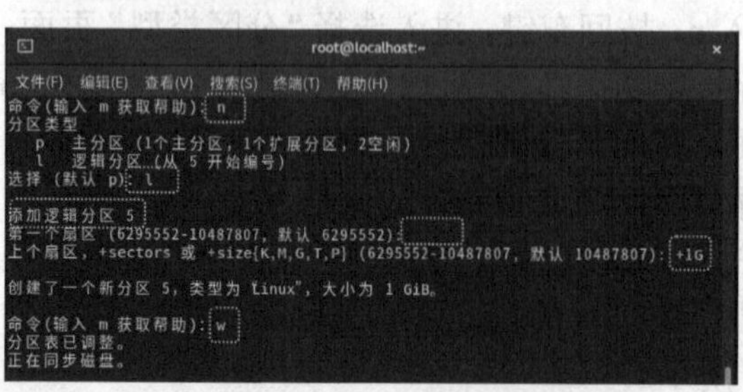

图 3-7 在扩展分区上建立逻辑分区

图 3-8 新建 1 个 2GB 的扩展分区

STEP 09　对新建的分区进行格式化。对新建立的两个分区分别使用 mkfs -t xfs /dev/sda1 命令和 mkfs -t ext4 /dev/sda5 命令格式化分区并创建成 xfs 和 ext4 文件系统，操作步骤如图 3-9 和图 3-10 所示。

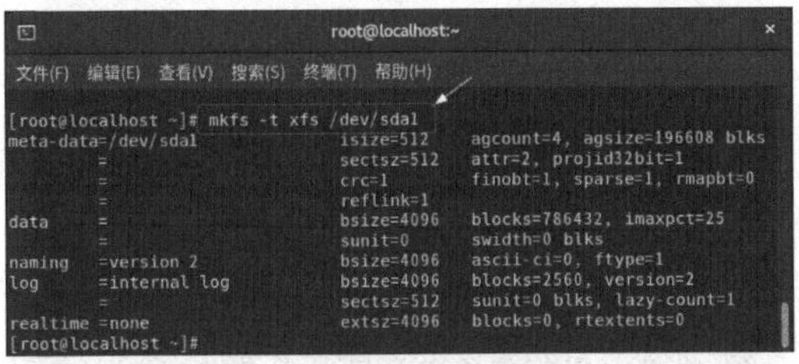

图 3-9　格式化/dev/sda1 并创建 xfs 文件系统

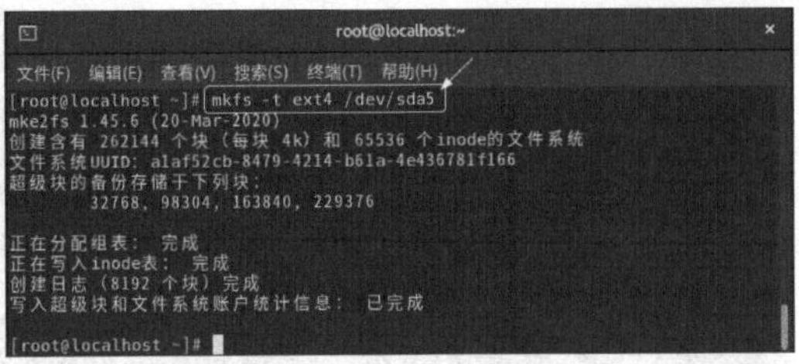

图 3-10　格式化/dev/sda5 并创建 ext4 文件系统

STEP 10　创建挂载点并挂载使用。新的磁盘添加完成，并进行了分区和格式化，此时，在 Linux 操作系统中还不能使用，需要挂载到挂载点（目录）才能使用，具体的挂载与使用方法见“任务 3-4”。

2. 设备的挂载与卸载

在 Linux 操作系统中，如果要使用硬盘、光盘、U 盘等存储设备，必须先进行挂载（mount）。挂载设备需要使用 mount 命令，mount 命令的语法格式如下：

```
mount [选项] 设备 挂载点
```

mount 命令的常用参数选项如下。

- -v：显示信息，通常和-f 一起使用来除错。
- -a：将/etc/fstab 中定义的所有文件系统挂上。
- -t vfstype：显示被加载文件系统的类型。
- -n：一般而言，mount 挂上后会在/etc/mtab 中写入一些信息，在系统中没有可写入文件系统的情况下，可以用这个选项取消这个动作。

所有挂载的文件系统不需要使用时，都可以使用 umount 命令进行卸载（“/”目录除外，它直到关机时才进行卸载），umount 命令的语法格式如下：

```
umount 设备 挂载点
```

当光盘等移动设备使用完成后，必须经过正确卸载后才能取出，否则会造成一些不必要的错误。正在使用的文件系统不能卸载。

任务 3-4

在 Linux 终端模式下，使用 mount 命令完成磁盘分区、光驱、U 盘的挂载和使用，使用完成后再进行卸载，最后修改/etc/fstab 实现自动挂载。所有任务完成后，按要求牢记命令的作用和重要参数。

完成任务的具体步骤如下。

STEP 01　挂载磁盘分区。在 Linux 终端模式下，新建两个挂载点，然后使用 mount 将磁盘分区/dev/sda1 和/dev/sda5 分别挂载到/mysda1 和/mysda5，最后使用 df　-Th 命令或 df　-lh 命令查看挂载是否成功，操作方法如图 3-11 所示。

STEP 02 挂载点的使用。挂载成功后，使用 cd /mysda1 命令和 cd /mysda5 命令分别进入/dev/sda1 和/dev/sda5 的挂载点，然后在/mysda1 和/mysda5 上新建文件和目录，操作方法如图 3-12 所示。

图 3-11 挂载磁盘分区

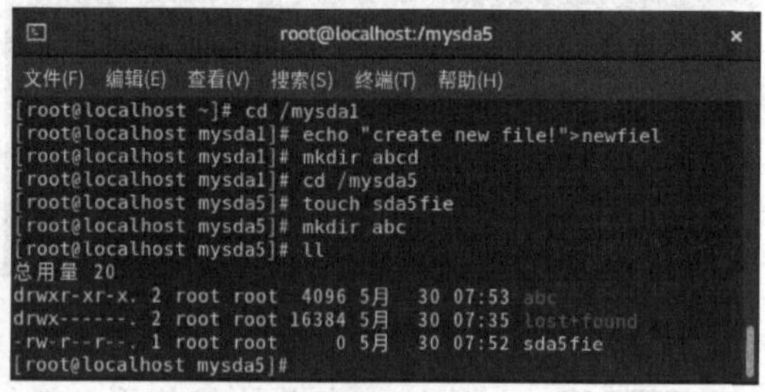

图 3-12 挂载点的使用

提示：当挂载设备所采用的文件系统类型未知时，可使用-t auto，mount 命令将自动检测分区的文件系统。此处的挂载是临时挂载，当系统重启后，挂载点将不再存在。

STEP 03 挂载光驱。CD-ROM 驱动器从根本上讲是只读设备，它与其他块设备的安装方式相同。CD-ROM 一般包含标准的 ISO9660 文件系统和一些可选的扩充。

在虚拟机中设置好光盘的映像文件，使用 mount -t iso9660 /dev/cdrom /mnt/cdrom 命令将其挂载到/mnt 下的 cdrom 子目录中，使用 umount /mnt/cdrom 命令可卸载挂载的光盘。也可以使用 mount /dev/sr0 /mnt/cdrom 命令进行挂载，操作方法如图 3-13 所示。光驱挂载成功后，使用 cd /mnt/cdrom 命令进入挂载目录，再使用 ls 命令即可看到光盘中的信息。

STEP 04 挂载 U 盘。在 Linux 操作系统的虚拟机中插入 FAT32 格式的 U 盘（KingSton DT 101 G2），在 VMware 中选择“虚拟机→可移动设备→U 盘（KingSton DT 101 G2）→断开连接（连接主机）”，出现提示“某个 USB 设备将要从主机拔出，并连接到该虚拟机……”时，单击“确定”按钮。

进入 Linux 终端窗口，使用 fdisk -l 命令查看是否有 U 盘，可以看到/dev/sdb1。再使用 mkdir /mnt/usb 命令新建 U 盘的挂载目录，使用 mount -t vfat /dev/sdb1 /mnt/usb 命令将 U 盘挂载到/mnt/usb 目录，使用 cd /mnt/usb 命令进入 U 盘的挂载目录，最后使用 ll 命令查看 U 盘上的资源，操作如图 3-14 所示。

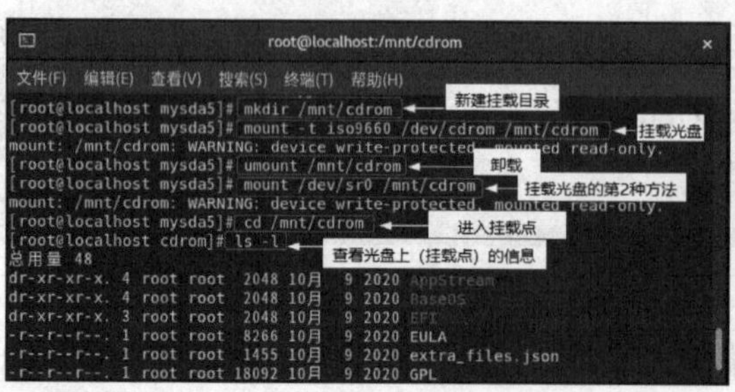

图 3-13 挂载光盘

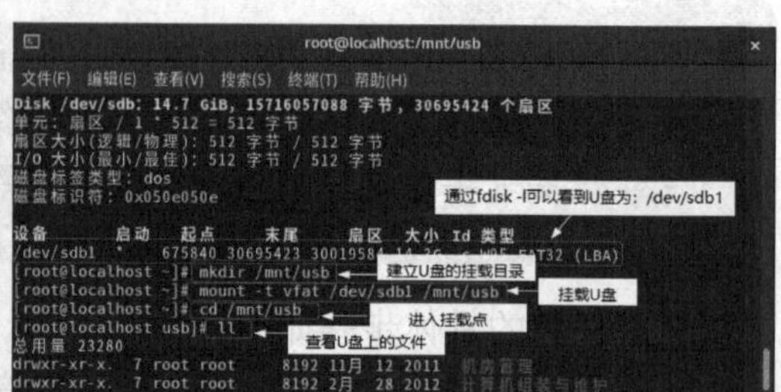

图 3-14 挂载 U 盘

STEP 05 卸载文件系统。使用 umount 分别卸载掉前面挂载的磁盘分区、光驱和 U 盘，操作方法如图 3-15 所示。在卸载文件系统时，需要注意的是，如果有进程使用该目录下的任何文件，都不能卸载这个文件系统。

STEP 06 自动挂载文件系统。前面使用 mount 挂载的设备是临时挂载，关机重启后挂载将不存在。如果想永久挂载，需要修改/etc/fstab 文件，实现自动挂载。通过设置该文件中的相关参数，可使系统在每次启动时自动挂载指定的文件系统。

使用 vim 打开/etc/fstab 文件，添加需要自动挂载的设备（如自动挂载/dev/sda1），修改后文件的内容如图 3-16 所示。

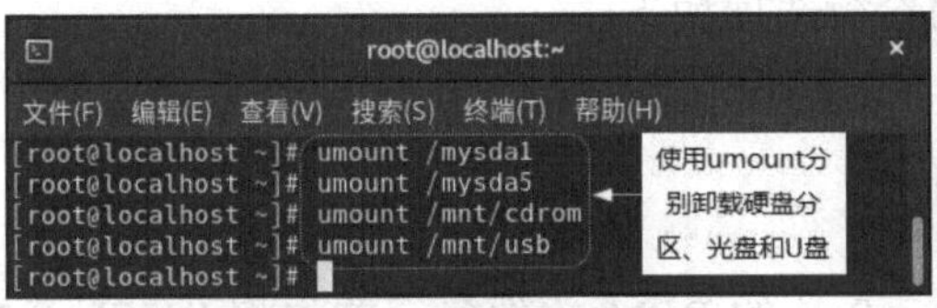

图 3-15 卸载文件系统

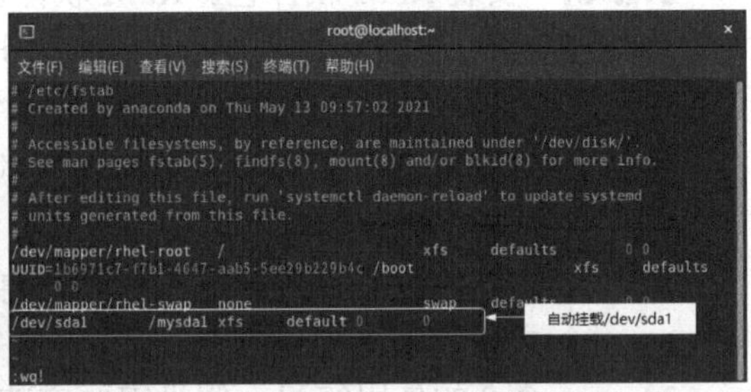

图 3-16 编辑/etc/fstab 文件实现自动挂载

从图 3-16 显示的内容可以看出 fstab 文件的格式，其中每一行表示一个自动挂载选项。每行由 6 个字段组成，下面分别介绍各字段的作用。

- 第 1 个字段给出设备名，也可使用设备的标签名（用 LABEL=的形式标出）。对磁盘分区进行格式化时可设置其标签，也可使用 e2label 命令设置标签。
- 第 2 个字段设置挂载点。
- 第 3 个字段设置文件系统的类型。
- 第 4 个字段设置挂载选项。使用 defaults 表示 rw、suid、dev、exec、auto、nouser 和 async 这些选项的组合。
- 第 5 个字段设置是否要备份。0 为不备份，1 为要备份，一般根分区要备份。
- 第 6 个字段设置自检顺序。该字段被 fsck 命令用来决定在启动时需要被扫描的文件系统的顺序，根文件系统“/”对应为 1，其他为 2。若该文件系统无须在启动时扫描，则设置该字段为 0。

3.4.3 软件包管理

RPM（Red Hat package manager）是一个功能十分强大的软件包管理系统，它使得 Linux 下的安装、升级和删除软件包的工作非常简单易行，并且还有查询、验证软件包的功能。

RPM 软件包的文件名称通常如 tracker-2.1.5-1.el8.i686.rpm，这个文件名包含软件包名称（tracker）、版本号（2.1.5）、发行号（1）、操作系统主版本（el8）以及 CPU 平台（i686）。

RPM 有 5 种基本操作模式：安装、卸载、升级、查询和校验。

1. 使用 rpm 命令安装软件包

任务 3-5

在 Linux 终端模式下，使用 rpm 命令完成 RPM 软件包的安装、卸载、查询和校验操作。任务完成后，牢记命令的作用和重要参数。

完成任务的具体步骤如下。

STEP 01 安装 RPM 软件包。RPM 软件包的安装可以使用 rpm 命令来完成。

1）熟悉 rpm 命令安装软件包的语法及相关参数，该命令的语法格式如下：

```
rpm -ivh [rpm 软件包名称]
```

使用 RPM 命令进行软件包安装时常用的参数选项如下。

- i：表示安装软件包。
- v：表示在安装过程中显示详细信息。
- h：表示显示水平进度条。

2）rpm 命令的使用练习。假设需要安装 vsftpd 的 RPM 软件包，首先将 RHEL 8.3 的 DVD 盘放入光驱，然后使用 mount 命令挂载光驱，最后使用 rpm -ivh 命令安装 vsftpd 软件包，具体操作方法如下：

```
[root@TianYi ~]# mount /dev/sr0 /mnt/cdrom                    #挂载光驱
mount: /mnt/cdrom: WARNING: device write-protected, mounted read-only.
[root@TianYi test]#cd /mnt/cdrom/AppStream/Packages    #进入软件包目录
[root@TianYi Packages]# ls -l vsftp*               #查看 vsftp 开头的软件包
[root@TianYi Packages]#rpm -ivh vsftpd-3.0.3-28.el8.x86_64.rpm
                                                             #安装 rpm 软件包
```

如果安装成功，系统会显示软件包的名称，然后在软件包安装时在屏幕上打印“#”显示安装进度，显示如下信息：

```
[root@TianYi Packages]# rpm -ivh vsftpd-3.0.3-28.el8.x86_64.rpm
Verifying...              ################################# [100%]
准备中...                 ################################# [100%]
正在升级/安装...
  1:vsftpd-3.0.3-28.el8   ################################# [100%]
```

如果某软件包的同一版本已经安装，系统会显示如下信息：

```
Preparing...          ########################################### [100%]
软件包 vsftpd-3.0.3-28.el8.x86_64 已经安装
```

STEP 02 卸载 RPM 软件包。卸载软件包十分简单，也是使用 rpm 命令，该命令的语法格式如下：

```
rpm -e [rpm 软件包名称]
```

使用 rpm 命令进行软件包卸载时使用的参数选项为-e。

假设需要卸载 vsftpd 软件包，操作方法如下：

```
[root@TianYi Packages]# rpm -e vsftpd
```

提示：卸载软件包时，只需要提供软件包的名称即可，如 vsftpd，使用 RPM 软件包的全名（vsftpd-2.2.2-11.el6_4.1.i386）则会提示“错误的软件包”。

如果要卸载的软件包被其他软件包所依赖，系统则会提示“依赖性错误”。

要使 RPM 忽略这个错误并强制删除该软件包，可以使用“--nodeps”命令，但是依赖它的软件包可能无法正常运行。

STEP 03 查询软件包。RPM 数据库中存储了安装在系统中的所有软件包的信息，数据库的位置是/var/lib/rpm/。使用这个数据库，能够查询到系统中安装了哪些软件包、软件包的版本号是多少、软件包中的文件自安装之后进行了多少更改，以及其他方面的查询。

1）查询指定软件包的详细信息，语法格式如下：

```
rpm -q  [RPM软件包名称]
```

查询 vsftpd 软件包是否已安装，操作方法如下：

```
[root@TianYi Packages]# rpm -q vsftpd  #查看vsftpd软件包是否已安装
vsftpd-3.0.3-28.el8.x86_64               #如果看到此内容，说明软件包已安装
```

可以看出 vsftpd 软件包已经安装。

2）查询系统中所有已安装的 RPM 软件包，语法格式如下：

```
rpm -qa
```

3）查询指定已安装软件包的描述信息，语法格式如下：

```
rpm -qi [rpm软件包名称]
```

该命令将显示软件包的名称、描述、发行版本、大小、制造日期、生产商以及其他杂项。

查询 vsftpd 软件包的描述信息，操作方法如下：

```
[root@TianYi test]#rpm -qi vsftpd
```

4）查询指定已安装软件包所包含的文件列表，语法格式如下：

```
rpm -ql [rpm软件包名称]
```

查询 vsftpd 软件包所包含的文件列表，操作方法如下：

```
[root@TianYi test]#rpm -ql vsftpd
```

STEP 04 校验软件包。校验软件包将检查从软件包安装的文件和原始软件包中的同一文件的信息，它校验每个文件的大小、MD5 值、权限、类型、所有者和组群。

校验所有在 vsftpd 软件包内的文件，操作方法如下：

```
[root@TianYi test]#rpm -V vsftpd
```

2. 配置 YUM 源安装软件包

YUM（yellow dog updater，modified）是一个在 RHEL 8.3 中的 Shell 前端软件包管理器。基于 RPM 包管理，能够从指定的服务器自动下载 RPM 包并且安装，可以自动处理依赖性关系，并且一次安装所有依赖的软件包，无须烦琐地一次次下载和安装。

在 RHEL 8.3 中把软件源分成 BaseOS 和 AppStream 两部分，统一的 ISO 自动加载

BaseOS 和 AppStream 安装源存储库。BaseOS 存储库旨在提供一套核心的底层操作系统的功能，为基础软件安装库。AppStream 存储库中包括额外的用户空间应用程序、运行时语言和数据库，以支持不同的工作负载和用例。

（1）配置本地 YUM 源

任务 3-6

在 Linux 终端模式下，完成本地 YUM 源的配置与测试，任务完成后，牢记命令的作用和重要参数。

完成任务的具体步骤如下。

STEP 01 挂载光盘。要配置本地 YUM 源，首先需要完成光盘的挂载，操作方法如下：

```
[root@TianYi~]#mount /dev/sr0 /mnt/cdrom
```

STEP 02 编辑配置文件（.repo）。先将原有的其他 repo 文件移动到/tmp 目录，接下来使用 cp 命令将 YUM 源的模板复制到/etc/yum.repos.d 目录中，并改名为 TianYi.repo，然后使用 vim 打开 YUM 源配置文件，具体操作方法如下：

```
[root@TianYi~]#mv /etc/yum.repos.d/*.repo  /tmp
[root@TianYi~]#cp /mnt/cdrom/media.repo /etc/yum.repos.d/TianYi.repo
[root@TianYi~]#chmod 744 /etc/yum.repos.d/TianYi.repo
[root@TianYi~]#vim /etc/yum.repos.d/TianYi.repo
```

注意：RHEL 8.3 中有 2 个 Packages，分别在/mnt/AppStream/和/mnt/BaseOS/下，所以需要配置 2 个源。

在 TianYi.repo 配置文件中，添加或编辑如下内容（后面的注释可以省略）：

```
[InstallMedia]                                  #YUM 源的识别名称
name=Red Hat Enterprise Linux 8.3.0             #对 YUM 源的描述，用户可以自定义
mediaid=None
metadata_expire=-1
gpgcheck=0                          #使用公钥验证 RPM 包的正确性，0 不验证
baseurl=file:///mnt/cdrom/AppStream/            #指定 YUM 源的本地文件地址
enable=1                            #是否启用当前 YUM 源，1 表示启用，0 表示禁用
cost=500
[InstallMedia_OS]
name=Red Hat Enterprise Linux 8.3.0
mediaid=None
metadata_expire=-1
gpgcheck=0
baseurl=file:///mnt/cdrom/BaseOS/
enable=1
cost=500
```

STEP 03 建元数据缓存。采用 yum makecache 建元数据缓存，具体操作方法如下：

```
[root@TianYi~]#yum clean all
[root@TianYi~]#yum makecache
```

STEP 04　检测是否配置成功。使用 yum list 命令和 yum repolist 命令检测 YUM 配置是否成功，操作方法如下：

```
[root@TianYi~]# yum list
```

如果在输出的结果中看到自己命名的 InstallMedia_OS 和 InstallMedia，说明 YUM 配置成功，如图 3-17 所示。

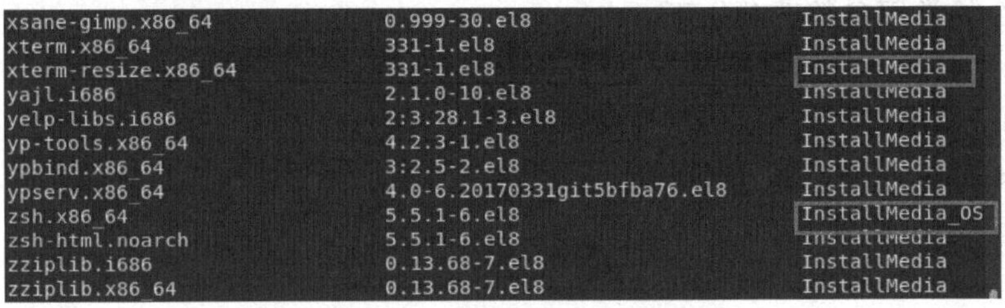

图 3-17　检测是否配置成功

配置成功后，使用 yum repolist 命令查看仓库，再尝试使用 yum -y install　<软件包名>命令或 dnf -y install <软件包名>命令安装 1 个软件包，如果能顺利完成安装，说明安装正确，今后就可以利用 YUM 方式安装软件包了。

```
[root@TianYi~]# yum repolist
[root@TianYi~]# dnf -y install vsftpd
Updating Subscription Management repositories.
Unable to read consumer identity
This system is not registered to Red Hat Subscription Management. You can use subscription-manager to register.
上次元数据过期检查：0:38:41 前，执行于 2024年05月30日 星期日 22时54分48秒。
Package vsftpd-3.0.3-28.el8.x86_64 is already installed.
依赖关系解决。
无须任何处理。
完毕！
```

注意：在 RHEL 8.3 中，YUM 是 DNF 的一个软连接，所以 YUM 和 DNF 都可以使用。

（2）配置网络 YUM 源

在配置网络 YUM 源之前，一定要确保网络正常，如果没有网络则无法使用网络 YUM 源。RHEL 8.3 系统安装好尽管默认带有 YUM，但是 RHEL 的更新包只对注册用户有效（收费）。如果需要在 RHEL 8.3 中配置网络 YUM 源，就只能使用 CentOS 8.3 的网络源了，有兴趣的读者可以上网搜索配置方法自行完成。

3.4.4　进程管理

进程管理命令是对进程进行各种显示和设置的命令。

任务 3-7

在 Linux 终端模式下，使用 ps、top、kill、nice 等相关命令对 Linux 操作系统的进程进行有效管理。任务完成后，牢记命令的作用和重要参数。

完成任务的具体步骤如下。

STEP 01 查看系统进程。Linux 操作系统中每个用户运行着的程序都是系统的一个进程，要查看系统当前的进程及其执行情况，可以使用 ps 命令和 top 命令来实现。

1）使用 ps 命令查看系统进程。ps 命令主要用于查看系统的进程，具体语法格式如下：

```
ps [参数]
```

ps 命令的常用参数选项如下。

- -a：显示当前控制终端的进程（包含其他用户）。
- -u：显示进程的用户名和启动时间等信息。
- -l：按长格形式显示输出。
- -e：显示所有进程。
- -t n：显示第 n 个终端的进程。

【操作示例 3-10】查看当前用户在当前控制台上启动的进程，操作方法如图 3-18 所示。

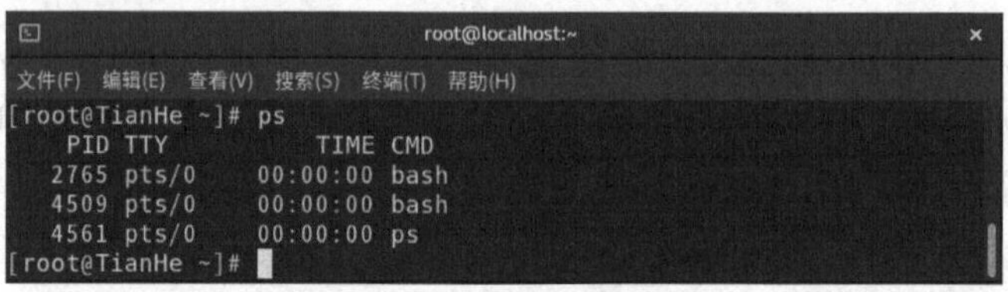

图 3-18 查看当前用户在当前控制台上启动的进程

【操作示例 3-11】使用 ps -aux|more 命令分页查看系统的所有进程，同时显示进程的用户名和起始时间，操作方法如图 3-19 所示。

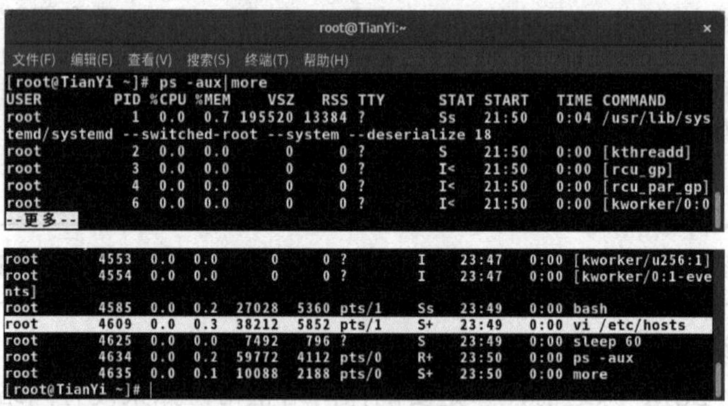

图 3-19 ps -aux 命令详解

ps 命令主要输出字段的含义如下。

- USER：进程所有者的用户名。
- PID：进程号，可以唯一标识该进程。
- %CPU：进程自最近一次刷新以来所占用的 CPU 时间和总时间的百分比。
- %MEM：进程使用内存的百分比。
- RSS：进程占用物理内存的总数量，以 K 为单位。
- TTY：进程相关的终端名。
- STAT：进程状态，用字母（R 表示运行或准备运行；S 表示睡眠状态；I 表示空闲；Z 表示冻结；D 表示不间断睡眠；W 表示进程没有驻留页；T 表示停止或跟踪）等来表示。

➢ START：进程开始运行时间。

➢ TIME：进程使用的总 CPU 时间。

提示：要对进程进行监测和控制，首先要了解当前进程的情况，也就是需要查看当前进程。根据显示的信息可以确定哪个进程正在运行、哪个进程被挂起、进程已运行了多久、进程正在使用的资源、进程的相对优先级，以及进程的标志号（PID）。

2）使用 top 命令查看系统进程。top 命令和 ps 命令很相似，都是用来查看系统正在执行的进程。但是 top 命令是一个动态显示过程，可以通过用户按键来不断刷新当前状态。如果在前台执行该命令，它将独占前台，直到用户终止该程序为止。比较准确地说，top 命令提供了实时地对系统处理器的状态监视。它将显示系统中 CPU 最“敏感”的任务列表。该命令可以按 CPU 使用率、内存使用率和执行时间对任务进行排序，而且该命令的很多特性都可以通过交互式命令或者在个人定制文件中进行设定。

【操作示例 3-12】top 屏幕每 5 秒钟自动刷新一次，也可以用 top -d 20 命令使得 top 屏幕每 20 秒钟刷新一次。top 屏幕的部分内容如图 3-20 所示。

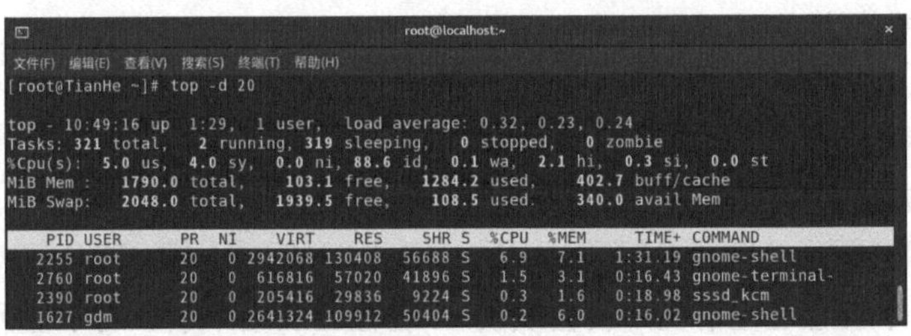

图 3-20　使用 top 命令查看系统进程

top 命令前 3 行的含义如下。

第 1 行：正常运行时间行。显示系统时间、系统已经正常运行时间、系统当前用户数等。

第 2 行：进程统计数。显示当前的进程总数、睡眠的进程数、正在运行的进程数、暂停的进程数、僵死的进程数。

第 3 行：CPU 统计行。包括用户进程、系统进程、修改过 NI 值的进程、空闲进程各自使用 CPU 的百分比。

在 top 屏幕下，按 Q 键可以退出，按 M 键将按内存使用率排列所有进程，按 P 键将按 CPU 使用率排列所有进程，按 H 键可以显示 top 下的帮助信息。

STEP 02　使用 kill 命令终止进程。当需要中断一个前台进程时，通常使用 Ctrl+C 组合键；但是对于一个后台进程，就不是一个组合键所能解决的了，这时就必须使用 kill 命令。

1）熟悉 kill 命令的语法及相关参数，具体语法格式如下：

```
kill [参数]   进程 1  进程 2  ……
```

kill 命令的常用参数选项如下。

➢ -s：指定需要送出的信号，既可以是信号名，也可以对应数字。

➢ -p：指定 kill 命令只显示进程的 PID，并不真正送出结束信号。

➢ -l：打印能用 kill 命令终止的信号名表，可在/usr/include/linux/signal.h 文件中找到。

2）kill 命令的使用练习。

【操作示例 3-13】使用 kill -l 命令显示 kill 的所有信号，操作方法如图 3-21 所示。

图 3-21 显示 kill 的所有信号

上述命令用于显示 kill 命令所能发送的信号种类。每个信号都有一个数值对应，如 SIGKILL 信号的值为 9。

终止图 3-19 中的 vi 进程（被框选起来的进程，PID 为 4609），操作方法如下：

```
[root@TianYi~]#kill -s SIGKILL 4609
```

或者用以下方法：

```
[root@TianYi~]#kill -9 4609
```

再用 ps 命令查看进程情况，就会发现 vi 进程已经结束了。对于僵死的进程，可以用 kill -9 命令来强制终止，要撤销所有的后台作业，可以使用 kill 0 命令。

终止一个进程或终止一个正在运行的程序，一般通过 kill、killall、pkill、xkill 等命令进行。比如一个程序已经死掉，但又不能退出，这时就应该考虑应用这些工具。

STEP 03 设置进程的优先级。在 Linux 操作系统中，每个进程在执行时都会被赋予使用 CPU 的优先等级，对于等级高的进程，系统会提供较多的 CPU 使用时间，以缩短执行的周期，反之则需要较长的执行时间。因此，如果有特殊需求，可以使用 nice 命令和 renice 命令自行设置进程执行的优先级。

1）nice 命令。nice 命令用来设置优先级，优先级的数值为-20～19，其中数值越小优先级越高，数值越大优先级越低，-20 的优先级最高，19 的优先级最低。优先级高的进程被优先运行，默认时进程的 NI 值为 0。

① 熟悉 nice 命令的语法及相关参数，具体语法格式如下：

```
nice [-n <优先级>] [--help] [--version] [执行指令]
```

nice 命令的常用参数选项如下。

➢ -n <优先级>：指定优先级。

➢ --help：帮助信息。

➢ --version：版本信息。

② nice 命令的使用练习。

【操作示例 3-14】以下通过 6 个不同优先级的命令来说明 nice 命令的使用方法。

```
[root@ty~]# vim &                  #以优先等级 0 在后台运行 vim
[root@ty~]# nice vim &             #以优先等级 10 在后台运行 vim
[root@ty~]# nice 19 vim &          #以优先等级 19 在后台运行 vim
[root@ty~]# nice -18 vim &         #以优先等级 18 在后台运行 vim
[root@ty~]# nice --18 vim &        #以优先等级-18 在后台运行 vim
```

可以通过 ps -1 命令验证以上命令使用的正确性。

2）renice 命令。renice 命令根据进程的进程号改变进程的优先级。

① 熟悉 renice 命令的语法及参数，具体语法格式如下：

```
renice  优先级数值  参数
```

renice 命令的常用参数选项如下。

- -p 进程号：修改指定进程的优先级，-p 可以采用默认值。
- -u 用户名：修改指定用户所启动进程的默认优先级。
- -g 组 ID 号：修改指定组中所有用户所启动进程的默认优先级。

② renice 命令的使用练习。将 PID 为 4531 的进程的优先级设置为-15，操作方法如下：

```
[root@ty ~]# renice -15 4531
```

3.4.5　系统信息命令的使用

系统信息命令是对系统的各种信息进行显示和设置的一些命令。

任务 3-8

在 Linux 终端模式下，使用 dmesg、df、du、date、cal 和 clock 等命令对系统信息进行查看。任务完成后，牢记主要命令的作用和重要参数。

完成任务的具体步骤如下。

STEP 01　使用 dmesg 命令显示开机信息。dmesg 命令用实例名和物理名称标识连接到系统上的设备。dmesg 命令也显示系统诊断信息、操作系统版本号、物理内存大小及其他信息，操作方法如图 3-22 所示。

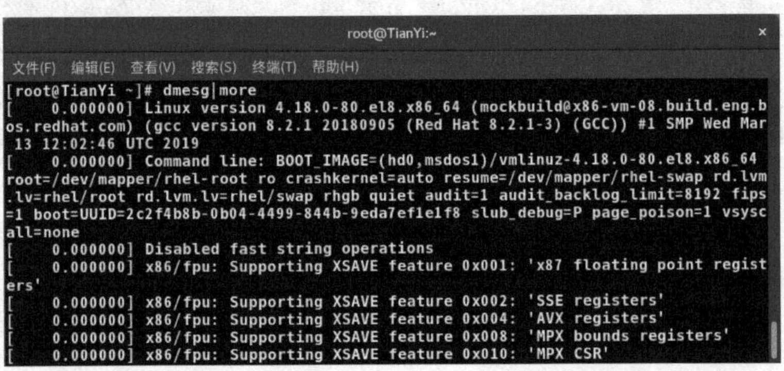

图 3-22　使用 dmesg 命令显示开机信息

STEP 02　使用 df 命令查看磁盘剩余情况。df 命令主要用来查看文件系统各个分区的占用情况，操作方法如图 3-23 所示。

```
[root@TianYi ~]# df
文件系统                  1K-块     已用     可用 已用% 挂载点
devtmpfs                909212        0   909212    0% /dev
tmpfs                   924712        0   924712    0% /dev/shm
tmpfs                   924712     9888   914824    2% /run
tmpfs                   924712        0   924712    0% /sys/fs/cgroup
/dev/mapper/rhel-root 28244508  4355336 23889172   16% /
/dev/loop0             6935944  6935944        0  100% /mnt/rhel8
/dev/sda1              1038336   213984   824352   21% /boot
tmpfs                   184940       16   184924    1% /run/user/42
tmpfs                   184940     3496   181444    2% /run/user/0
/dev/sr0               6935944  6935944        0  100% /mnt/cdrom
[root@TianYi ~]#
```

图 3-23 使用 df 命令查看分区的占用情况

该命令列出了系统上所有已挂载的分区的大小、已占用的空间、可用空间以及占用率。空间大小的单位为 KB。使用选项-h 将使输出的结果具有更好的可读性。

STEP 03 使用 du 命令查看硬盘空间数。du 命令主要用来查看某个目录中的各级子目录所使用的硬盘空间数。基本用法是在命令后跟目录名，如果不跟目录名，则默认为当前目录，操作方法如图 3-24 所示。

```
[root@TianYi ~]# du /home
0       /home/xesuxn/.mozilla/extensions
0       /home/xesuxn/.mozilla/plugins
0       /home/xesuxn/.mozilla
12      /home/xesuxn
0       /home/stu003/.mozilla/extensions
0       /home/stu003/.mozilla/plugins
0       /home/stu003/.mozilla
12      /home/stu003
28      /home
[root@TianYi ~]#
```

图 3-24 查看文件系统的各个分区的占用情况

该命令显示出当前目录下各级子目录所占用的硬盘空间数。在有些情况下，用户可能只想查看某个目录总的已使用空间，这时可以使用-s 选项。

STEP 04 使用 free 命令查看系统内存占用情况。free 命令用来查看系统内存、虚拟内存的大小及占用情况，操作方法如图 3-25 所示。

```
[root@TianYi ~]# free
              total        used        free      shared  buff/cache   available
Mem:        1849428     1224648      130096        6568      494684      459936
Swap:       2146300       51432     2094868
[root@TianYi ~]#
```

图 3-25 使用 free 命令查看系统内存的占用情况

STEP 05 使用 date 命令查看并设置当前日期和时间。date 命令可以用来查看系统当前的日期和时间，还可以用来设置当前日期和时间，操作方法如图 3-26 所示。

STEP 06 使用 cal 命令显示月历。cal 命令用于显示指定月份或年份的日历，具体语法格式如下：

```
cat [参数] [月] [年]
```

cal 命令可以带两个参数，其中年份、月份用数字表示；只有一个参数时表示年份，年份的范围为 1～9999；不带任何参数的 cal 命令显示当前月份的日历，操作方法如图 3-27 所示。

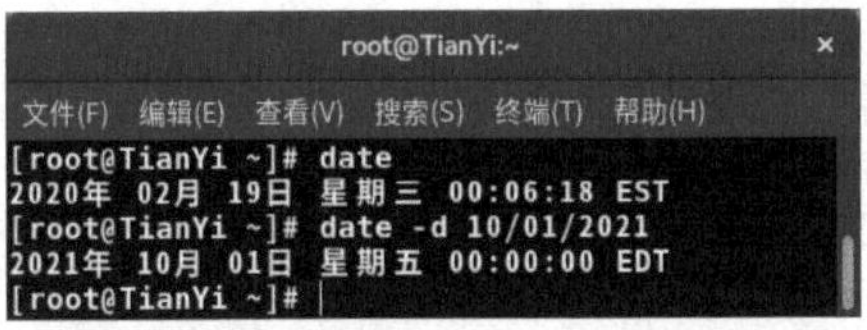

图 3-26　查看和设置当前日期和时间

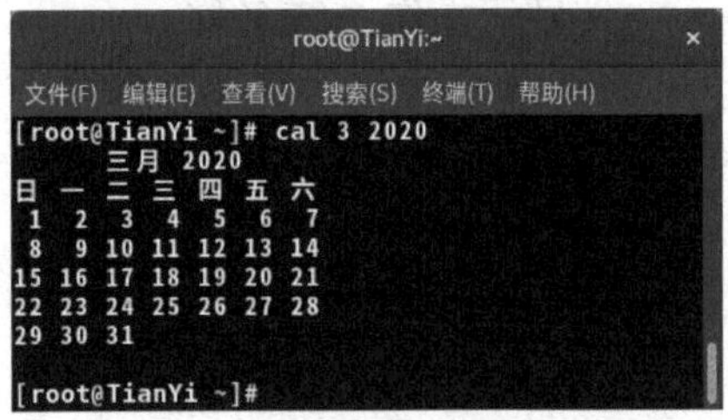

图 3-27　使用 cal 命令显示月历

STEP 07　使用 clock 命令获得日期。clock 命令用于从计算机的硬件获得日期和时间，操作方法如图 3-28 所示。

图 3-28　使用 clock 命令从计算机的硬件获得日期

3.4.6　其他常用命令的使用

除了前面介绍的有关目录和文件命令、管理命令以及系统信息命令外，还有一些命令也经常使用。

任务 3-9

在 Linux 终端模式下，使用 clear、uname、alias、unalias 和 history 等命令进行清除屏幕、显示系统信息、创建命令别名、取消别名、查看历史记录等操作。任务完成后，熟悉命令的作用和重要参数。

完成任务的具体步骤如下。

STEP 01　使用 clear 命令清除屏幕。clear 命令的功能是清除屏幕上的信息，它类似于 DOS 中的 cls 命令。clear 命令在命令行模式下和图形环境中的终端上皆可执行。

1）熟悉 clear 命令的语法格式，具体语法格式如下：

```
clear
```

2）clear 命令使用练习，操作方法如下：

```
[root@ty~]#clear
```

STEP 02　使用 uname 命令显示系统信息。需要显示系统信息时，可以使用 uname 命令来实现。

1）熟悉 uname 命令的语法及相关参数，具体语法格式如下：

```
uname  [参数]
```

uname 命令的常用参数选项如下。

- -a：显示全部的信息。
- -v：显示内核版本类型及发布时间（kernel version）。
- -o：显示操作系统名称。

2）uname 命令的使用练习，操作方法如下：

```
[root@ty~]#uname
Linux
[root@ty~]#uname -o
GNU/Linux
[root@ty~]#uname -r
4.18.0-80.el8.x86_64
[root@ty~]#uname -a
```

STEP 03 使用 alias 命令创建命令的别名。alias 命令用于创建命令的别名。

1）熟悉 alias 命令的语法，具体语法格式如下：

```
alias 命令别名="命令行"
```

alias 命令不带任何参数时，将列出系统已定义的别名。

2）使用 alias 命令定义 httpd 为命令“vim /etc/httpd/conf/httpd. conf”的别名，操作方法如下：

```
[root@TianYi ~]#alias httpd="vim /etc/httpd/conf/httpd.conf"
```

STEP 04 使用 unalias 命令取消别名。unalias 命令用于取消别名的定义，操作方法如下：

```
[root@TianYi~]#unalias httpd
```

STEP 05 使用 history 命令查看历史记录。查看以前使用过的命令，默认最大历史记录条数为 1000，可以在/etc/profile 中修改参数 HISTSIZE 来修改默认值。只要在编号前加“!”就可以重新运行 history 中显示出的命令行。例如，列出目前记忆体内的所有 history 记忆，操作方法如下：

```
[root@TianYi~]# history
```

列出最近的 3 条记录，操作方法如下：

```
[root@TianYi ~]# history 3
```

将目前的资料写入 histfile，操作方法如下：

```
[root@TianYi ~]# history -w
```

3.4.7 关机重启命令的使用

可以在控制台执行 shutdown 命令、init 命令或 halt 命令关闭或重新启动系统。

任务 3-10

在 Linux 终端模式下，利用 shutdown、init、halt、reboot 和 poweroff 等命令完成 Linux 的关机与重启操作，并掌握这些命令的使用方法。

完成任务的具体步骤如下。

STEP 01 使用 shutdown 命令关机。shutdown 命令能够采用一种比较安全的方式关闭系统。它首先通知已经注册到系统中的所有用户，使用户早做准备，及时保存尚未完成的处理工作，同时封锁其他用户登录到系统。

1）熟悉 shutdown 命令的语法及相关参数，具体语法格式如下：

```
shutdown  [参数]  time  [警告信息]
```

shutdown 命令常用的参数选项如下。

- -r：系统关闭后重新启动。
- -h：关闭系统。

其中，参数 time 指定关机时间，time 可以是以下几种形式。

- now：表示立即。
- hh:mm：指定绝对时间，hh 表示小时，mm 表示分钟。
- +m：表示 m 分钟以后。

2）shutdown 命令的使用练习。

假设让系统在 5 分钟后关机，操作方法如下：

```
[root@TianYi~]#shutdown -h +5
```

假设让系统晚上 6 点 12 分准时关机，操作方法如下：

```
[root@TianYi~]#shutdown -h 18:12
```

假设让系统马上关闭，操作方法如下：

```
[root@TianYi~]#shutdown -h now
```

STEP 02 使用 halt 命令停止系统。halt 命令是为了与 System V 系列系统兼容才保留的指令，它只能由 root 用户执行。

1）熟悉 halt 命令的语法及参数，具体语法格式如下：

```
halt [选项]
```

常用的选项-p 表示在关机时同时关闭电源。如果计算机不能自动切断电源，那么当看到 System halted 消息后，可以手动切断计算机的电源。

2）使用 halt 命令关机，操作方法如下：

```
[root@TianYi~]#halt
```

STEP 03 使用 init 命令关闭或重启系统。init 是所有进程的祖先，其进程号始终为 1。init 用于切换系统的运行级别，切换的工作是立即完成的。init 0 命令用于立即将系统运行级别切换为 0，即关机；init 6 命令用于将系统运行级别切换为 6，即重新启动。

利用 init 命令关闭 Linux 系统，操作方法如下：

```
[root@TianYi~]#init 0
```

STEP 04 使用 reboot 命令重启系统。reboot 命令用于重新启动系统，相当于 shutdown-r now。

若因系统原因需重启 Linux 系统，操作方法如下：

```
[root@TianYi~]#reboot
```

STEP 05 使用 poweroff 命令关闭系统。poweroff 命令比较简单，用于立即停止系统并关闭电源，相当于 shutdown-h now。

```
[root@TianYi~]#poweroff
```

3.5 项目拓展

3.5.1 知识拓展

1. 填空题

1）Linux 操作系统中的用户可分为________、________和________，其中用户名为 root 的用户是________，它的提示符为________；而提示符为“$”的用户属于________用户。

2）每个用户都有一个数值，称为 UID。在 RHEL 8.3 中，超级用户的 UID 为________，系统用户的 UID 一般为________，普通用户的 UID 为________。

3）在 Linux 操作系统中，第 2 个 SCSI 硬盘中的第 1 个主分区为________，第 2 个主分区为________。在/dev/sda 上的第 1 个逻辑分区为________。

4）在 Linux 操作系统中，添加用户可以使用________或________命令，用户添加完成后，需要使用________命令为用户添加登录密码才能登录系统。

5）如果需要在 Linux 操作系统中使用新的硬盘，就必须先使用________命令对新增的硬盘进行分区、再使用________命令创建文件系统，最后使用________命令挂载，才能存储程序和数据。

2. 选择题

1）Linux 操作系统中存放用户账户信息的文件是（　　）。

A. /etc/shadow　　B. /etc/passwd　　C. /etc/gshadow　　D. /etc/group

2）第 2 个 SCSI 磁盘的第 1 个逻辑分区的文件名是（　　）。

A. sdb1　　B. sdb5　　C. hdb1　　D. hdb5

3）挂载光盘到指定目录/media 通过（　　）命令可以实现。

A. mount /dev/cdrom /media　　B. umount /dev/cdrom /media

C. mount /meida /dev/cdrom　　D. umount /media /dev/cdrom

4）强制终止 PID 为 999 的 dhcpd 服务进程的命令是（　　）。

A. kill 999　　B. kill -9 999　　C. killall 999　　D. killall -9 999

5）在 RHEL 8.3 中提供的软件包管理工具是（　　）。

A. RMP　　B. RPM　　C. APT　　D. WGET

3. 简答题

1）简述如何在 RHEL 8.3 中配置本地 YUM 源？

2）请描述在 RHEL 8.3 中对进程进行监测和控制的具体方法。

3）说明 shutdown、init、halt、reboot 和 poweroff 等关机命令各有什么特点。

4）某/etc/fstab 文件中的命令行内容是：/dev/sdb2/mnt/dosdata msdos default usrquota 1 2；请解释其含义。

3.5.2　技能拓展

1. 课堂练习

添艺教育培训中心的服务器大多数是 Linux 操作系统，对于网络管理员来说，需要对系统进行维护与管理，这时免不了要在终端模式下使用命令来完成，请按要求完成课堂练习。

【课堂练习 3-1】在 Linux 终端模式下，完成用户和组的建立和删除，软件包的安装和升级等任务，反复练习，上交重要操作步骤的截图，熟练掌握操作命令的使用方法。

任务目标如下。

1）在系统中新建用户 student 和 yyy001，并将其口令均设置为 123456，再设置 student 用户的最短口令存活期为 7 天，最长口令存活期为 60 天，口令到期前 3 天提醒用户修改口令，设置完成后查看各属性值。

2）在系统中创建 mygroup 组群和 yyygroup 群组，将 mygroup 组的标识号改为 1018，组名改为 newgroup，将 student 用户加入 yyygroup 组，并指派 student 为管理员。

3）在系统中检查是否安装了软件包 bind；如果没有安装，则挂载 Linux 安装光盘，配置本地 YUM 源，安装 bind 软件包；安装完成后对 bind 软件包进行升级；最后卸载刚刚安装的 bind 软件包。

【课堂练习 3-2】参照“任务 3-3”新增 1 个 50GB 的磁盘，然后将新硬盘分出 1 个 5GB 的主分区、1 个 12GB 的扩展分区；再对分区进行格式化并创建为 xfs 和 ext4 文件系统；最后挂载，分区，并在挂载点测试数据存储情况，上交重要操作步骤的截图。

操作步骤如下。

1）在虚拟机中添加 1 个 50GB 的磁盘。

2）查看磁盘设备情况，记住新增加磁盘的设备名。

3）使用 fdisk 命令新建 1 个 5GB 的主分区、1 个 12GB 的扩展分区；再在扩展分区上建立逻辑分区。

4）使用 fdisk -l 命令查看新建的分区，确定分区的名称。

5）使用 mkfs -t 命令格式化分区，并创建成 xfs 和 ext4 文件系统。

6）创建挂载点并挂载分区，然后在挂载上新建文件夹和文件，测试数据存储情况。

【课堂练习 3-3】在 Linux 终端模式下，完成进程管理、对系统的各种信息进行显示和设置、清除屏幕、显示系统信息、对系统进行关机与重启等任务，反复练习，上交重要操作步骤的截图，熟练掌握操作命令的使用方法。

任务目标如下。

1）在系统中查看和控制进程；显示本用户的进程；显示所有用户的进程；在后台运行 vim 命令；查看进程 vim；终止进程 vim；再次查看进程 vim 是否被终止。用 top 命令动态显示当前的进程。

2）在系统中显示系统当前时间，并修改系统的当前时间；显示当前登录到系统的用户状态；显示内存的使用情况；显示系统的硬盘分区及使用状况；显示当前目录下各级子目录的硬盘占用情况。

3）在系统中清除屏幕上的信息；查看 useradd 命令的使用方法；创建 vim/etc/named

命令的别名；查看历史记录，并重复执行第 26 个历史命令。

4）在 Linux 终端模式下，利用 shutdown、init、halt、reboot 和 poweroff 等命令完成 Linux 的关机与重启操作。

2. 课后实践

【课后实践 3-1】请在“任务 3-1”～“任务 3-10”中选择不够熟悉的任务，进一步练习相关操作命令的使用方法。

【课后实践 3-2】根据课堂训练的内容和命令的执行结果，用表格的方式总结本项目中介绍的这些管理命令的名称、语法格式、主要参数（选项）、作用（功能）、操作示例、使用心得等。

3.6 项目总结

Linux 的许多操作都可以通过命令方式来完成。本项目首先介绍了 Linux 操作系统管理和设备文件的基本概念，再对用户管理配置文件进行了分析，然后着重训练了用户和组的建立与删除，软件包的安装与更新，存储设备的挂载与卸载，进程的查看与终止等操作技能，最后训练了对 Linux 操作系统的关机与重启操作等。

通过本项目的学习，学生应对 Linux 操作系统的管理有一个大致的了解，这对后续学习有很大的帮助。通过本项目的学习，你的收获怎样？请认真填写学习情况考核登记表（表 3-2）。

表 3-2 学习情况考核登记表

序号	知识与技能	重要性	自我评价					小组评价					教师评价				
			A	B	C	D	E	A	B	C	D	E	A	B	C	D	E
1	会进入终端模式	★★★															
2	会建立、删除用户与组	★★★★☆															
3	能进行软件包的安装、更新和删除	★★★★☆															
4	会进行磁盘分区、光驱和 U 盘的挂载与卸载	★★★★☆															
5	会查看系统的内存、磁盘、日期等相关信息	★★★															
6	会查看系统进程，会终止进程	★★★★☆															
7	会用多种方法关闭与重启系统	★★★☆															
8	能完成课堂训练	★★★☆															

注：评价等级分为 A、B、C、D 和 E 共 5 等。其中，对知识与技能掌握很好，能够熟练地完成用户和组的管理、软件包的管理，掌握存储设备的使用，能很好地完成进程的查看与终止操作为 A 等；掌握了 75%以上的内容，能较为顺利地完成任务为 B 等；掌握 60%以上的内容为 C 等；基本掌握为 D 等；大部分内容不够清楚为 E 等。

项目 4　Shell 脚本编程基础

Shell 是一个公用的具备特殊功能的程序。Linux 操作系统的 Shell 作为操作系统的外壳，为用户提供使用操作系统的接口，它是命令语言、命令解释程序及程序设计语言的统称。Shell 脚本语言是实现 Linux/UNIX 系统管理及自动化运维所必备的重要工具，Linux/UNIX 系统的底层及基础应用软件的核心大都涉及 Shell 脚本的内容。

本项目详细介绍 Shell 编程的一些基本知识、Shell 的种类、Shell 中的变量、变量表达式、Shell 的输入/输出以及 Shell 的基本语法结构。通过任务引导学生学习 Shell 编程的基本方法和技巧；训练学生具备简单的 Shell 编程、在 Shell 中使用参数进行编程、使用表达式进行编程、使用循环语句进行编程和使用条件语句进行编程的能力。

教学导航

知识目标	（1）了解 Shell 的基本概念、种类，Shell 中的变量 （2）了解 Shell 变量表达式 （3）了解 Shell 的输入/输出 （4）掌握 Shell 脚本的编写方法 （5）掌握 Shell 脚本的执行方法
技能目标	（1）熟悉 Shell 的基本语法结构 （2）能编写简单的 Shell 程序 （3）会在 Shell 程序中使用参数 （4）会使用表达式进行 Shell 编程 （5）会使用循环语句进行 Shell 编程 （6）会使用条件语句进行 Shell 编程
素质目标	（1）培养认真细致的工作态度和工作作风 （2）培养逻辑思维能力和逻辑推理能力，养成良好的分析问题、处理问题和解决问题的能力 （3）能与组员精诚合作，能正确面对他人的成功或失败 （4）培育求真务实、精益求精的工匠精神
重点、难点	（1）重点：Shell 程序中参数的使用、表达式的 Shell 编程 （2）难点：循环结构的 Shell 程序编程、条件语句的 Shell 编程
课时建议	（1）教学课时：理论学习 4 课时+教学示范 2 课时 （2）技能训练课时：课堂模拟 2 课时+课堂训练 2 课时

4.1　项 目 引 入

在添艺教育培训中心的网络改造项目中，曹捷对谢奇林和杨涛等技术人员的培训进展顺利。谢奇林和杨涛等技术人员学会了在 Linux 终端模式下使用命令对 Linux 的文件系统、磁盘、用户与群组、软件包和进程等进行维护与管理。但是，一位合格的 Linux 系统管理员或运维工程师，必须具备编写 Shell 脚本语言、阅读系统及软件附带 Shell 脚本内容的能力，只有这样才能提升工作效率，适应复杂的工作环境，减少不必要的重复工作。有什么好的方法能让添艺教育培训中心的技术人员尽快了解 Linux 的 Shell 脚本编程呢？

4.2 项 目 任 务

曹捷深入研究了 Shell 脚本编程在系统管理与运维工作中的地位和作用，并根据自己所学的知识及多年的工作经验，确定了培训谢奇林和杨涛等技术人员掌握 Shell 脚本编程的具体任务如下：

1）熟悉 Shell 的语法和特点。
2）掌握 Shell 中变量的分类与使用。
3）完成带参数的 Shell 程序的编写。
4）完成表达式比较的 Shell 程序的编写。
5）完成循环结构的 Shell 程序的编写。
6）完成条件结构的 Shell 程序的编写。

4.3 相 关 知 识

Shell 概述

4.3.1 Shell 概述

Shell 是一种具备特殊功能的程序，提供了用户与内核进行交互操作的接口。它接收用户输入的命令，并把它送入内核去执行。内核是 Linux 系统的心脏，从开机自检时就驻留在计算机的内存中，直到计算机关闭为止，而用户的应用程序存储在计算机的硬盘上，仅当需要时才被调入内存。Shell 是一种应用程序，当用户登录 Linux 系统时，Shell 就会被调入内存执行。Shell 独立于内核，它是连接内核和应用程序的桥梁，并由输入设备读取命令，再将其转为计算机可以理解的机械码，Linux 内核才能执行该命令，Shell 在 Linux 操作系统中的位置如图 4-1 所示。

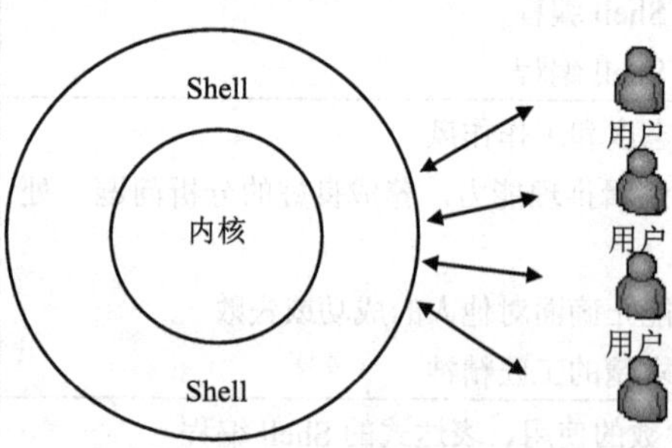

图 4-1 Shell 在 Linux 操作系统中的位置

有一些命令（如 cd 命令）是包含在 Shell 内部的。还有一些命令（如 cp 命令）是存在于文件系统中某个目录下的单独的程序。对于用户而言，不必关心命令是建立在 Shell 内部还是一个单独的程序。

Shell 接到用户输入的命令后首先检查命令是否是内部命令，若不是再检查是否是应用程序。当普通用户成功登录后，系统将执行一个被称为 Shell 的程序。正是 Shell 进程提供了命令行提示符。对普通用户用“$”做提示符，对超级用户（root）用“#”做提示符。一旦出现了 Shell 提示符，就可以输入命令名称及命令所需要的参数让 Shell 去执行这些命令。

4.3.2　Shell 的种类

Shell 作为 Linux 操作系统的外壳，为用户提供使用操作系统的接口。系统启动什么样的 Shell 程序取决于个人的用户 ID 配置。在/etc/passwd 文件中，在用户 ID 记录的第 7 个字段中列出了默认的 Shell 程序。并不是必须一直使用默认的交互 Shell，可以使用发行版中所有可用的 Shell，只需要输入对应的文件名就行了。目前主要的 Shell 版本如下。

1）Sh（Bourne Shell）：贝尔实验室开发。Bourne Shell 是 UNIX 最初始的 Shell，并且在每种 UNIX 上都可以使用。Bourne Shell 在 Shell 编程方面相当优秀，但在处理与用户的交互方面做得不如其他几种 Shell。

2）BASH：即 GNU 的 Bourne Again Shell，是 GNU 操作系统上默认的 Shell。BASH 与 Bourne Shell 完全兼容，并且在 Bourne Shell 的基础上增加了很多特性。可以提供命令补全、命令编辑和命令历史等功能。

3）Korn Shell：是对 Bourne Shell 的发展，在大部分内容上与 Bourne Shell 兼容。Korn Shell 集合了 C Shell 和 Bourne Shell 的优点，并且和 Bourne Shell 完全兼容。Linux 操作系统提供了 pdksh（ksh 的扩展），它支持任务控制，可以在命令行上挂起、后台执行、唤醒或终止程序。

4）C Shell：是 Sun 公司（现已被 Oracle 公司收购）Shell 的 BSD 版本。C Shell 是一种比 Bourne Shell 更适合编程的 Shell，它的语法与 C 语言相似。Linux 为喜欢使用 C Shell 的人员提供了 Tcsh。Tcsh 是 C Shell 的扩展版本。Tcsh 包括命令行编辑、可编程单词补全、拼写矫正、历史命令替换、作业控制和类似 C 语言的语法，它提供比 Bourne Shell 更多的提示符参数。

4.3.3　Shell 中的变量

Linux 中有很多变量，这些变量大致可以分为 3 种：环境变量、内部变量和用户变量。用户可以通过这些变量获得系统、环境的信息。Shell 编程语言中的变量没有类型（即不需要说明变量是数值型还是字符型）。

1. 环境变量

环境变量是系统环境的部分，如用户的登录子目录、使用的终端类型等，这些变量决定了用户工作的环境，它们不需要用户去定义，用户可以在 Shell 中使用它们，其中的某些变量还可以用 Shell 程序修改。常用的 Shell 环境变量如下。

➢ HOME：用于保存注册目录的完全路径名。
➢ PATH：用于保存用冒号分隔的目录路径名，Shell 将按 PATH 变量中给出的顺序搜索这些目录，找到的第一个与命令名称一致的可执行文件将被执行。
➢ TERM：终端的类型。
➢ UID：当前用户的识别字，取值是由数位构成的字串。
➢ PWD：当前工作目录的绝对路径名，该变量的取值随 cd 命令的使用而变化。

在脚本中，用户可以在环境变量名称之前加上美元符号（$）来使用这些环境变量。

【操作示例 4-1】使用 vim 编辑器编写 1 个使用环境变量$USER、$UID 和$HOME

的 Shell 脚本程序 test001.sh。

```
[root@TianYi~]#vim test001.sh
#!/bin/bash
# display user information from the system.
echo "User info for userid: $USER"
echo UID: $UID
echo HOME: $HOME
```

【操作示例 4-2】运行 test001.sh 脚本程序，观察$USER、$UID 和$HOME 等环境变量显示的登录用户的有关信息。

```
[root@TianYi~]# chmod u+x test001.sh
[root@TianYi~]# ./test001.sh
User info for userid: root
UID: 0
HOME: /root
```

2. 内部变量

内部变量是由系统提供的，用户不能修改它们。内部变量和环境变量类似，也是在 Shell 一开始时就定义了的变量。不同的是，用户只能根据 Shell 的定义使用这些变量，而不能重新定义它们。所有预定义变量都是由$符号和另一个符号组成的，常用的 Shell 预定义变量如下。

- $#：位置参数的数量。
- $*：所有位置参数的内容。
- $?：命令执行后返回的状态。
- $$：当前进程的进程号。
- $!：后台运行的最后一个进程号。
- $0：当前执行的进程名。

其中，$?用于检查上一个命令执行是否正确。（在 Linux 中，命令退出状态为 0 表示该命令正确执行，任何非 0 值表示命令出错。）

$$变量最常见的用途是暂存文件的名字以保证暂存文件不会重复。

3. 用户变量

用户变量是用户在编写 Shell 的过程中，在 Shell 程序内任意使用和修改的变量。这是用户根据自己的需要定义的，用户可以按照下面的语法规则定义自己的变量：

```
变量名=变量值
```

在定义变量时，变量名前不应加$符号，在引用变量的内容时则应在变量名前加$符号；在给变量赋值时，等号两边一定不能留空格，若变量中本身就包含了空格，则整个字串都要用双引号括起来。在编写 Shell 程序时，为了使变量名与命令名相区别，建议所有的变量名都用大写字母表示。

在说明一个变量并将它设置为一个特定值后就不再改变它的值时，可以用下面的命令来保证该变量的只读性：

```
readonly 变量名
```

export：输出当前各环境变量的值。在任何时候，创建的变量都只是当前 Shell 的局部变量，因此不能被 Shell 运行的其他命令或 Shell 程序所利用，而 export 命令可以将一个局部变量提供给 Shell 执行的其他命令使用，其格式如下：

```
export 变量名
```

也可以在给变量赋值的同时使用 export 命令：

```
export 变量名=变量值
```

使用 export 说明的变量，在 Shell 以后运行的所有命令或程序中都可以访问到。

4. 位置参数

位置参数是一种在调用 Shell 程序的命令行中按照各自的位置决定的变量，是在程序名之后输入的参数。位置参数之间用空格分隔，Shell 取第 1 个位置参数替换程序文件中的$1，取第二个参数替换$2，以此类推。$0 是一个特殊的变量，它的内容是当前这个 Shell 程序的文件名，因此，$0 不是一个位置参数，在显示当前所有的位置参数时是不包括$0 的。

5. 参数置换的变量

Shell 提供了参数置换功能，以便用户根据不同的条件为变量赋不同的值。参数置换的变量有 4 种，这些变量通常与某一个位置参数相联系，根据指定的位置参数是否已经设置来决定变量的取值，它们的语法和功能分别如下。

1）变量=${参数-word}：如果设置了参数，则用参数的值置换变量的值，否则用 word 置换。也就是说，这种变量的值等于某一个参数的值，如果该参数没有设置，则变量就等于 word 的值。

2）变量=${参数=word}：如果设置了参数，则用参数的值置换变量的值，否则把变量设置成 word，然后再用 word 替换参数的值。注意，位置参数不能使用这种方式，因为在 Shell 程序中不能为位置参数赋值。

3）变量=${参数?word}：如果设置了参数，则用参数的值置换变量的值，否则就显示 word 并从 Shell 中退出，如果省略了 word，则显示标准信息。这种变量要求一定等于某一个参数的值。如果该参数没有设置，就显示一个信息，然后退出，因此这种方式常用于出错指示。

4）变量=${参数+word}：如果设置了参数，则用 word 置换变量，否则不进行置换。

上述 4 种形式中的参数既可以是位置参数，也可以是另一个变量，只是用位置参数的情况比较多。

4.3.4 变量表达式

在编程中既然有变量，就有关于变量的表达式——比较（test）。在 Shell 程序中，通常使用表达式的比较来完成逻辑任务。表达式所代表的操作符有字符串操作符、数字比较操作符、逻辑运算符和文件测试操作符。

1. 字符串操作符

作用：测试字符串是否相等，长度是否为零，字符串是否为 NULL。

常用的字符串操作符如表 4-1 所示。

表 4-1　常用的字符串操作符

字符串操作符	含义及返回值
=	比较两个字符串是否相同，相同为“真”
!=	比较两个字符串是否不相同，不同为“真”
-n	比较两个字符串长度是否大于零，大于零为“真”
-z	比较两个字符串长度是否等于零，等于零为“真”

2．数字比较操作符

在 Bash Shell 中的关系运算有别于其他编程语言。用 test 语句比较的运算符如表 4-2 所示。

表 4-2　用 test 语句比较的运算符

运算符号	含义	运算符号	含义
-eq	相等	-ne	不等于
-ge	大于等于	-gt	大于
-le	小于等于	-lt	小于

3．逻辑运算符

在 Shell 程序设计中的逻辑运算符如表 4-3 所示。

表 4-3　Shell 程序设计中的逻辑运算符

运算符号	含义
!	反：与一个逻辑值相反的逻辑值
-a	与（and）：两个逻辑值为“是”，返回值为“是”，否则为“否”
-o	或（or）：两个逻辑值有一个为“是”，返回值就是“是”

4．文件测试操作符

文件测试操作表达式通常是为了测试文件的信息，一般由脚本决定文件是否应该备份、复制或删除。由于 test 关于文件的操作符有很多，在表 4-4 中只列举一些常用的操作符。

表 4-4　文件测试操作符

运算符号	含义	运算符号	含义
-d	对象存在且为目录，返回值为“是”	-s	对象存在且长度非零，返回值为“是”
-f	对象存在且为文件，返回值为“是”	-w	对象存在且可写，返回值为“是”
-L	对象存在且为符号连接，返回值为“是”	-x	对象存在且可执行，返回值为“是”
-r	对象存在且可读，返回值为“是”		

4.3.5 Shell 的输入/输出

在 Shell 脚本中，可以用几种不同的方式读入数据：可以使用标准输入，默认为键盘，或者指定一个文件作为输入。对于输出也是一样：如果不指定某个文件作为输出，标准输出总是和终端屏幕相关联。如果所使用的命令出现了错误，错误信息也会默认输出到屏幕上，如果不想把这些信息输出到屏幕上，也可以把这些信息指定到一个文件中。

1. echo

使用 echo 命令可以显示文本行或变量，或者把字符串输入到文件。它的一般形式如下：

```
echo string
```

echo 命令有很多功能，其中最常用的是下面 3 个。

- \c：不换行。
- \t：跳格。
- \n：换行。

【操作示例 4-3】 希望提示符出现在输出的字符串之后，可以执行如下语句：

```
[root@TianYi~]# echo -e "What is your name? \c"
```

上面的命令执行后将出现如下提示：

```
What is your name? [root@TianYi~]#
What is your name? [root@TianYi~]# read name
CaoJie                                      #在光标后输入姓名
[root@TianYi~]# echo $name                  #在屏幕上显示变量 name 的内容
CaoJie
```

【操作示例 4-4】 如果想在输出字符之后，让光标移到下一行，可以执行如下语句：

```
[root@TianYi~]# echo "The red pen ran out of ink"
The red pen ran out of ink
```

2. read

可以使用 read 命令从键盘或文件的某一行文本中读入信息，并将其赋给一个变量。如果只指定了一个变量，那么 read 将会把所有的输入赋给该变量，直至遇到第一个文件结束符或按回车键，它的一般形式如下：

```
read varible1 varible2 ……
```

【操作示例 4-5】 指定一个变量，将它赋予相应的值，直至按回车键才结束内容的接收。

```
[root@TianYi~]#read name
Hello I am super man!                  #在键盘上输入 Hello I am super man!
[root@TianYi~]#echo $name              #在屏幕上显示变量 name 的内容
Hello I am super man!
```

【操作示例 4-6】 给出两个变量，它们分别被赋予名字和姓氏，用空格作为变量之间的分隔符。

```
[root@TianYi~]#read  name surname      #读取两个变量
John Doe                               #在键盘上输入两个变量
```

```
[root@TianYi~]#echo $name $surname#在屏幕上显示变量name和surname的内容
John Doe
```

3. cat

cat 是一个简单而通用的命令，可以用来显示文件内容、创建文件，还可以用来显示控制字符。在使用 cat 命令时要注意，它不会在文件分页符处停下来，它会显示整个文件。如果希望每次显示一页，可以使用 more 命令或把 cat 命令的输出通过管道传递到另一个具有分页功能的命令中，具体操作如下：

```
[root@TianYi~]#cat /etc/virc|more
```

或

```
[root@TianYi~]#cat /etc/virc|pg
```

4. grep

可以通过 grep 命令把一个命令的输出传递给另一个命令作为输入。此时需要使用管道命令，管道命令用竖杠“|”表示。它的一般形式如下：

```
命令1 | 命令2
```

【操作示例 4-7】使用 ls 命令查看/etc 目录中的文件，通过管道命令将查找结果传递给 grep 命令，再由 grep 命令去搜索 passwd 文件。

```
[root@TianYi ~]# ls /etc|grep passwd        #其中“|”为管道命令
passwd
passwd-
```

使用 ls 命令查看文件列表时，如果不使用管道命令，所有文件都会显示出来。但当 Shell 碰到管道命令“|”时，会把 ls 命令的输出交给右边的 grep 命令，grep 就会从 ls 列出的信息中筛选出所需要的内容。

5. tee

tee 命令的作用可以用字母 T 来形象地表示。它把输出的一个副本输送到标准输出，将另一个副本复制到相应的文件中，它的一般形式如下：

```
tee -a files
```

其中，-a 表示追加到文件末尾。当执行某些命令或脚本时，如果希望把输出保存下来，tee 命令非常方便。

【操作示例 4-8】使用 who 命令，将结果输出到屏幕上，同时保存在 who.out 文件中。

```
[root@TianYi~]#who|tee who.out
root     tty2         2021-07-01 22:20 (tty2)
[root@TianYi~]#cat who.out
root     tty2         2021-07-01 22:20 (tty2)
```

6. 文件重定向

在 Shell 中执行命令时，每个进程都和 3 个打开的文件相关联，并使用文件描述符引用这些文件。由于文件描述符不容易记忆，Shell 同时也给出了相应的文件名。系统中有 12 个文件描述符，常用的是 0、1、2，分别代表标准输入（缺省是键盘）、输出（缺省是屏幕）和错误（缺省是屏幕）。在执行命令时，可以通过重定向指定命令的标准输入、输出和错误。

- command > filename：把标准输出重定向到一个新文件中。
- command >> filename：把标准输出重定向到原有文件中或新文件中。
- command 1 > filename：把标准输出重定向到一个文件中。
- command > filename 2 > &1：把标准输出和标准错误一起重定向到一个文件中。
- command 2 > filename：把标准错误重定向到一个文件中。
- command 2 >> filename：把标准输出重定向到一个文件中（追加）。
- command >> filename 2 > &1：把标准输出和标准错误一起重定向到一个文件中。
- command << delimiter：从标准输入中读入，直至遇到 delimiter 分界符。
- command < &m：把文件描述符 m 作为标准输入。
- command > &m：把标准输出重定向到文件描述符 m 中。
- command 2 < &-：关闭标准输入。

【操作示例 4-9】先创建 myfile1 文件，然后将 myfile1 作为 sort 的输入。

```
[root@TianYi ~]# echo "123456">myfile1       #先创建myfile1文件
[root@TianYi ~]# sort<myfile1
123456
```

【操作示例 4-10】将 date 的输出转向到 myfile2 文件中，使用 cat 命令查看 myfile2。

```
[root@TianYi~]# date>myfile2
[root@TianYi ~]# cat myfile2
2024年 06月 02日 星期三 22:43:02 CST
```

【操作示例 4-11】将“ls -l”的输出追加到 myfile3 文件中。

```
[root@TianYi~]# ls -l>> myfile3
```

【操作示例 4-12】将 myprogram 错误输出改向到 err_file 文件。

```
[root@TianYi~]#  myprogram 2>err_file
```

4.4 项 目 实 施

4.4.1 体验 Shell 编程

Shell 程序有很多类似 C 语言和其他程序设计语言的特征，但是又没有程序语言那样复杂。Shell 程序是指放在一个文件中的一系列 Linux 命令和实用程序。

思政小贴士

在进行 Shell 编程时，一定要遵守编程规范，如在“任务 4-9”中，要弄清楚“'”是反引号还是单引号。在做任何事情时都需要发扬规范、专注、求真务实、精益求精的工匠精神。

任务 4-1

在 Linux 终端模式下，编写一个 Shell 脚本程序，要求提示用户从键盘输入姓名，再在屏幕显示“Hello，xxx!”。

完成任务的具体步骤如下。

STEP 01 打开 Shell。在 RHEL 8.3 的桌面单击“活动”链接，在弹出的图标中单击“终端”，打开 Shell 窗口。

STEP 02 利用 vim 编辑器编辑 test.sh 脚本。利用 vim 编辑器编辑脚本文件 test.sh，操作方法如下：

```
[root@TianYi~]# mkdir test
[root@TianYi~]# cd test
[root@TianYitest]# vim test.sh
```

在 test.sh 文件中输入以下内容，输入完成后保存退出。

```
#!/bin/sh
#To show hello to somebody
echo -n "Enter Your Name:"
read NAME
echo "Hello,$NAME!"
```

注意：Shell 脚本不是复杂的程序，它是按行解释的。通常脚本第 1 行都以“#!/bin/sh”开头，它通知系统以下的 Shell 程序使用系统上的 Bourne Shell 来解释。第 2 行“#”后面为注释。

STEP 03 给脚本文件 test.sh 添加执行权限。在脚本编写完成后需要给脚本添加执行权限，操作方法如下：

```
[root@TianYi test]#chmod +x  test.sh
```

STEP 04 把/bin 添加到整个环境变量中。为了在任何目录都可以编译和执行 Shell 所编写的程序，最好把/bin 目录添加到整个环境变量中。

```
[root@TianYi test]#export PATH=/bin:$PATH
```

STEP 05 运行 test.sh 脚本文件。运行 test.sh 脚本，输入姓名，检查输出结果，如图 4-2 所示。

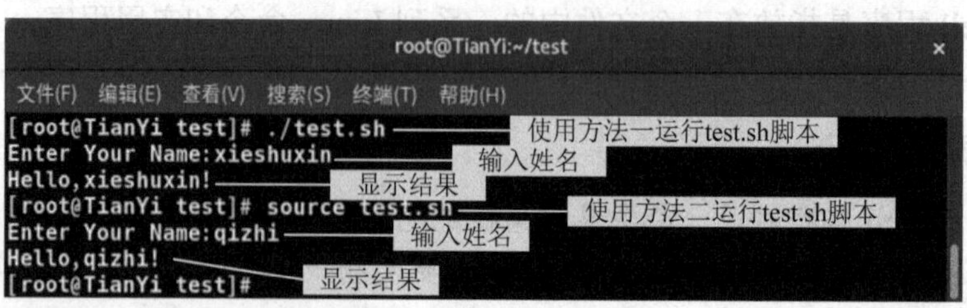

图 4-2 执行 test.sh 脚本

4.4.2 在 Shell 程序中使用的参数

如同 ls 命令可以接受目录等作为它的参数一样，在 Shell 编程时同样可以使用参数。Shell 程序中的参数分为位置参数和内部参数等。

1. 位置参数的使用

由系统提供的参数称为位置参数。位置参数的值可以用$N 得到，N 是一个数字，如果为 1，即$1。类似 C 语言中的数组，Linux 会把输入的命令字符串分段并给每段标号，标号从 0 开始。第 0 号为程序名字，从 1 开始就表示传递给程序的参数。如$0 表示程序的名字，$1 表示传递给程序的第 1 个参数，以此类推。

任务 4-2

在 Linux 终端模式下，编写一个 Shell 脚本程序，用于描述 Shell 程序中的位置参数$0、$#、$?和$*，程序名为 test1.sh。

完成任务的具体步骤如下。

STEP 01 打开 Shell。在 RHEL 8.3 的桌面单击“活动”链接，在弹出的图标中单击“终端”，打开 Shell 窗口。

STEP 02 编辑并执行 test1.sh 脚本。

1）利用 vim 编辑器编辑脚本文件 test1.sh，操作方法如下：

```
[root@TianYi test]#vim test1.sh
```

2）在 test1.sh 文件的编辑窗口输入 i，进入编辑模式，然后输入以下内容：

```
#! /bin/sh
echo "Program name is $0";
echo "There are totally $# parameters passed to this program";
echo "The last is $?";
echo "The parameter are $*";
```

3）输入完成后，再给脚本添加执行权限，操作方法如下：

```
[root@TianYi test]#chmod +x  test1.sh
```

4）执行 test1.sh 脚本并传递 5 个参数，执行后的结果如下：

```
[root@ TianYi test]#./test1.sh this is a test program//传递 5 个参数
Program name is /bin/test1                     //给出程序的完整路径和名字
There are totally 5 parameters passed to this program   //参数的总数
The last is 0                                  //程序执行效果
The parameters are this is a test program      //返回由参数组成的字符串
```

2. 内部参数的使用

任务 4-3

在 Linux 终端模式下，利用内部变量和位置参数编写一个名为 test2.sh 的简单删除文件的 Shell 脚本程序，如果删除的文件为 abc，则在终端中执行 Shell 脚本时输入的命令为./test2.sh abc。

完成任务的具体步骤如下。

STEP 01 打开 Shell。在 RHEL 8.3 的桌面单击“活动”链接，在弹出的图标中单击“终端”，打开 Shell 窗口。

STEP 02 编辑并执行 test2.sh 脚本。

1）利用 vim 编辑器编辑脚本文件 test2.sh，操作方法如下：

```
[root@TianYi test]#vim test2.sh
```

2）在 test2.sh 文件中输入以下内容：

```
#! /bin/sh
#this program to compress a file to the dustbin
if test $# -eq 0
then
echo "Please specify a file!"
else
gzip $1                                   //先对文件进行压缩
mv $1.gz $HOME/dustbin                    //移动到回收站
echo "File $1 is deleted !"
fi
```

3）输入完成后保存退出，再给脚本添加执行权限，操作方法如下：

```
[root@TianYi test]#chmod +x  test2.sh
```

4）执行 test2.sh 脚本，执行后的结果如下：

```
[root@TianYi test]# echo "1234">abc //先在 test 目录下建立 abc 文件
[root@TianYi test]# ./test2.sh abc  //执行 test2.sh 脚本，压缩、删除 abc
File abc is deleted !               //提示删除完成
```

用户可以到/root/test 目录中去查看 abc 文件是否存在。

4.4.3 表达式的比较使用

1. 字符串比较的使用

任务 4-4

在 Linux 终端模式下，编写一个 Shell 脚本程序 test3.sh，实现从键盘输入两个字符串，判断这两个字符串是否相等，如相等则输出。

完成任务的具体步骤如下。

STEP 01 打开 Shell。在 RHEL 8.3 的桌面单击“活动”链接，在弹出的图标中单击“终端”，打开 Shell 窗口。

STEP 02 编辑并执行 test3.sh 脚本。

1）利用 vim 编辑器编辑脚本文件 test3.sh，操作方法如下：

```
[root@TianYi test]#vim test3.sh
```

2）在 test3.sh 文件中输入以下内容：

```
#! /bin/sh
read ar1
```

```
read ar2
[ "$ar1" = "$ar2" ]
echo $? #?保存前一个命令的返回码
```

3）输入完成后保存退出，再给脚本添加执行权限，操作方法如下：

```
[root@TianYi test]#chmod +x  test3.sh
```

4）执行 test3.sh 脚本，执行后的结果如下：

```
[root@TianYi test]# ./test3.sh
aaa                                  //输入第 1 个字符串
bbb                                  //输入第 2 个字符串
1
```

2. 数字比较的使用

任务 4-5

在 Linux 终端模式下，编写一个 Shell 脚本程序 test4.sh，实现从键盘输入两个数，比较这两个数是否相等，并输出。

完成任务的具体步骤如下。

STEP 01 打开 Shell。在 RHEL 8.3 的桌面单击“活动”链接，在弹出的图标中单击“终端”，打开 Shell 窗口。

STEP 02 编辑并执行 test4.sh 脚本。

1）利用 vim 编辑器编辑脚本文件 test4.sh，操作方法如下：

```
[root@TianYi test]#vim test4.sh
```

2）在 test4.sh 文件中输入以下内容：

```
#! /bin/sh
echo "please input x y"
read x y
if test $x -eq $y
   then
     echo "$x=$y"
else
     echo "$x!=$y"
fi
```

3）输入完成后保存退出，再给脚本添加执行权限，操作方法如下：

```
[root@TianYi test]#chmod +x  test4.sh
```

4）执行 test4.sh 脚本，执行后的结果如下：

```
[root@TianYi test]# ./test4.sh
please input x y
110 112                              //输入两个不相同的数，中间用空格隔开
110!=112
[root@TianYi test]# ./test4.sh      //再次执行 test4.sh
please input x y
66 66                                //输入两个相同的数，中间用空格隔开
66=66
```

3. 逻辑操作的使用

任务 4-6

在 Linux 终端模式下，编写一个 Shell 脚本程序 test5.sh，实现分别给两个字符变量赋值，一个变量赋予一定的值，另一个变量为空，求两者的与、或操作并输出结果。

完成任务的具体步骤如下。

STEP 01 打开 Shell。在 RHEL 8.3 的桌面单击“活动”链接，在弹出的图标中单击“终端”，打开 Shell 窗口。

STEP 02 编辑并执行 test5.sh 脚本。

1）利用 vim 编辑器编辑脚本文件 test5.sh，操作方法如下：

```
[root@TianYi test]#vim test5.sh
```

2）在 test5.sh 文件中输入以下内容：

```
#!/bin/bash
part1="1111"
part2=""                            #part2 为空
[ "$part1" -a "$part2" ]            #注意左方括号后面和右方括号的前面有空格
echo $?                             #保存前一个命令的返回码
[ "$part1" -o "$part2" ]
echo $?
```

3）输入完成后保存退出，再给脚本添加执行权限，操作方法如下：

```
[root@TianYi test]#chmod u+x  test5.sh
```

4）执行 test5.sh 脚本，执行后的结果如下：

```
[root@TianYi test]# ./test5.sh
   1
   0
```

4. 文件操作的使用

任务 4-7

在 Linux 终端模式下，编写一个 Shell 脚本程序 test6.sh，实现输入一个字符串，如果是目录，则显示目录下的信息；如果为文件，则显示文件的内容，否则显示输入错误，执行并测试脚本。

完成任务的具体步骤如下。

STEP 01 打开 Shell。在 RHEL 8.3 的桌面单击“活动”链接，在弹出的图标中单击“终端”，打开 Shell 窗口。

STEP 02 编辑并执行 test6.sh 脚本。

1）利用 vim 编辑器编辑脚本文件 test6.sh，操作方法如下：

```
[root@TianYi test]#vim test6.sh
```

2）在 test5.sh 文件中输入以下内容：

```
#! /bin/bash
echo "Please enter the directory name or file name"
read DORF
if [ -d $DORF ]
  then
    ls $DORF
  elif [ -f $DORF ]
  then
    cat $DORF
else
    echo "input error! "
fi
```

3）输入完成后保存退出，再给脚本添加执行权限，操作方法如下：

```
[root@TianYi test]#chmod u+x  test6.sh
[root@TianYi test]#echo "this is file">abcd
```

4）执行 test6.sh 脚本，执行后的结果如下：

```
[root@TianYi test]# ./test6.sh
Please enter the directory name or file name
abcd                                       #输入 abcd（这里的 abcd 是先建好的文件）
this is file                               #显示当前文件夹中 abcd 文件的内容
```

4.4.4 循环结构语句的使用

有时会要求计算机重复执行某一条或同一组指令多次，可以根据需要把那些指令复制到程序中其他新的语句行上来达到这种目的，不过更好的方法是让计算机重复执行那些已有的指令，这个过程称为循环。Shell 中提供了几种执行循环的命令，比较常见的命令有 for、while、until 命令。

1. for 循环的使用

当知道循环执行的具体次数时，可以使用 for 循环。for 循环对一个变量的可能的值都执行一个命令序列。赋给变量的几个数值既可以在程序内以数值列表的形式提供，也可以在程序以外以位置参数的形式提供。for 循环的一般格式如下：

```
for  变量名   [in 数值列表]
do
    命令 1
    命令 2
    ……
done
```

变量名可以是用户选择的任何字符串，如果变量名是 var，则在 in 之后给出的数值将顺序替换循环命令列表中的$var。如果省略了 in，则变量 var 的取值将是位置参数。对变量的每一个可能的赋值都将执行 do 和 done 之间的命令列表。

任务 4-8

在 Linux 终端模式下，编写一个 Shell 脚本程序 test7.sh，先生成 test7.foo、test7new.foo 文件，然后将.foo 扩展名的文件批量改名为.bar 扩展名，修改完成后查看修改结果。

完成任务的具体步骤如下。

STEP 01 打开 Shell。在 RHEL 8.3 的桌面单击“活动”链接，在弹出的图标中单击“终端”，打开 Shell 窗口。

STEP 02 编辑并执行 test7.sh 脚本。

1）利用 vim 编辑器编辑脚本文件 test7.sh，操作方法如下：

```
[root@TianYi test]#vim test7.sh
```

2）在 test7.sh 文件中输入以下内容：

```
#! /bin/bash
echo "123456">test7.foo
echo "654321">test7new.foo
for f in *.foo;do
   base='basename $f.foo'    #特别提示，此处为倒引号（键盘左上角波浪号下方）
   mv $f $base.bar
done
ls -l test7*
```

3）输入完成后保存退出，再给脚本添加执行权限，操作方法如下：

```
[root@TianYi test]#chmod u+x  test7.sh
```

4）执行 test7.sh 脚本，执行后的结果如下：

```
[root@TianYi test]# ./test7.sh
-rw-r--r--. 1 root root   7 6月   2 23:51 test7.foo.foo.bar
-rw-r--r--. 1 root root   7 6月   2 23:51 test7new.foo.foo.bar
```

2. while 和 until 循环的使用

while 和 until 命令都是用命令的返回状态值来控制循环的。while 循环的一般格式如下：

```
while
  若干个命令行 1
do
  若干个命令行 2
done
```

只要 while 的“若干个命令行 1”中最后一个命令的返回状态为真，while 循环就继续执行 do…done 之间的“若干个命令行 2”。

until 命令是另一种循环结构，它和 while 命令相似，其格式如下：

```
until
  若干个命令行 1
do
  若干个命令行 2
done
```

until 循环和 while 循环的区别在于：while 循环在条件为真时继续执行循环，而 until 则是在条件为假时继续执行循环。

Shell 还提供了 true 和 false 两条命令用于创建无限循环结构，它们的返回状态分别是总为 0 或总为非 0。

任务 4-9

在 Linux 终端模式下，编写一个 Shell 脚本程序 test8.sh，实现利用 while 循环求 1～100 之和，并运行脚本进行验证。

完成任务的具体步骤如下。

STEP 01 打开 Shell。

在 RHEL 8.3 的桌面单击“活动”链接，在弹出的图标中单击“终端”，打开 Shell 窗口。

STEP 02 编辑并执行 test8.sh 脚本

1）利用 vim 编辑器编辑脚本文件 test8.sh，操作方法如下：

```
[root@TianYi test]#vim test8.sh
```

2）在 test8.sh 文件中输入以下内容：

```
#! /bin/bash
total=0
num=0
while((num<=100))
do
   total='expr $total + $num'          #特别提示，此处为单引号
   num='expr $num + 1'                 #同上
done
echo "The result is $total"
```

3）输入完成后保存退出，再给脚本添加执行权限，操作方法如下：

```
[root@TianYi test]#chmod u+x  test8.sh
```

4）执行 test8.sh 脚本，执行后的结果如下：

```
[root@TianYi test]# ./test8.sh
The result is 5050
```

4.4.5 条件结构语句的使用

1. if-then-else 语句的使用

当需要程序判断一个条件是真还是假时，可以使用 if 语句。if 语句告诉程序：“如果条件为真，则执行这些指令，否则跳过这些指令。”if 条件语句的一般格式如下：

```
if  条件 1
   then  命令列表 1
elif 条件 2
   then  命令列表 2
   ……
else
   命令列表 3
fi
```

if 的执行逻辑是这样的：当条件 1 成立时，则执行命令列表 1 并退出 if-then-else 控制结构；如果条件 2 成立，则执行命令列表 2 并退出 if-then-else 控制结构；否则，执行命令列表 3 并退出 if-then-else 控制结构。在同一个 if-then-else 结构中只能有一条 if 语句和一条 else 语句，elif 语句可以有多条。其中，if 语句是必需的，elif 和 else 语句是可选的。

注意： Linux 中 if 的结束标志是将 if 反过来写成 fi；而 elif 其实是 else if 的缩写，理论上 elif 可以有无限多个。

任务 4-10

在 Linux 终端模式下，编写一个 Shell 脚本程序 test9.sh，要求用户输入一个数字，如果该数字小于等于 5，则显示消息 "the number<=5"；如果该数字在 5～10 之间，则显示消息 "the number is between 5 and 10"；如果该数字大于等于 10，则显示消息 "the number >= 10"。

完成任务的具体步骤如下。

STEP 01 打开 Shell。在 RHEL 8.3 的桌面单击"活动"链接，在弹出的图标中单击"终端"，打开 Shell 窗口。

STEP 02 编辑并执行 test9.sh 脚本

1）利用 vim 编辑器编辑脚本文件 test9.sh，操作方法如下：

```
[root@TianYi test]#vim test9.sh
```

2）在 test9.sh 文件中输入以下内容：

```
#! /bin/bash
read -p 'Inpu a number: ' num
if [ $num -lt 5 ];then
  echo 'The number <=5'
elif [ $num -ge 5 -a $num -lt 10 ];then
  echo 'The number is between 5 and 10'
else
  echo 'The number >=10'
fi
```

3）输入完成后保存退出，再给脚本添加执行权限，操作方法如下：

```
[root@TianYi test]#chmod u+x  test9.sh
```

4）最后执行 test9.sh 脚本，执行后的结果如下：

```
[root@TianYi test]# ./test9.sh
Inpu a number: 4                                    #随意输入一个数，如：4
The number <=5
[root@TianYi test]# ./test9.sh                      #第 2 次执行 test9.sh
Inpu a number: 8                                    #随意输入一个数，如 8
The number is between 5 and 10
[root@TianYi test]# ./test9.sh                      #第 3 次执行 test9.sh
Inpu a number: 22                                   #随意输入一个数，如 22
The number >=10
```

2. case 语句的使用

假设要设计这样一个程序，对不同年龄的用户显示不同的信息。当然可以使用 if 语句来设计这样的程序，不过这会让人很难看懂。如果想获得同样的结果又不想太复杂，可以使用 case 语句。case…esac 根据变量的值来执行一组特定指令，常常用来替代 if 语句。

case 语句的功能是把 case 右边的值和半括号“)”左边的值比较。Shell 程序中的 case 语句的一般格式为如下：

```
case 表达式 in
值 1|值 2)
    操作;;
值 3|值 4)
    操作;;
值 5|值 6)
    操作;;
*)
    操作;;
esac
```

任务 4-11

在 Linux 终端模式下，编写一个 Shell 脚本程序 test10.sh，根据登录用户的不同，输出不同的反馈结果。

完成任务的具体步骤如下。

STEP 01　打开 Shell。在 RHEL 8.3 的桌面单击“活动”链接，在弹出的图标中单击“终端”，打开 Shell 窗口。

STEP 02　编辑并执行 test10.sh 脚本。

1）利用 vim 编辑器编辑脚本文件 test10.sh，操作方法如下：

```
[root@TianYi test]#vim test10.sh
```

2）在 test10.sh 文件中输入以下内容：

```
#!/bin/sh
case $USER in
beichen)
  echo "You are beichen!";;
liangnian)
  echo "You are liangnian";                 #注意这里只有一个分号
  echo "Welcome!";;                         #这里才是两个分号
root)
  echo "You are root!";echo "Welcome !";;   #将两条命令写在一行
*)
  echo "Who are you?$USER?";;
esac
```

3）输入完成后保存退出，再给脚本添加执行权限，操作方法如下：

```
[root@TianYi test]#chmod u+x  test10.sh
```

4）再执行 test10.sh 脚本，执行后的结果如下：

```
[root@TianYi test]# ./test10.sh
```

```
You are root!
Welcome !
```

4.5 项目拓展

4.5.1 知识拓展

1. 填空题

1）在 Linux 操作系统中，Shell 进程提供了命令行提示符。普通用户的命令行提示符是________，超级用户（root）的命令行提示符是________。

2）在 Linux 里有很多的变量，大致可分________、________和________共 3 种。

3）编写完 Shell 程序，在运行前一般需要赋予该脚本文件________权限。

4）若需要判断式，可使用________或________来处理。

5）比较常见的循环命令有________、________和 until，其中________循环命令配合 do、done 来完成所需任务。

6）在 Linux 操作系统中有 12 个文件描述符，常用的是 0、1、2，分别代表________、________和________。

7）重定向是 Linux 命令中用于控制输入和输出流向的重要功能，其中重定向符号“>”的作用是________。

2. 选择题

1）一个 Bash Shell 脚本的第 1 行是什么（　　）。

A. #!/bin/Bash　　B. #/bin/Bash　　C. #/bin/csh　　D. /bin/Bash

2）在 Shell 脚本中，用来读取文件内各个域的内容并将其赋值给 Shell 变量的命令是（　　）。

A. fold　　B. join　　C. tr　　D. read

3）下列变量名中有效的 Shell 变量名是（　　）。

A. -2-time　　B. _2$3　　C. trust_no_1　　D. 2004file

4）下列表达式的值为真的是（　　）。

A. 1 -eq 2　　B. 6 != 6　　C. 5 -ge 8　　D. 3 -gt 2

5）下面（　　）不属于 Bash Shell。

A. repeat 语句　　B. for 语句　　C. while 语句　　D. until 语句

6）下列（　　）操作符可用于比较两个字符串是否相等。

A. -eq　　B. -lt　　C. =　　D. -z

3. 简答题

1）简述 shell 的功能。

2）简述常见的 Shell 环境变量。

3）简述常用的字符串比较符号有哪些。

4）简述管道命令的作用。

4.5.2　技能拓展

1. 课堂练习

【课堂练习 4-1】 编写一个 Shell 脚本程序 mkf.sh，实现先以长格式方式显示 root 目录下的文件信息，然后建立一个文件夹 kk，再在此文件夹下建立一个文件 aa，接下来修改 aa 的权限为可执行。

需要在脚本中依次输入下列命令。

1）进入 root 目录：cd /root。

2）显示 root 目录下的文件信息：ls -l。

3）新建文件夹 kk：mkdir kk。

4）进入 root/kk 目录：cd kk。

5）新建一个文件 aa：touch aa。

6）修改 aa 文件的权限为可执行：chmod +x aa。

【课堂练习 4-2】 编写一个猜数字的 Shell 脚本程序，提示用户输入一个数，当输入的数字和预设数字（随机生成一个小于 100 的数字）相同时，直接退出，提示“恭喜你猜对了，你一共猜了多少次！”；否则，让用户一直猜，如果用户所猜的数字比预设数字小，就提示用户“对不起，你猜小了”，否则，提示用户“对不起，你猜大了”。

训练步骤如下。

STEP 01　打开 Shell。在 RHEL 8.3 的桌面单击“活动”链接，在弹出的图标中单击“终端”，打开 Shell 窗口。

STEP 02　利用 vim 编辑 yyy-test02.sh 脚本。利用 vim 编辑器编辑脚本文件 yyy-test02.sh，操作方法如下：

```
[root@TianYi~]# yyy-test01.sh
```

在 yyy-test02.sh 文件中输入以下参考脚本，输入完成后保存退出。

```
#!/bin/bash
a=$(expr $RANDOM % 100)
count=0
while :
do
        read -p "Please input one number:" num
        let count++
        echo $sum
        if [ $a -gt $num ];then
                echo "Sorry! You number is lower!"
        elif [ $a -lt $num ];then
                echo "Sorry! You number is higher!"
        else
                echo "Congratulations,you are right."
                echo "Total of times $count"
                exit
        fi
done
```

STEP 03　给脚本文件 yyy-test02.sh 添加执行权限。脚本编写完成后给脚本添加执行权限，操作方法如下：

```
[root@TianYi test]#chmod +x  yyy-test02.sh
```

STEP 04 运行 yyy-test02.sh 脚本文件。输入./yyy-test02.sh 运行脚本文件，接下来从键盘输入所猜的数，可以不停地猜。

```
[root@TianYi test]# ./test2.sh
```

2. 课后实践

【课后实践 4-1】编写一个 Shell 脚本程序 exam1.sh，程序执行时从键盘输入一个目录名，然后显示这个目录下所有文件的信息。

【课后实践 4-2】编写一个 Shell 脚本程序 exam2.sh，判断 zb 目录是否存在于/root 下。

【课后实践 4-3】编写一个菜单界面，显示如下：

1：显示当前目录下所有文件
2：显示当前目录下所有文件大小
3：使用 vim 编辑器
4：查看当前系统中登录的用户
q：退出菜单

【课后实践 4-4】编写一个 Shell 脚本程序，呈现一个菜单，有 0~5 共 6 个命令选项，1 为挂载 U 盘，2 为卸载 U 盘，3 为显示 U 盘的信息，4 为把硬盘中的文件复制到 U 盘，5 为把 U 盘中的文件复制到硬盘中，0 为退出。

4.6 项目总结

本项目讲解了 Linux 下 Shell 脚本的定义和相关 Shell 脚本编写的基础知识，这些基础知识是学习 Shell 脚本编程的关键。接着讲解了 Shell 脚本的执行方式和 Shell 脚本的常见流程控制，为进行 Shell 脚本编程奠定基础。

通过本项目的学习，学生应对 Linux 中的 Shell 编程有一个大致的了解，这对后续学习有很大的帮助，越往后学习越能体会到这一点。通过本项目的学习，你的收获怎样？请认真填写学习情况考核登记表（表 4-5），并及时予以反馈。

表 4-5 学习情况考核登记表

序号	知识与技能	重要性	自我评价					小组评价					教师评价				
			A	B	C	D	E	A	B	C	D	E	A	B	C	D	E
1	了解 Shell 的种类、变量和表达式等	★★★★															
2	熟悉 Shell 的运行方式	★★☆															
3	能进行简单的 Shell 编程	★★★☆															
4	会在 Shell 中使用参数进行编程	★★★★															
5	会使用表达式进行编程	★★★★															
6	能使用循环语句进行编程	★★★★☆															
7	能使用条件语句进行编程	★★★★★															
8	能完成课堂训练	★★★☆															

注：评价等级分为 A、B、C、D 和 E 共 5 等。其中，对知识与技能掌握很好，能够熟练地完成 Shell 脚本编程的各项操作，能够利用 vim 很好地完成文本编辑工作为 A 等；掌握了 75%以上的内容，能够较为顺利地完成任务为 B 等；掌握 60%以上的内容为 C 等；基本掌握为 D 等；大部分内容不够清楚为 E 等。

项目5　NFS服务器配置与管理

NFS（network file system，网络文件系统），是分布式计算系统的一个组成部分，可实现在异种网络上共享和装配远程文件系统，它是由 Sun 公司开发，并在 SunOS 中最早实现的。使用 NFS，就能够将远程系统中的文件系统安装到本机的文件系统中，透明地访问网络上远程主机上的文件系统，因此得到了大部分 Linux 操作系统的支持。

本项目详细介绍了 NFS 服务的基本概念、工作原理，以及 NFS 服务器的运行、架设、配置与管理的具体方法。通过任务引导学生检查并安装 NFS 软件包，分析 exports 核心配置文件，具体训练学生完成 NFS 服务器的配置与管理、NFS 服务简单故障的判断与处理。

教学导航

知识目标	（1）了解 NFS 的功能与作用 （2）了解 NFS 的工作原理 （3）了解 NFS 系统守护进程 （4）掌握 NFS 服务器的配置方法 （5）掌握 NFS 系统中关于用户 ID 映射的知识 （6）掌握 NFS 服务器的故障判断与处理的方法
技能目标	（1）能检查并安装 NFS 服务所需的软件包 （2）能启动和停止 NFS 服务 （3）能配置与管理 NFS 服务器 （4）能配置与管理 NFS 系统中用户 ID 映射 （5）能配置其他系统访问 NFS 服务器中的共享资源 （6）能解决 NFS 服务器配置中出现的问题
素质目标	（1）培养认真细致的工作态度和工作作风 （2）养成刻苦、勤奋、好问、独立思考和细心检查的学习习惯 （3）具有一定的自学能力，分析问题、解决问题能力和创新能力 （4）培养乐于奉献、乐于分享的意识
重点、难点	（1）重点：安装 NFS 所需软件包，编辑主配置文件 exports （2）难点：熟悉 exports 中的主要参数，解决配置中出现的问题
课时建议	（1）教学课时：理论学习 2 课时+教学示范 2 课时 （2）技能训练课时：课堂模拟 2 课时+课堂训练 2 课时

5.1　项 目 引 入

易联网络技术有限公司承接的添艺教育培训中心的网络改造工程中有一系列的网

络服务要求，这些服务大多数在原来的 Windows 网络操作系统中运行，在 Windows 网络操作系统构建的网络服务中曾使用共享文件夹实现资源共享。现在，系统已升级为 RHEL 8.3，在企业内部网络中的 Linux 用户希望有更快捷、更方便、更安全的资源共享服务，因为这样既可以提高工作效率，又能在一定程度上保证资源的安全性。为此，易联网络技术有限公司的曹捷需要在 Linux 操作系统中配置什么样的服务才能解决上述问题呢？

5.2 项 目 任 务

曹捷凭借所学的知识和技能，加上多年的现场工作经验，经过认真分析，认为最好的解决办法就是在 Linux 操作系统上配置 NFS 服务，以此解决添艺教育培训中心的 Linux 系统用户共享 Linux 操作系统上的资源的问题。为此，需要完成的具体任务如下。

1）配置网络工作环境：设置 NFS 服务器的静态 IP 地址、禁用 firewalld（或在防火墙中放行 NFS 服务）和 SELinux、测试局域网的网络状况等。

2）检查并安装 NFS 服务所需要的 nfs-utils 和 rpcbind 软件包。

3）在 NFS 服务器中建立共享目录，设置共享目录的权限。

4）编辑主配置文件 exports，在主配置文件中设置共享目录的访问权限。

5）加载配置文件或重新启动 NFS 服务，使配置生效。

6）在 Linux 客户端测试 NFS 的配置结果。

5.3 相 关 知 识

5.3.1 NFS 概述

NFS 是由 Sun 公司于 1984 年开发出来的，其目的就是让不同的计算机之间和不同的操作系统之间可以彼此共享文件。由于 NFS 使用起来非常方便，因此很快得到了大多数 Linux 操作系统的支持，而且还被 IETE（国际互联网过程组）制定为 RFC1904、RFC1813 和 RFC3010 标准。

NFS 概述

NFS 文件服务器是 Linux 最常见的网络服务之一，尽管它规则简单，却有着丰富的内涵。NFS 采用了客户端/服务器的工作模式，NFS 客户端用户的 PC 将网络远程的 NFS 主机分享的目录挂载到本地端的机器中，可以运行相应的程序，共享相应的文件，但不占用当前系统资源，因此，在本地端的机器看起来，远程主机的目录就好像是自己的一个磁盘，可以使用 cp、cd、mv、df 等与磁盘相关的命令。

NFS 具有以下优点。

1）被所有用户访问的数据可以存放在一台中央主机（NFS 服务器）上并共享出去，其他不同主机上的用户可以通过 NFS 服务访问中央主机上的共享资源。这样既可以提高资源的利用率，节省客户端本地硬盘的空间，也便于对资源进行集中管理。

2）客户访问远程主机上的文件和访问本地主机上的资源一样，是透明的。

3）远程主机上的文件的物理位置发生变化不会影响客户访问方式的变化。

4）可以为不同客户设置不同的访问权限。

5.3.2 NFS 的工作原理

NFS 本身不具备提供信息传输的协议和功能，但 NFS 却能通过网络进行资料的分享，这是因为 NFS 使用了一些其他传输协议。它必须借助于远程过程调用（remote procedure call，RPC）协议来实现数据的传输。

RPC 定义了一种进程间通过网络进行交互通信的机制，它允许客户端进程通过网络向远程服务器上的服务进程请求服务，而不需要了解底层通信协议的细节。因此，可以将 NFS 服务器看成是一个 RPC 服务器，将 NFS 客户端看成是一个 RPC 客户端，这样 NFS 服务器和 NFS 客户端之间就可以通过 RPC 协议进行数据传输。

NFS 客户端和 NFS 服务器的典型结构如图 5-1 所示。当客户主机上的应用程序访问远程文件时，客户主机内核向远程服务器发送一个请求，客户进程被阻塞，等待服务器应答；而服务器一直处于等待状态，如果接收到客户请求，就处理请求并将结果返回客户机。NFS 服务器上的目录如果可被远程用户访问，就称为“导出”（export）；客户主机访问服务器导出目录的过程称为“安装”（mount），有时也称为“挂接”或“导入”。

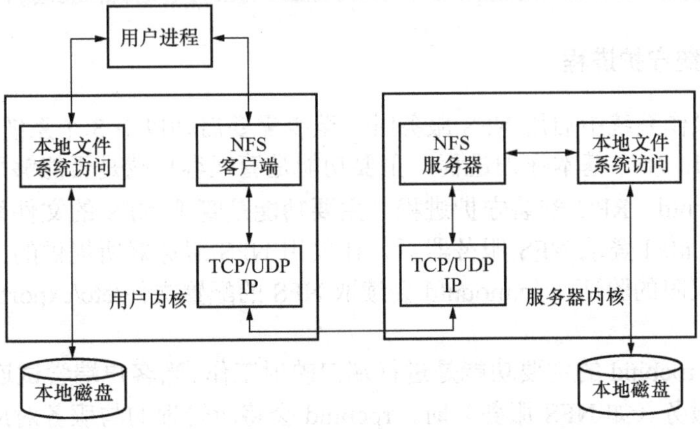

图 5-1 NFS 客户端和 NFS 服务器的典型结构

NFS 通过网络平台进行数据传输，依赖于特定的端口来实现。NFS 通常利用 RPC 协议来协调客户端的请求。

1. RPC 服务的定义

RPC 服务允许程序请求网络上另一个程序的服务，而无须了解底层网络协议的细节。对于 NFS，RPC 用于处理客户端发起的各种服务请求，如文件读写操作。

2. RPC 如何管理 NFS 端口

NFS 服务启动时会随机选择一些端口用于数据传输。这些端口号通常是临时分配的，并且小于 1024。RPC 服务负责跟踪这些端口的使用情况，确保客户端能够识别并连接到正确的端口。

3. NFS 与 RPC 的关系

NFS 在传输文件和信息时依赖 RPC 协议。NFS 本身不直接处理网络通信的细节，而是通过 RPC 协议来实现网络文件共享的功能。RPC 为 NFS 提供了一种机制，使得客户端可以发现并使用服务器上的文件系统，就像它们是本地的一样。可以这样理解，NFS 是一个基于 RPC 的服务，它利用 RPC 协议来实现网络文件共享。无论是作为服务器还是客户端，只要使用 NFS，就必须启动 RPC 服务。

通过这种方式，NFS 和 RPC 共同工作，提供了一个强大的网络文件共享解决方案。RPC 的固定端口号 111 用于监听客户端的请求，并将请求转发到 NFS 服务所占用的随机端口上，从而实现客户端与服务器之间的数据传输。

思政小贴士

NFS 能够通过网络让不同的机器、不同的操作系统实现文件的共享。网络资源共享可以给个人、企业、组织、国家带来很多好处。党和政府坚持以人民为中心的发展思想，强调人人参与、人人尽力、人人享有，让人民群众共享发展成果。我们要深入认识和理解共享发展理念，学会共享与分享。

5.3.3 NFS 系统守护进程

在 Linux 操作系统中启用 NFS 服务时，至少需要启动以下 3 个系统守护进程。

1）rpc.nfsd：NFS 基本守护进程，主要功能是管理客户端是否能够登录服务器。

2）rpc.mountd：RPC 安装守护进程，主要功能是管理 NFS 的文件系统。当客户端顺利地通过 rpc.nfsd 登录 NFS 服务器后，在使用 NFS 服务器所提供的文件前，还必须通过文件使用权限的验证，rpc.mountd 会读取 NFS 的配置文件/etc/exports 来对比客户端的权限。

3）rpcbind：rpcbind 的主要功能是进行端口映射工作。当客户端尝试连接并使用 RPC 服务器提供的服务（如 NFS 服务）时，rpcbind 会将所管理的与服务对应的端口号提供给客户端，从而使客户端可以通过该端口向服务器请求服务。

5.3.4 NFS 服务的软件包

在 Linux 服务器中构建 NFS 服务时所需要的软件包及其用途如下。

1）nfs-utils-2.3.3-35.el8.x86_64.rpm：NFS 服务的主程序包，它提供 rpc.nfsd 和 rpc.mountd 这两个 daemons（守护进程）以及相关的说明文件。

2）rpcbind-1.2.5-7.el8.x86_64.rpm：为 NFS 服务器提供 RPC 服务支持，记录服务的端口映射信息。

3）autofs-5.1.4-43.el8.x86_64.rpm：实现自动挂载器的功能。

5.4 项目实施

5.4.1 安装 NFS

目前，几乎所有的 Linux 发行版都默认安装了 NFS 服务，RHEL 也不例外。只要按照默认配置安装好 RHEL，NFS 服务就会被安装在系统上。由于启动 NFS 服务时需要 nfs-utils 和 rpcbind 两个软件包，因此在配置使用 NFS 之前，可使用 rpm 命令检查系统中是否已经安装了这两个软件包。

任务 5-1

在 Linux 系统中检查是否安装了 NFS 服务所需的软件包，若没有安装，则使用 Linux 安装盘进行安装，然后检查并了解系统中 NFS 服务相关软件包的版本。

完成任务的具体步骤如下。

STEP 01　检查软件包。使用 rpm -qa 命令检测系统是否安装了 NFS 服务所需的 nfs-utils 和 rpcbind 软件包，或查看已经安装的软件包的版本，操作方法如图 5-2 所示。

图 5-2　检查 NFS 软件包

图 5-2 所示的查看结果表明系统已经安装了 NFS 服务所需的 nfs-utils 和 rpcbind 软件包。如果系统没有安装 NFS 服务，也可以在系统安装过后单独安装，安装方法见 STEP 02。

STEP 02　安装 NFS 服务的相关软件包。将 RHEL 8.3 安装盘放入光驱，首先使用 mount 命令挂载光驱，再建立本地 YUM 源（参考“任务 3-6”），然后使用 yum -y install nfs-utils rpcbind 命令安装 NFS 服务所需的 nfs-utils 和 rpcbind 两个软件包，操作方法如图 5-3 所示。

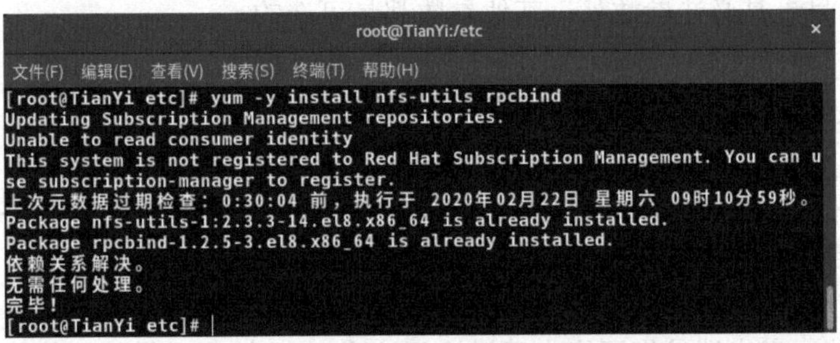

图 5-3　安装 NFS 软件包

STEP 03　检查确认。所有软件包安装完毕后，参考 STEP 01 同样使用 rpm -qa 命令进行查询。

5.4.2　熟悉相关文件

NFS 服务所需软件包安装好之后，有下面几个值得关注的设置文件。

1）/etc/exports：NFS 服务的主配置文件，用户可以把需要共享的文件系统直接编辑到/etc/exports 文件中，这样当 NFS 服务器重新启动时，系统就会自动读取/etc/exports 文件，从而告诉内核要输出的文件系统和相关的存取权限。

2）/usr/sbin/exportfs：这是维护 NFS 共享资源的命令，可以用其重新分享/etc/exports 变更的目录资源，并将 NFS Server 分享的目录卸载或重新分享。

3）/usr/sbin/showmount：showmount 命令主要用在客户端，可以用来查看 NFS 共享的目录资源。

4）/var/lib/nfs/*tab：在 NFS 服务器上的登录文件都会放到/var/lib/nfs/目录中。在该目录下有两个比较重要的登录文件：一个是 etab，主要记录 NFS 所分享的目录的完整权限设定值；另一个是 rmtab，记录曾经连接到此 NFS 主机的相关客户端数据，如果想查看哪些客户端曾经连接过 NFS 服务器，可以查看此文件。

5.4.3 分析配置文件 exports

在 exports 文件中，可以定义 NFS 系统的输出目录（即共享目录）、访问权限和允许访问的主机等参数。该文件默认为空，没有配置输出任何共享目录，这是基于安全性的考虑，这样即使系统启动 NFS 服务，也不会输出任何共享资源。

任务 5-2

在 NFS 服务器的 GNOME 窗口，利用 vim 编辑器打开/etc 目录中的 exports，可以看到该文件是空文件。那么文件中应该写些什么内容呢？请进行具体分析。

完成任务的具体步骤如下。

STEP 01 分析 exports 的格式。在 NFS 服务器的 exprots 文件中需要写入什么样的内容，才能保证 Linux 的客户端可以访问呢？在 exprots 文件中，每一行可以输入一个共享目录的设置，其命令格式如下：

```
<输出目录> [客户端 1（选项 1,选项 2,……）] [客户端 2（选项 1,选项 2,……）]
```

其中，除输出目录是必选参数外，其他参数都是可选的。

注意：格式中的输出目录和客户端之间、客户端与客户端之间都使用空格分隔，但是客户端和选项之间不能有空格。

1）输出目录。输出目录是指 NFS 系统中需要共享给客户端使用的目录，在设置输出目录时要使用绝对路径，输出目录必须先使用 mkdir 命令建立。

2）客户端。客户端是指网络中可以访问这个 NFS 输出目录的计算机。客户端的指定非常灵活，可以是单个主机的 IP 地址或域名，也可以是某个子网或域中的主机等。客户端常用的指定方式如表 5-1 所示。

表 5-1 客户端常用的指定方式

客户端	说明
192.168.1.18	使用 IP 地址指定单一主机
192.168.2.0/24（或 192.168.2.*）	使用 IP 地址指定子网中的所有主机

续表

客户端	说明
www.tianyi.com	使用域名指定单一主机，域名必须真实存在
*.tianyi.com	指定域中的所有主机
*	使用通配符“*”指定所有主机

3）选项。选项用来设置输出目录的访问权限、用户映射等。exports 文件中的选项比较多，一般可以分为以下 3 类。

① 访问权限选项。这是用于控制输出目录访问权限的选项，这类选项只有 ro 和 rw 两项，如表 5-2 所示。

表 5-2　访问权限选项

访问权限选项	说明
ro	Read Only，设置共享目录为只读
rw	Read and Write，设置共享目录为可读写

② 用户映射选项。在默认情况下，当客户端访问 NFS 服务器时，若远程访问的用户是 root 用户，则 NFS 服务器会将它映射成一个本地的匿名用户（该用户账户为 nfsnobody），并将它所属的用户组也映射成匿名用户组（该用户组账户也为 nfsnobody），这样有助于提高系统的安全性。用户映射选项可对此进行调整，如表 5-3 所示。

表 5-3　用户映射选项

客户端	说明
all_squash	这个选项对于公共访问的 NFS 来说非常有用，它会限制所有的 UID 和 GID，只使用匿名用户。默认设置是 no_all_squash
no_all_squash	将 root 用户及所属用户组都映射为匿名用户和用户组（默认设置）
root_squash	这个选项不允许 root 用户访问挂载上来的 NFS
no_root_squash	这个选项允许 root 用户访问挂载上来的 NFS
Anonuid=xxx	将远程访问的所有用户都映射为本地用户账户的 UID=XXX 的匿名用户
Anongid=xxx	将远程访问的所有用户组都映射为本地组的 GID=XXX 的匿名用户组

③ 其他选项。其他选项比较多，可用于对输出目录进行更全面的控制，如表 5-4 所示。

表 5-4　其他选项

客户端	说明
secure	限制客户端只能从小于 1024 的端口访问
insecure	允许客户端可以从大于 1024 的端口访问
sync	设置 NFS 服务器同步写磁盘，这样不会轻易丢失数据，建议使用该选项
async	将数据先保存在内存缓冲区中，必要时才写入磁盘
wdelay	检查是否有相关的写操作，如果有则将这些写操作一起执行（默认为此设置）
no_wdelay	检查是否有相关的写操作，如果有则立即执行，应与 sync 配合使用
subtree_check	如果输出目录是子目录，则 NFS 服务器将检查其父目录的权限（默认为此设置）
no_subtree_check	如果输出目录是子目录，NFS 服务器将不检查其父目录的权限

STEP 02 编写共享目录。exports 文件中每一行提供了一个共享目录的设置，同一个输出目录对于不同的主机可以有不同的设置选项，各主机设置间用空格分隔。

【操作示例 5-1】建立/home/nfsshare 目录为共享目录，设置只允许 192.168.2.0/24 网段的客户端进行读/写，而网络中的其他主机只能读取该目录的内容，此时需要在 exports 文件中添加如下内容：

```
[root@TianYi~]# mkdir /home/nfsshare
[root@TianYi~]# vim /etc/exports              #在 exports 中添加下面的内容
/home/nfsshare 192.168.2.0/24(sync,rw) *(ro)
```

【操作示例 5-2】新建/nfs/public 目录为共享目录，设置*.tianyi.com 域的所有客户都具有读/写权限，允许客户端从大于 1024 的端口访问，并将所有用户及所属用户组都映射为匿名账户 nfsnobody，数据同步写入磁盘，如果有写入操作立即执行。此时需要在 exports 文件中添加如下内容：

```
[root@TianYi~]# mkdir -p /nfs/public          #使用-p 参数建立多级目录
[root@TianYi~]# vi /etc/exports               #在 exports 中再添加下面的内容
/nfs/public *.tianyi.com(rw,insecure,all_squash,sync,no_wdelay)
```

【操作示例 5-3】假设在 RHEL 8.3 中有/home/xesuxn 和/nfs/test 两个目录需要共享，其中，/home/xesuxn 目录允许所有的客户端访问，但只能进行读取；而/nfs/test 目录则允许 192.168.1.0/24 和 192.168.2.0/24 的客户端访问，同时具有读/写权限。根据以上要求，需要在 exports 文件中再添加如下内容：

```
/home/xesuxn *(ro)
/nfs/test 192.168.1.0/24(rw) 192.168.2.0/24 (rw)
```

STEP 03 启动 nfs 相关服务。在安装完 nfs-utils 后，rpcbind 默认已经启动，此时可以使用 systemctl status rpcbind.service 命令查看服务状态[如果看到 active（running），表示已经运行]。如果没有运行则使用 systemctl start rpcbind 和 systemctl start nfs-server 命令启动，操作方法如下：

```
[root@TianYi~]# systemctl status rpcbind.service      #查看服务状态
[root@TianYi~]# which rpcbind                        #查看 rpcbind 命令
[root@TianYi~]# systemctl start rpcbind              #临时启动 rpcbind
[root@TianYi~]# systemctl start nfs-server           #临时启动 nfs-server
[root@TianYi~]# systemctl enable rpcbind             #设置开机启动 rpcbind
[root@TianYi~]# systemctl enable nfs-server #设置开机启动 nfs-server
```

STEP 04 测试共享目录。启动 rpcbind 和 NFS 服务后，接下来可以通过 showmount -e 命令查看 NFS 服务器上的输出目录，测试方法如图 5-4 所示。

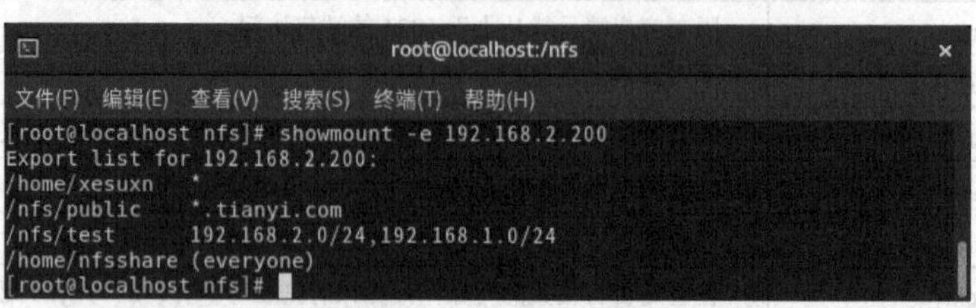

图 5-4 测试 NFS 服务器上的输出目录

5.4.4　启动与停止 NFS 服务

任务 5-3

NFS 网络服务配置完成后，先练习使用命令启动、停止和重启 NFS 服务，最后将 NFS 服务设为自动加载。

完成任务的具体步骤如下。

STEP 01　启动 NFS 服务。为了使 NFS 服务器能正常工作，需要启动 rpcbind 和 nfs-server 这两个服务，在安装完 nfs-utils 后，rpcbind 默认是启动的，如果没有启动则使用 systemctl start rpcbind 命令和 systemctl start nfs-server 命令启动，具体操作方法如下：

```
[root@TianYi~]# systemctl start rpcbind          #临时启动 rpcbind
[root@TianYi~]# systemctl start nfs-server       #临时启动 nfs-server
```

STEP 02　停止 NFS 服务。与启动 NFS 服务类似，使用 systemctl stop rpcbind 命令和 systemctl stop nfs-server 命令可以停止 NFS 服务。

```
[root@TianYi~]# systemctl stop rpcbind           #停止 rpcbind
[root@TianYi~]# systemctl stop nfs-server        #停止 nfs-server
```

STEP 03　重启 NFS 服务。对 NFS 服务器进行了相应配置后，如果需要让其生效，必须对 NFS 服务器进行重启，重启 NFS 服务的方法如下：

```
[root@TianYi~]# systemctl restart rpcbind        #重启 rpcbind
[root@TianYi~]# systemctl restart nfs-server     #重启 nfs-server
```

STEP 04　自动加载 NFS 服务。如果需要让 NFS 服务随系统启动自动加载，可以执行以下命令。

```
[root@TianYi~]# systemctl enable rpcbind       #设置开机启动 rpcbind
[root@TianYi~]# systemctl enable nfs-server    #设置开机启动 nfs-server
[root@TianYi~]# systemctl list-unit-files|grep nfs  #查看启动状态
```

STEP 05　检查 NFS 服务运行状态。执行启动命令后，用户可以通过命令查看 NFS 服务的运行状态，以确定 NFS 服务状态是否正常，此时可以使用 systemctl status rpcbind.service 命令查看服务状态[如果看到 active（running），表示已经运行]，操作方法及结果如图 5-5 所示。

图 5-5　查看 NFS 服务状态

STEP 06　使用 exportfs 命令导出目录。每当修改了/etc/exports 文件中的内容后，实际上并不需要重新启动 NFS 服务，直接使用 exportfs 命令就可以使设置立即生效。

exportfs 命令就是用来维护 NFS 服务的输出目录列表的，命令的基本格式如下：

```
exportfs [选项]
```

其参数选项有以下几个。

➢ -a：输出在/etc/exports 文件中所设置的所有目录。
➢ -r：重新读取/etc/exports 文件中的设置，并使设置立即生效，而不必重启 NFS 服务。
➢ -u：停止输出某一目录。
➢ -v：在输出目录时将目录显示到屏幕上。

1）重新输出共享目录。每当修改了/etc/exports 文件中的内容后，可使用 exportfs -arv 命令重新输出共享目录，该命令的使用如图 5-6 所示。

图 5-6 重新输出共享目录

2）停止输出所有共享目录。要停止输出当前主机中 NFS 服务器的所有共享目录，可以使用 exportfs -auv 命令，该命令的使用如图 5-7 所示。

图 5-7 停止输出所有共享目录

5.4.5 测试 NFS 服务

在 NFS 服务配置完成并正确启动之后，通常还要对其进行测试，以检查配置是否正确，以及能否正常工作，测试之前要关闭防火墙和 SELinux。

任务 5-4

在已经配置好的 NFS 服务器中，检查 NFS 服务的配置情况，确认能够看到 NFS 服务器上的输出目录。

完成任务的具体步骤如下。

STEP 01 检查输出目录所使用的选项。在配置文件/etc/exports 中，即使在命令行中只设置了一两个选项，但在真正输出目录时，实际上还带有很多默认的选项。

【操作示例 5-4】使用 cat 命令查看/var/lib/nfs/etab 文件，就可以了解到真正输出目录时都使用了哪些选项，查看结果如图 5-8 所示。

```
root@localhost:~
文件(F)  编辑(E)  查看(V)  搜索(S)  终端(T)  帮助(H)
[root@localhost ~]# cat /var/lib/nfs/etab
/nfs/test       192.168.1.0/24(rw,sync,wdelay,hide,nocrossmnt,secure,root_squash,no_all_squash,no_
subtree_check,secure_locks,acl,no_pnfs,anonuid=65534,anongid=65534,sec=sys,rw,secure,root_squash,n
o_all_squash)
/nfs/test       192.168.2.0/24(rw,sync,wdelay,hide,nocrossmnt,secure,root_squash,no_all_squash,no_
subtree_check,secure_locks,acl,no_pnfs,anonuid=65534,anongid=65534,sec=sys,rw,secure,root_squash,n
o_all_squash)
/home/nfsshare  192.168.2.0/24(rw,sync,wdelay,hide,nocrossmnt,secure,root_squash,no_all_squash,no_
subtree_check,secure_locks,acl,no_pnfs,anonuid=65534,anongid=65534,sec=sys,rw,secure,root_squash,n
o_all_squash)
/nfs/public     *.tianyi.com(rw,sync,no_wdelay,hide,nocrossmnt,insecure,root_squash,all_squash,no_
subtree_check,secure_locks,acl,no_pnfs,anonuid=65534,anongid=65534,sec=sys,rw,insecure,root_squash
,all_squash)
/home/xesuxn    *(ro,sync,wdelay,hide,nocrossmnt,secure,root_squash,no_all_squash,no_subtree_check
,secure_locks,acl,no_pnfs,anonuid=65534,anongid=65534,sec=sys,ro,secure,root_squash,no_all_squash)
/home/nfsshare  *(ro,sync,wdelay,hide,nocrossmnt,secure,root_squash,no_all_squash,no_subtree_check
,secure_locks,acl,no_pnfs,anonuid=65534,anongid=65534,sec=sys,ro,secure,root_squash,no_all_squash)
[root@localhost ~]#
```

图 5-8　检查输出目录所使用的选项

STEP 02　测试 NFS 服务器的输出目录状态。测试 NFS 服务器的输出目录状态需要使用 showmount 命令，showmount 命令的基本格式如下：

```
showmount  [选项]  NFS 服务器名称或 IP 地址
```

其常用的参数选项如下。

- -a：显示指定的 NFS 服务器的所有客户端主机及其所连接的目录。
- -d：显示指定的 NFS 服务器中已被客户端连接的所有输出目录。
- -e：显示指定的 NFS 服务器上所有输出的共享目录。

【操作示例 5-5】查看当前主机中 NFS 服务器上所有输出的共享目录。使用不带 NFS 服务器名称或地址参数的 showmount -e 命令，可以查看当前主机中 NFS 服务器上所有输出的共享目录，如图 5-9 所示。

```
root@localhost:~
文件(F)  编辑(E)  查看(V)  搜索(S)  终端(T)  帮助(H)
[root@localhost ~]# showmount -e
Export list for localhost.localdomain:
/home/xesuxn    *
/nfs/public     *.tianyi.com
/nfs/test       192.168.2.0/24,192.168.1.0/24
/home/nfsshare (everyone)
[root@localhost ~]#
```

图 5-9　查看 NFS 服务器所输出的共享目录

【操作示例 5-6】显示当前主机中 NFS 服务器上被挂载的所有输出目录。使用不带 NFS 服务器名称或地址参数的 showmount -d 命令，可以查看当前主机中 NFS 服务器上所有被挂载的输出目录，如图 5-10 所示。

```
root@www:~
文件(F)  编辑(E)  查看(V)  终端(T)  标签(B)  帮助(H)
[root@www ~]# showmount -d
Directories on www.tianyi.com:
*,*.tianyi.com
/nfs/public
[root@www ~]#
```

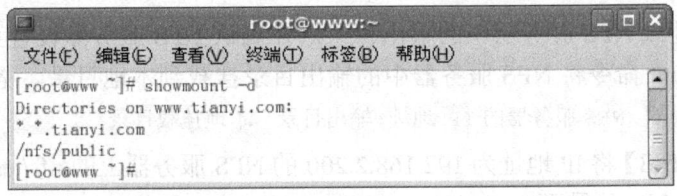

图 5-10　查看当前 NFS 服务器上被挂载的输出目录

对比图 5-9 和图 5-10 可知，虽然当前主机中的 NFS 服务器上有多个输出目录，但当前只有/nfs/public 目录被挂载。

5.4.6 配置 NFS 客户端

Linux 下的 NFS 客户端配置非常容易，当 NFS 服务器配置完成之后，在 NFS 客户端可以使用 showmount 命令查看 NFS 服务器上的输出目录，并使用 mount 命令进行挂载，也可以使用 umount 命令进行卸载，还能将 NFS 服务器上输出目录设置成开机自动挂载。

任务 5-5

在网络中的 Linux 客户机中，首先查看 NFS 服务器上的共享目录，然后使用 mount 命令和 umount 命令对共享目录进行挂载和卸载操作，最后设置成开机自动挂载。

完成任务的具体步骤如下。

STEP 01 在客户端配置 IP 地址。如果需要在 Linux 客户端访问 NFS 服务器上的资源，首先应确保 Linux 客户端能够访问 NFS 服务器，因此需要参考“任务 1-4”在客户机上配置好 IP（192.168.2.100）地址。

STEP 02 关闭防火墙、关闭 SELinux。

```
[root@localhost~]#systemctl stop firewalld
[root@localhost~]#setenforce 0                    //临时关闭 SELinux
```

STEP 03 安装 rpcbind 和 nfs-utils 软件包。在客户端也要安装 rpcbind 和 nfs-utils，才能访问 NFS 服务器，同时还要启动相应的服务，具体操作方法如下：

```
[root@localhost~]# yum install rpcbind nfs-utils -y #安装 NFS
[root@localhost~]# systemctl start rpcbind          #启动 rpcbind
[root@localhost~]# systemctl start nfs-server       #启动 nfs-server
```

STEP 04 查看 NFS 服务器中的输出目录。查看 NFS 服务器中的输出目录需要使用 showmount 命令。

【操作示例 5-7】显示 IP 地址为 192.168.2.200 的 NFS 服务器上的输出目录，其操作方法如下：

```
[root@localhost~]# showmount -e 192.168.2.200
Export list for 192.168.2.200:
/home/xesuxn   *
/nfs/public    *.tianyi.com
/nfs/test     192.168.2.0/24,192.168.1.0/24
/home/nfsshare (everyone)
[root@localhost~]#
```

STEP 05 挂载 NFS 服务器中的输出目录。在确认 NFS 服务器设置正确后，在客户端可以使用 mount 命令将 NFS 服务器中的输出目录挂载到本地目录。格式如下：

```
mount -t NFS 服务器的 IP 地址:输出目录  本地挂载目录
```

【操作示例 5-8】将 IP 地址为 192.168.2.200 的 NFS 服务器上的/nfs/test/输出目录挂载到本地的/mnt/public 目录下。

```
[root@localhost~]# mkdir /mnt/public
[root@localhost~]# mount -t nfs 192.168.2.200:/nfs/test /mnt/public
```

```
[root@localhost~]# cd /mmnt/public
[root@localhost~]# ll
```

NFS 服务器上的输出目录被挂载到客户端之后，客户端可以在本机使用 mount 命令查看该目录的挂载状态。

```
[root@localhost~]# mount|grep nfs
sunrpc on /var/lib/nfs/rpc_pipefs type rpc_pipefs (rw,relatime)
nfsd on /proc/fs/nfsd type nfsd (rw,relatime)
192.168.2.200:/nfs/test on /mnt/public type nfs4 (rw,relatime,vers=4.2,
rsize=262144,wsize=262144,namlen=255,hard,proto=tcp,timeo=600,retrans=2,
sec=sys,clientaddr=192.168.2.200,local_lock=none,addr=192.168.2.200)
```

STEP 06 卸载 NFS 服务器上的输出目录。在不需要使用 NFS 服务器上的输出目录时，可以使用 umount 命令将挂载目录卸载。命令格式如下：

```
umount 挂载点
```

【操作示例 5-9】 卸载挂载目录/mnt/public。

```
[root@localhost ~]#umount /mnt/public
```

STEP 07 配置自动连接 NFS 服务。要想让 NFS 客户端每次开机时自动连接 NFS 服务器上的指定输出目录，应该在/etc/fstab 文件中进行配置。在/etc/fstab 文件中添加语句的格式如下：

```
NFS 服务器主机名/IP 地址：输出目录  本地挂载目录  nfs  defaults  0  0
```

【操作示例 5-10】 设置 NFS 客户端每次开机自动连接 IP 地址为 192.168.2.200 的 NFS 服务器上的/nfs/public 输出目录，挂载目录为/mnt/public。要想实现该功能，可以在 NFS 客户端的/etc/fstab 文件中加入下面的语句：

```
192.168.2.200:/nfs/public  /mnt/public  nfs  defaults  0  0
```

保存后重新启动操作系统，即可完成自动挂载。

5.5 项 目 拓 展

5.5.1 知识拓展

1. 填空题

1）NFS 是 network file system 的简写，意思是________。

2）RHEL 6 以 NFSv 3 作为默认版本，NFSv3 使用________、________协议，默认是________；RHEL 7 和 RHEL 8 以 NFSv4 作为默认版本，NFSv4 使用________协议和 NFS 服务器建立连接。

3）启用 NFS 服务时，至少需要启动 3 个系统守护进程，分别是________、________和________。

4）在 exports 文件中，可以定义 NFS 系统的________、________和允许访问的主机等参数。

5）NFS 服务的主配置文件是________，默认情况下这个文件是________。

2. 选择题

1）在安装 NFS 服务时，所需的软件包是（　　）。

A．nfs-utils 和 rpcbind　　B．bind

C．exports　　D．dhcpd

2）下列哪个不是 NFS 服务所需的进程？（　　）

A. rpc.nfsd　　B. rpc.mountd　　C. rpcbind　　D. bind

3）在 NFS 客户端可以使用（　　）命令查看 NFS 服务器上的输出目录。

A. exports　　B. ls　　C. > showmount　　D. pwd

4）在 NFS 的配置文件中，输出目录和客户端之间、客户端和客户端之间都使用（　　）进行分隔。

A. 空格（“ ”）　　B. 逗号（“,”）　　C. 分号（“;”）　　D. 点“.”

3. 简答题

1）简述网络文件系统 NFS，并说明其作用。

2）简述 NFS 与 RPC 之间的关系。

3）简述 NFS 的守护进程及其作用。

4）简述配置 NFS 服务的具体步骤。

5.5.2 技能拓展

1. 课堂练习

为添艺教育培训中心架设一台 NFS 服务器（192.168.85.128），使之开放相关目录，并设置相应的访问权限。

具体要求如下：

1）开放/nfs/shared 目录，供所有用户查阅资料。

2）开放/nfs/upload 目录作为 192.168.85.0/24 网段的数据上传目录，并将所有用户及所属的用户组都映射为 nfs-upload，其 UID 与 GID 均为 210。

3）将/home/tom 目录仅共享给 192.168.85.129 这台主机，并且只有用户 tom 可以完全访问该目录。

2. 课后实践

【课后实践 5-1】架设一台 NFS 服务器，并按照以下要求配置输出目录：

1）将/nfs/files 目录导出给 192.168.0 网络中的所有主机。

2）将/nfs/test 目录导出给 192.168.0.120。

3）将/nfs/leader 目录指定给主机 192.168.0.125，并将对文件的读/写权限授权给 user id=210 且 group id=100 的用户。

4）设置/nfs/share 目录，对它只有只读权限并只能允许以匿名账户的身份访问。

5）在客户端进行连接，并测试 NFS 服务器上的共享资源。

【课后实践 5-2】架设一台 NFS 服务器，并按照以下要求配置输出目录：

1）设置共享目录为/nfs/public，可以供子网 192.168.1.0/24 中的所有客户端进行读/写操作，而其他网络中的客户端只能读取该目录中的内容。

2）设置共享目录/nfs/hnrpc 只供 IP 地址为 192.168.1.21 的客户端进行读/写操作。

3）对于共享目录/nfs/root，hnrpc.com 域中的所有客户端都具有只读权限，并且不将 root 用户映射到匿名用户。

4）对于共享目录/nfs/users 来说，hnrpc.com 域中的所有客户端都具有可读/写权限，并且将所有用户及所属的用户组都映射为 nfsnobody，数据同步写入磁盘，如果有写操作则立即执行。

5）对于共享目录/mnt/cdrom 来说，子网 192.168.1.0/24 中的所有客户端都具有只读权限。

6）在客户端进行连接，并测试 NFS 服务器上的共享资源。

5.6　项 目 总 结

本项目首先介绍了 NFS 服务的工作原理、工作流程和 NFS 相关软件包的安装方法，接着分析了 NFS 服务的主配置文件 exports，然后着重训练了 NFS 服务器的配置技能，最后训练了在客户端使用 NFS 访问的方法和解决 NFS 服务配置故障的能力。

NFS 是一种可以使不同的计算机之间通过网络进行文件共享的网络协议，一般用于 Linux 网络系统中。一台 NFS 服务器就如同一台文件服务器，只要将文件系统共享出来，NFS 客户端就可以将它挂载到本地系统中，从而可以像使用本地文件系统中的文件一样使用远程文件系统中的文件。通过本项目的学习，你的收获怎样？请认真填写学习情况考核登记表（表 5-5），并及时予以反馈。

表 5-5　学习情况考核登记表

序号	知识与技能	重要性	自我评价					小组评价					教师评价				
			A	B	C	D	E	A	B	C	D	E	A	B	C	D	E
1	会安装 NFS 服务	★★★															
2	会启动、停止 NFS 服务	★★★☆															
3	能分析 exports 文件中的主要参数	★★★★☆															
4	能测试 NFS 访问	★★★★															
5	能配置 NFS 服务器	★★★★★															
6	会处理 NFS 服务中的部分故障	★★★★															
7	会配置 NFS 客户端	★★★☆															
8	能完成课堂训练	★★★☆															

注：评价等级分为 A、B、C、D 和 E 共 5 等。其中，对知识与技能掌握很好，能够熟练地完成 NFS 服务器的配置与管理为 A 等；掌握了 75%以上的内容，能较为顺利地完成任务为 B 等；掌握 60%以上的内容为 C 等；基本掌握为 D 等；大部分内容不够清楚为 E 等。

项目6　Samba服务器配置与管理

Windows 用户一定非常熟悉在局域网中计算机与计算机之间可以实现资源共享，如果在局域网中有多种操作系统存在，如 Linux、UNIX、Windows 等，有什么方法可以让 Windows 共享 Linux 服务器上的文件和打印设备呢？此时，就需要在局域网的 Linux 服务器中架设 Samba 服务来实现。

本项目将详细地介绍 Samba 服务的工作原理和 Samba 服务器的架设方法，重点分析 Samba 服务的配置文件 smb.conf，并通过多个任务训练学生具备配置 Samba 服务器来实现文件和打印设备的共享、在客户端完成测试、解决 Samba 服务故障等方面的能力。

教学导航

知识目标	（1）了解 Samba 服务的功能和作用 （2）了解 Samba 服务的工作过程 （3）掌握 Samba 软件包的安装方法 （4）了解 Samba 配置文件的组成 （5）掌握 Samba 服务器配置方法 （6）掌握 Samba 服务客户端的配置与使用
技能目标	（1）会安装 Samba 软件包 （2）能分析 Samba 配置文件的组成 （3）会配置 Samba 服务器 （4）会配置 Samba 服务客户端 （5）能测试 Samba 服务的完成情况 （6）能解决配置中出现的问题
素质目标	（1）培养认真细致的工作态度和工作作风 （2）养成刻苦、勤奋、好问、独立思考和细心检查的学习习惯 （3）能与组员精诚合作，能正确看待他人的成功或失败 （4）树立民族自豪感，增强文化自信
重点、难点	（1）重点：安装 Samba 所需软件包，熟悉配置文件的组成 （2）难点：配置 Samba 中的相关参数，解决配置中出现的问题
课时建议	（1）教学课时：理论学习 2 课时+教学示范 2 课时 （2）技能训练课时：课堂模拟 2 课时+课堂训练 2 课时

6.1　项 目 引 入

曹捷用自己的智慧和汗水完成了添艺教育培训中心的服务器操作系统的安装和网络环境的设置，易联公司和添艺教育培训中心的领导对曹捷的辛劳工作非常满意。曹捷自己也非常有成就感，自己不仅更加熟练地掌握了服务器操作系统的安装和基本网络工作环境的配置，还为添艺教育培训中心培养了多名技术人员，真正将自己的知识和技能应用到了实际工作中。

这天，添艺教育培训中心与易联公司进行了一次深层次的交流，中心杨主任提出：在中心的局域网内，由于不同的部门工作的侧重点不同，中心大多数服务器需改用 Linux 操作系统，且中心大部分员工的计算机使用的是 Windows 操作系统，需要经常访问 Linux 服务器上的资源，有时候还需要共享 Linux 系统上的打印机。为此，添艺教育培训中心希望曹捷为中心解决这些问题。

6.2 项目任务

根据添艺教育培训中心提出的需求，曹捷进行了认真的分析，确定在添艺教育培训中心的 Linux 服务器中配置 Samba 服务，以解决添艺教育培训中心员工需要共享 Linux 服务器上的资源的问题。为此，需要完成的具体任务如下。

1）配置网络工作环境：设置 Samba 服务器的静态 IP 地址、禁用 firewalld（或在防火墙中放行 Samba 服务）和 SELinux、测试局域网的网络状况等。

2）安装 Samba 服务所需要的软件包。

3）在 Linux 服务器中建立共享文件夹，并设置相应的权限。

4）添加用户，把用户添加到 Samba 数据库。

5）编辑 Samba 服务的主配置文件 smb.conf，在文件中配置共享资源，并设置权限。

6）加载配置文件或重新启动 Samba 服务，使配置生效。

7）在 Windows 客户端测试 Samba 的配置结果。

6.3 相关知识

6.3.1 Samba 概述

Samba 是一套让 UNIX 系统能够应用 Microsoft 网络通信协议的软件。它使执行 UNIX 系统的机器能与执行 Windows 系统的计算机分享驱动器与打印机。Samba 属于 GPL 许可的软件，因此，可以合法且免费使用。

Samba 概述

SMB（server message block，服务器信息块）协议是微软和英特尔在 1987 年制定的协议，主要作为 Microsoft 网络的通信协议。Samba 将 SMB 协议搬到 UNIX 上来应用；Samba 的核心是 SMB 协议。SMB 协议是客户端/服务器型协议，客户端通过该协议可以访问服务器上的共享文件系统、打印机及其他资源。

Samba 的主要功能如下。

1）提供 Windows NT 风格的文件和打印机共享：Windows 系列操作系统可通过 Samba 共享 UNIX 等其他操作系统的资源，外表看起来和共享 NT 的资源没有区别。

2）解析 NetBIOS 名字 IP：在 Windows 网络中，为了能够利用网上资源，同时自己的资源也能被别人利用，各个主机都定期向网上广播自己的身份信息，负责收集这些信息的是其他主机；提供检索情报的服务器被称为浏览服务器；在跨越网关时，Samba 还可以作为 Windows 服务器使用。

3）提供 SMB 客户功能：利用 Samba 提供的 smbclient 程序，可以在 UNIX 中以类似 FTP 的方式访问 Windows 的资源。

4）备份 PC 上的资源：利用一个叫作 smbtar 的 Shell 脚本，可以使用 tar 格式备份和恢复一台远程 Windows 服务器上的共享文件。

5）提供一个命令行工具：在其上可以有限制地支持 NT 的某些管理功能。

思政小贴士

Samba 服务的特点是能够实现服务器跨平台应用，实现更大范围的网络联通。如同中国高铁驶向世界一样，实现了“一带一路”合作伙伴的互联互通。

6.3.2 Samba 服务工作流程

Samba 服务工作流程如图 6-1 所示，为了更好地理解流程中每一步的作用，下面进行详细的说明。

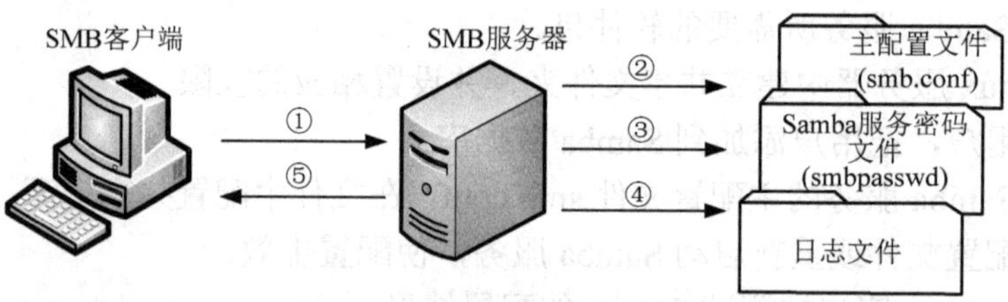

图 6-1 Samba 服务工作流程

1）客户端在网络中发出请求，请求访问 Samba 服务器上的共享目录。

2）服务器接收到请求后，会查询主配置文件 smb.conf，看是否有共享目录，如果有共享目录，再查看客户端是否有权限访问。

3）对客户端提交的用户名和密码与 smbpasswd 中存放的信息进行比较，如果相同，并且 Samba 服务器的安全设置允许，客户端与 Samba 服务器即可建立连接。

4）服务器会将本次访问信息记录在日志文件中。日志文件的名称和路径都是需要进行设置的。

5）如果客户端满足访问权限设置，则允许客户端进行访问。

6.3.3 Samba 服务的软件包

如果要在 Linux 服务器中配置 Samba 服务，就必须安装 Samba 服务所需的相关软件包，并了解相关软件包的用途。Samba 服务所需要的软件包以及它们的用途如下。

1）samba-4.12.3-12.el8.3.x86_64.rpm：服务端软件包，主要提供 Samba 服务器的守护程序、共享文档、日志的轮替、开机默认选项等。

2）samba-client-4.12.3-12.el8.3.x86_64.rpm：客户端软件包，主要提供 Linux 主机作为客户端时所需要的工具指令集。

3）samba-common-4.12.3-12.el8.3.noarch.rpm：通用软件包，该软件包中提供了

Samba 服务器的设置文件与设置文件语法检验程序 testparm。

4）samba-winbind-4.12.3-12.el8.3.x86_64.rpm：Windows 域映射所需软件包。

6.4　项目实施

6.4.1　安装 Samba 软件包

Samba 是 Linux 系统集成的一个工具，如果用户在安装 Linux 的过程中选择了 Samba，那么就会在安装 Linux 的同时安装 Samba。如果没有选择的话，可以到 Samba 官网下载安装，也可以在机器启动后将 Linux 安装光盘放进光驱进行安装。

任务 6-1

进入 Linux 终端窗口，先使用 rpm -qa 检查系统中是否安装了 Samba 服务所需的软件包。如果没有安装，则利用安装盘采用 YUM 方式完成 Samba 软件包的安装，最后检查并了解系统中 Samba 组件的版本号及相关组件。

完成任务的具体步骤如下。

STEP 01　检查 Samba 软件包。在配置 Samba 服务之前，需要使用 rpm -qa 命令检测系统中是否安装了 Samba 相关软件包，并查看 Samba 软件包的版本信息，操作方法如图 6-2 所示。

如果系统中没有安装 Samba 软件包，也就是没有图 6-2 中的 3 项（多出来的是因为依赖关系装上去的），此时就需要进入 STEP 02 安装 Samba 软件包。

图 6-2　检查 Samba 软件包

STEP 02　安装 Samba 软件包。将 RHEL 8.3 的安装光盘放入光驱，然后使用 mount 命令挂载光驱，接下来使用 yum -y install samba samba-client samba-common 命令或 dnf -y install samba samba-client samba-common 命令（YUM 的配置可参考“任务 3-6”）安装 Samba 软件包，操作方法如图 6-3 所示。

提示：在 Linux 中配置其他服务时所需软件包的安装方法与 Samba 软件包的安装方法相同，也需要先挂载光驱，然后配置本地 YUM 源，最后使用 yum -y install 或 dnf -y install 命令进行安装。因此，希望大家认真、仔细地完成本任务。

图 6-3 安装 Samba 软件包

STEP 03 检查安装结果。Samba 软件包安装完毕后，还要进行检查确认。可以使用 rpm -qa 命令或 whereis Samba 命令进行检查，也可以使用 testparm 命令测试 smb.conf 配置是否正确，还可以使用 testparm -v 命令详细列出 smb.conf 支持的配置参数，操作方法如图 6-4 所示。

图 6-4 检查确认 Samba 软件包

6.4.2 分析主配置文件 smb.conf

Samba 服务软件包安装成功后，Samba 服务器并不能马上工作，要进行一系列的配置才能提供资源共享服务。Samba 的主配置文件存放在/etc/samba 目录中，里面还存放着与 Samba 相关的其他配置文件，包括 smb.conf、smb.conf.example、lmhosts、smbpasswd 等。其中，smb.conf 是 Samba 的核心，绝大部分配置都是在这个文件中进行的，它包含许多不同的配置选项，接下来具体分析 Samba 的结构。

任务 6-2

在 Linux 的终端窗口，进入/etc/samba 目录，利用 vim 文本编辑器打开主配置文件 smb.conf，初步了解配置文件中的配置内容，然后对每一节的具体配置信息进行分析，并完成一些简单设置。

完成任务的具体步骤如下。

STEP 01 查看 smb.conf 文件内容。首先进入 smb.conf 所在目录（/etc/samba），使用 ll 命令查看目录下的文件，可以看到 Samba 的主配置文件 smb.conf，这个文件是一个精简以后的配置文件，可以直接使用它来配置 Samba 服务。

完整的配置文件是 smb.conf.example，因此需要将 smb.conf.example 复制为 smb.conf，

最后使用 vim 命令打开复制过来的 smb.conf 文件，操作方法如图 6-5 所示。

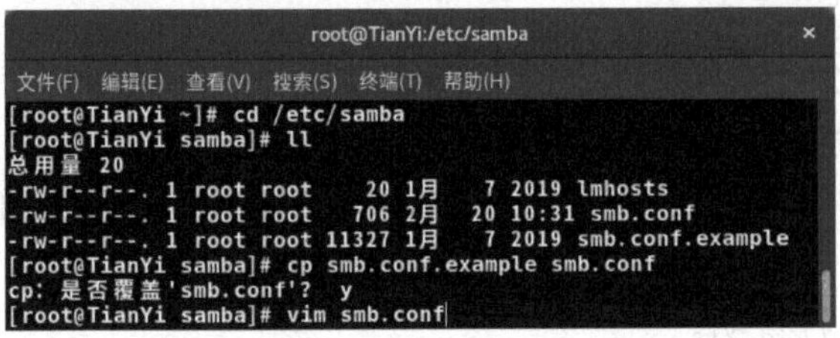

图 6-5　查看 smb.conf 文件

提示： 虽然 smb.conf.example 文件的内容很多，有 313 行，配置也较复杂，但不用担心，Samba 开发组按照功能的不同，对 smb.conf 文件进行了分段划分，条理非常清楚。而且在进行配置时也只需根据共享需求修改小部分关键参数即可，大部分内容均可采用默认值。

STEP 02　熟悉 smb.conf 的结构。完整的 smb.comf 文件包含多个部分，每个部分包含若干行，共 313 行。其中，以“;”开头的表示可以由用户进行修改和设置的部分；以“#”开头的则表示系统注释。如果用户不想看到注释行、空行，可以在 vim 中使用“g/^#/d”命令删除注释行，再使用“g/^$/d”删除所有空行。删除“#”号开头的行、“;”号开头的行及空行后的 smb.conf 文件就成了精简的文件，精简后的 smb.conf 结构如图 6-6 所示。

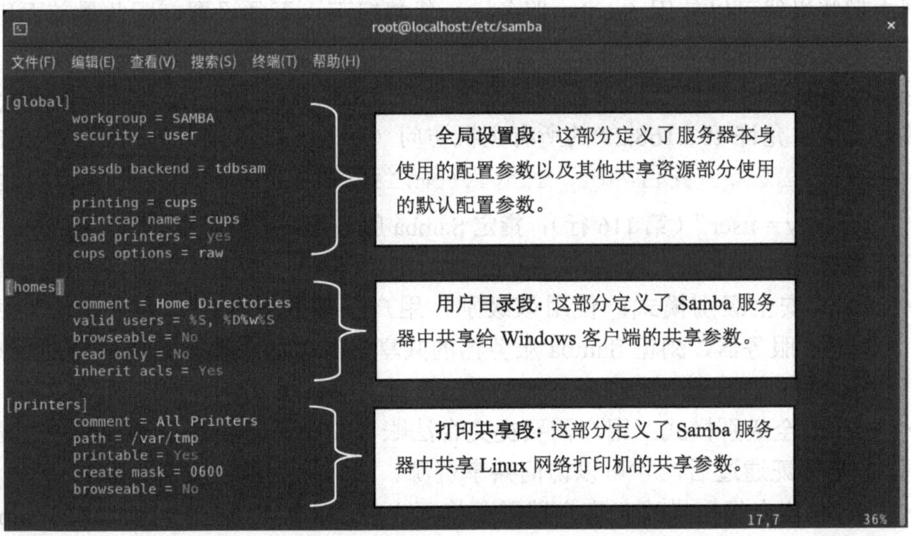

图 6-6　精简后的 smb.conf 结构图

Samba 配置文件是一个 ASCII 文本文件，文件被分成若干段，每一段用一对方括号“[ ]”表示开始，在每一段内用“名称 = 值”的格式设置参数，等号“ = ”两边有空格，每一行都以换行符作为结束符。

该文件主要包括全局设置段[global]、用户目录段[homes]和打印共享段[printers]等多个段，每一段包含若干个参数，在 smb.conf 文件中段名称、参数和值将忽略大小写，除非它和操作系统有关。下面对原始的 Samba 配置文件 smb.conf 的各段进行详细分析。

1．全局设置段[global]

[global]段（第 62 行）：该段描述了服务器在工作组和域中的角色，定义了默认的节参数值，设置了管理性文件的范围、位置和网络选项等。角色信息包括服务器的 NetBIOS 域名和所在工作组的组名，以及服务器是否用作 Windows 服务器、主浏览器或域控制器。如果需要的话，在某个段中为一个参数指定新值可以覆盖默认值。下面对一些主要参数的用途和设置方法进行说明。

1）“workgroup = MYGROUP”（第 84 行）：用来指定服务器在网络邻居所处的工作组。默认值为 MYGROUP，用户可以根据自己的喜好对工作组名称进行修改。

【操作示例 6-1】假设需要将 Samba 服务器的工作组设置为 Student，只需在主配置文件中将 MYGROUP 修改为 Student 即可，操作方法如下：

```
Workgroup = Student
```

2）“server string = Samba Server Version %v”（第 85 行）：此行设置 Samba 服务器的描述信息，用户在客户端通过网络邻居访问时，可以在备注中看到这个信息，方便用户访问时识别自己所登录的服务器是哪台服务器。

【操作示例 6-2】将 Samba 服务器的描述信息设置成 Student’s samba Server，操作方法如下：

```
server string = Student's samba Server
```

3）“; hosts allow = 127. 192.168.12. 192.168.13.”（第 90 行）：hosts allow 用来指定在局域网中哪些机器可以使用 Samba 服务。一般情况下，无须设置，因此最前面用“;”开始，表示将这句注释掉。

【操作示例 6-3】设置 Samba 服务器允许客户端 Client1 访问、允许域名为 tianyi.com 的域访问，同时允许 192.168.2.*的所有主机访问（192.168.2.4 除外），操作方法如下：

```
hosts allow = client1,tianyi.com,192.168.2. EXCEPT 192.168.2.4
```

4）“security = user”（第 116 行）：指定 Samba 服务器使用的安全等级。Samba 服务器的安全等级有 share、user、server、domain 和 ads 共 5 种，分别适合不同的用户需求。

- share 安全级别模式：使用该级别，用户不需要输入用户名和密码即可登录 Samba 服务器，浏览 Samba 服务器的共享资源。这个选项只能在早期版本中使用，在 RHEL 8.3 和 CentOS 8.3 中已不再支持该模式。
- user 安全级别模式：用户需要提交合法账号和密码才能登录 Samba 服务器，服务器验证通过后，才可以访问共享资源。该级别为默认安全级别。
- server 安全级别模式：客户端需要将用户名和密码提交到一台指定的 Samba 服务器上进行验证。如果验证出现错误，客户端会用 user 级别访问。
- domain 安全级别模式：如果 Samba 服务器加入 Windows 域环境中，验证工作由 Windows 域控制器负责。domain 级别的 Samba 服务器只是成为域的成员客户端，并不具备服务器的特性，Samba 早期版本使用此级别登录 Windows 域。
- ads 安全级别模式：当 Samba 服务器使用 ads 安全级别加入 Windows 域环境中时，其包含 domain 级别中的所有功能，并可以具备域控制器的功能。

【操作示例 6-4】将 Samba 服务的安全级别设置为 server 安全级，口令服务器为 SMB2,

另一个有效的密码文件为 smbpasswd_smb2，存放在/etc/samba 目录下，操作方法如下：

```
    Security = server
    Passwordserver = SMB2
    smb password file = /etc/samba/smbpassword_smb2
```

5）“smb passwd file = /etc/samba/smbpasswd”：用来定义 samba 用户的密码文件，自己添加，一般添加在第 117 行附近，如果没有 smbpasswd 文件，就要手工新建。

6）“passdb backend = tdbsam”（第 117 行）：passdb backend 就是用户后台的意思，目前有 smbpasswd、tdbsam 和 ldapsam 共 3 种后台。

- smbpasswd：该方式是使用 smb 自己的工具 smbpasswd 来给系统用户（真实用户或虚拟用户）设置一个 Samba 密码，客户端就用这个密码访问 Samba 的资源。smbpasswd 文件默认在/etc/samba 目录下，不过有时候要手动建立该文件。
- tdbsam：该方式则是使用一个数据库文件来建立用户数据库。数据库文件叫 passdb.tdb，默认在/etc/samba 目录下。passdb.tdb 用户数据库可以使用 smbpasswd -a 命令来建立 Samba 用户，不过要建立的 Samba 用户必须先是系统用户。此外，也可以使用 pdbedit 命令建立 Samba 账户。
- ldapsam：该方式则是基于 LDAP（lightweight directory access protocol，轻量目录访问协议）的账户管理方式来验证用户。首先要建立 LDAP 服务，然后设置“passdb backend = ldapsam:ldap://LDAP Server”。

7）“load printers = yes”（第 247 行）：告诉 Samba 服务器，允许浏览所有的打印机。

8）“printcap name = /etc/printcap”（第 250 行）：设置打印配置文件的存储路径。

9）“username map = /etc/samba/smbusers”：用来定义用户名映射，比如可以将 root 换成 administrator、admin 等，不过要事先在 smbusers 文件中定义好。

2. 用户目录段[homes]

Samba 服务器为每个 Samba 用户提供一个主目录，该目录通常只有用户本身可以访问。个人主目录默认情况下存放在/home 目录下，每个 Linux 用户都有一个独立的子目录。

用户个人主目录的相关设置可通过修改 smb.conf 文件中用户目录段[homes]中的参数来控制，这个段用来表示允许客户端连接的用户主目录。通过分解 homes 段，Samba 可以使用户主目录作为共享目录使用，用户也可以添加共享节（如[myshare]）。下面对这个段中一些基本参数的设置方法和用途进行说明。

1）“comment = 任意字符串”：comment 是对该共享资源的描述，可以是任意字符串。

2）“path = 共享目录路径”：path 用来指定共享目录的路径。可以用%u、%m 这样的宏来代替路径里的 UNIX 用户和客户端的 Netbios 名，用宏表示主要用于[homes]共享域，如 path = /home/share/%u。

3）“browseable = no/yes”：设置客户端是否可以浏览共享目录，建议不允许浏览。

4）“writables = yes/no”：设置客户端对共享目录是否有写入权限，此处建议使用默认值，即允许写入。

5）“valid users = 允许访问该共享的用户”：valid users 用来指定允许访问该共享资源的用户。例如：valid users = bobyuan，@bob，@tech，表示允许 bobyuan 用户、bob 组和 tech 组的用户访问。

6）“invalid users = 禁止访问该共享的用户”：与上面相反，用来指定不允许访问该共享资源的用户。

7）“public = yes/no 或 guest ok = yes/no”：用来指定该共享资源是否允许 guest 账户访问。

3. 打印共享段[printers]

[printers]段用于指定如何共享 Linux 网络打印机。从 Windows 操作系统访问 Linux 网络打印机时，共享应是 printcap 中指定的 Linux 打印机名，printable 指明该打印机可以打印，guest ok = no 说明来宾账户不能打印，path 指明打印的文件队列暂时放到/usr/spool/samba 目录下。printer driver 的作用是指明该打印机的类型，这样在安装网络打印机时可以直接自动安装驱动而不必选择。

提示：[printers]段在默认的 smb.conf 文件中已经做了最基本的设置，不加修改就可以应用，因此建议初学者不要随意改动。当然如果必要的话，可以参考注释语句进行一些尝试，而且在尝试之前最好做好备份。

6.4.3 配置匿名方式的 Samba 服务器

除了用户的主目录外，通常情况下还需要根据实际需要设置其他共享目录，为用户提供服务。此时要做的就是在 Share Definition 部分添加其他共享段，进行相关的设置。Share Definition 字段非常丰富，设置也很灵活。下面通过一个简单的任务进行讲解。

任务 6-3

在 Linux 的终端窗口，建立共享目录/home/share，配置允许匿名用户进行访问、但匿名用户对共享目录只具备读取权限的 Samba 服务。

完成任务的具体步骤如下。

STEP 01 配置 Samba 服务器的 IP 地址。为了保证 Samba 服务器能够正常工作，Samba 服务器必须配置静态 IP。这里假设 Samba 服务器的 IP 是 192.168.2.110，配置过程参考“任务 1-4”。

STEP 02 关闭防火墙和 SELinux。先使用 firewall-cmd –state 命令查看防火墙状态，如果是 running，表示防火墙处于开启状态，需要使用 systemctl stop firewalld 命令停止防火墙，再使用 systemctl disable firewalld 命令设置开机禁用防火墙，最后使用 setenforce 0 命令临时关闭 SELinux，如图 6-7 所示。

root@TianYi:/etc/samba
文件(F) 编辑(E) 查看(V) 搜索(S) 终端(T) 帮助(H)
[root@TianYi samba]# firewall-cmd --state
running
[root@TianYi samba]# systemctl stop firewalld.service
[root@TianYi samba]# systemctl disable firewalld.service
Removed /etc/systemd/system/multi-user.target.wants/firewalld.service.
Removed /etc/systemd/system/dbus-org.fedoraproject.FirewallD1.service.
[root@TianYi samba]# setenforce 0
[root@TianYi samba]#

图 6-7 关闭防火墙和 SELinux

STEP 03 建立共享目录 share。使用 mkdir /home/share 在/home 目录下建立子目录 share 以供共享，同时在 share 目录中新建 1 个 xsx 的文件夹和 1 个 abc.txt 的文件，操作方法如图 6-8 所示。

图 6-8 建立共享目录

STEP 04 配置 smb.conf 文件。使用 vim 打开 smb.conf，在 smb.conf 文件中先修改[global]节，再在 Share Definition 部分添加[share]共享节。

1）修改[global]节，可以在[global]节修改 workgroup 和 server string 等，但必须添加 map to guest = Bad User 以此保证匿名用户可以访问，具体配置方法如图 6-9 所示。

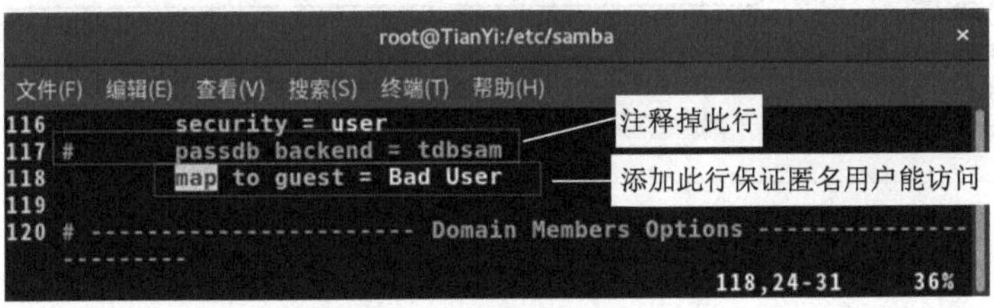

图 6-9 修改[global]节

2）添加[share]共享节，在[share]共享节中添加共享设置，包括对共享资源的描述 comment、指定共享目录 path、设置访问权限等（在共享节可以设置更多的共享参数，如 writable、browseable，可以参考前面的主配置文件分析），具体配置方法如图 6-10 所示。

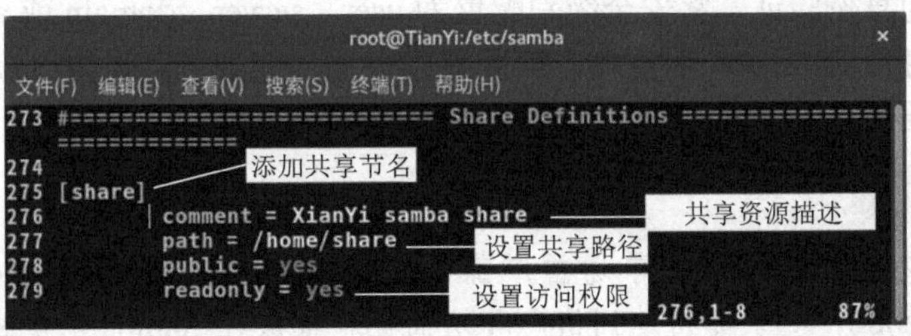

图 6-10 配置[share]节

STEP 05 启动 Samba 服务。使用 systemctl status smb.serverice 命令检测 smb 是否开启，如果没有开启，使用 systemctl start smb 命令开启，如果需要开机自动启动，需要运行 systemctl enable smb 命令和 systemctl enable nmb 命令，具体操作方法如图 6-11 所示。

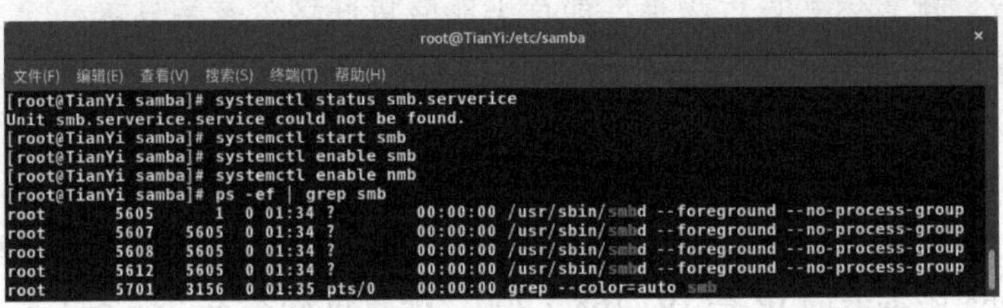

图 6-11 启动 Samba 服务

STEP 06 在 Windows 客户端测试。在局域网中的 Windows 10 中打开“运行”对话框，在“运行”对话框的“打开”文本框中输入\\192.168.2.110，单击“确定”按钮即可访问 Samba 服务器上的共享文件夹，操作结果如图 6-12 所示。

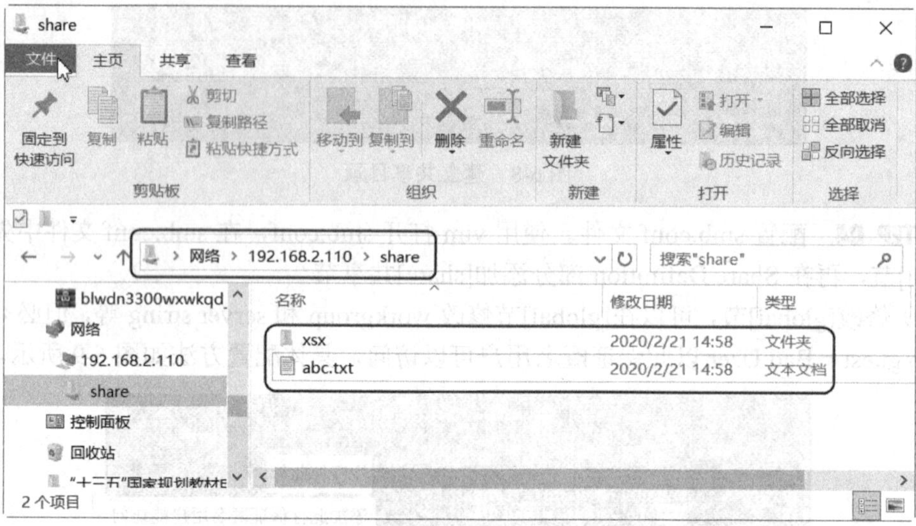

图 6-12　在 Windows 10 中访问共享文件夹

6.4.4　配置认证模式的 Samba 服务器

添艺教育培训中心市场推广部的员工经常需要将相关文件和资料发布到共享目录上，以便市场推广部其他员工及时了解情况。如果采用匿名用户访问 Samba 服务器，其安全性就无法得到保障。

实现用户的身份验证，将安全级别配置为 user、server、domain 或 ads。其中，user 级可配置验证身份的 Samba 服务器，其配置中最重要的部分是设置 Samba 密码文件，建立 Samba 账号。

任务 6-4

为添艺教育培训中心市场推广部配置认证模式的 Samba 服务器（IP 为 192.168.2.200），要求能将培训信息和培训资料存放在 Samba 服务器的/dep 目录中实现集中管理，而且该目录只允许本部门员工访问。

【任务分析】市场推广部的重要资料存放在 Samba 服务器的/dep 目录中，为了确保其他部门无法查看其内容，需要在全局配置中将 security 设置为 user，这样就启用了 Samba 服务器的身份验证机制，然后在共享目录[dep]段设置 valid users 字段，配置只允许市场推广部员工能够访问这个共享目录。

完成任务的具体步骤如下。

STEP 01 配置 Samba 服务器的 IP 地址。为了保证 Samba 服务器能够正常工作，且局域网内用户能够访问 Samba 服务器上的共享资源，Samba 服务器必须配置静态 IP，这里假设 Samba 服务器的 IP 是 192.168.2.200，配置过程参考“任务 1-4”。

STEP 02　关闭防火墙和 SELinux。先使用 firewall-cmd –state 命令查看防火墙状态，如果是 running，表示防火墙处于开启状态，需要使用 systemctl stop firewalld 命令停止防火墙，再使用 systemctl disable firewalld 命令设置开机禁用防火墙，最后使用 setenforce 0 命令临时关闭 SELinux。如果需要永久关闭，需要使用 vim 编辑/etc/selinux/config，将 SELinux=enforcing 改为 SELinux= disabled。

STEP 03　新建共享目录。首先采用 mkdir /home/dep 命令为市场推广部建立共享文件夹 dep，再使用 ll 命令查看该目录的权限，操作方法如图 6-13 所示。

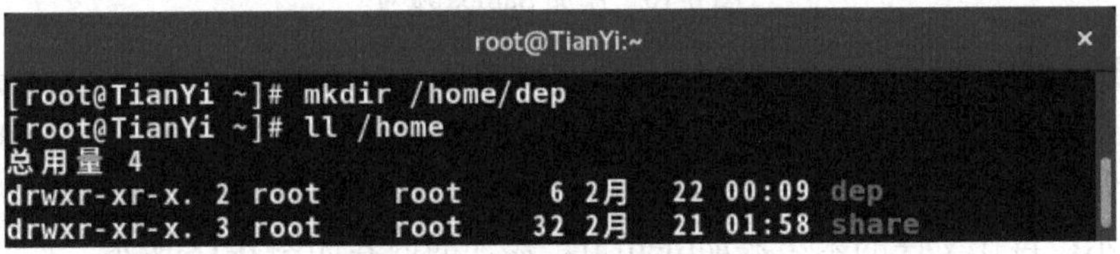

图 6-13　建立共享文件夹

STEP 04　新建用户和组。使用 groupadd 添加 dep 用户组，再使用 useradd 建立访问共享资源的用户 depadmin 和 depuser1，并将其加入 dep 组，最后使用 passwd 命令设置用户登录密码，操作方法如图 6-14 所示。

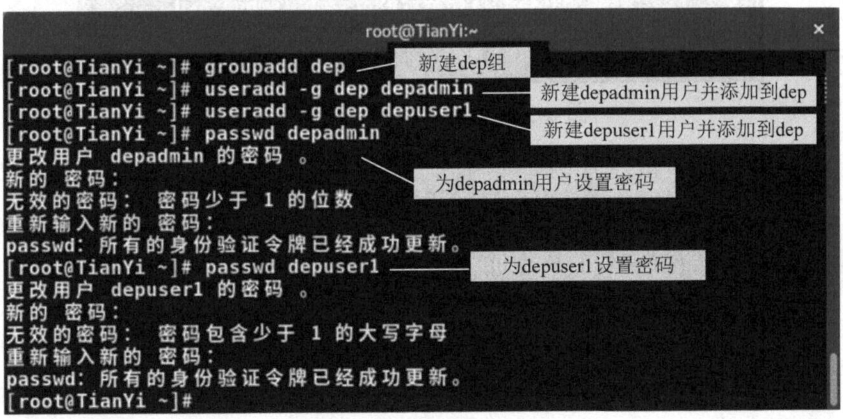

图 6-14　新建用户和组

STEP 05　设置目录的归属和权限。共享文件夹建立完成后，需要使用 chown 和 chmod 修改目录的归属和访问权限，操作方法如图 6-15 所示。

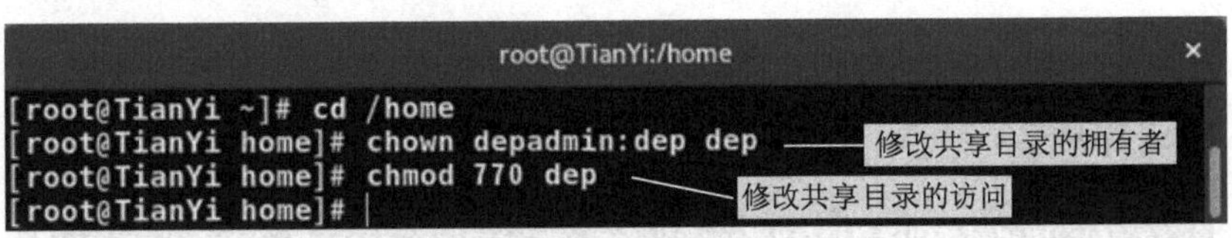

图 6-15　设置目录的归属和权限

STEP 06　建立 Samba 账号。Linux 系统账户建立后，不能直接访问 Samba 服务的共享资源，必须使用 smbpasswd -a 命令（如果在 smb.conf 中 passdb backend = tdbsam，此处就要使用 pdbedit -a 命令进行添加，否则无法访问）将其添加到 Samba 账户文件 smbpasswd 中，操作方法如图 6-16 所示。

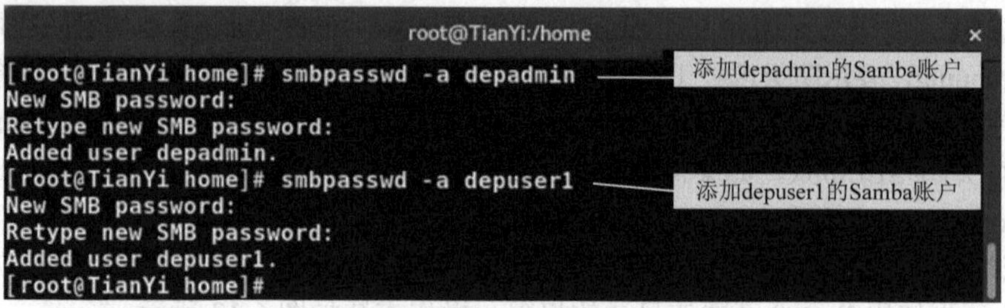

图 6-16　添加 Samba 账号

STEP 07　修改主配置文件。利用 vim 编辑器打开/etc/samba 目录下的 smb.conf 文件（为保证 smb.conf 的完整性，最好将 smb.conf.example 复制过来），修改[global]节中相应的字段，设置 passdb backend = smbpasswd、smb passwd file = /etc/samba/smbpasswd，如图 6-17 所示；再在文件的末尾添加[dep]节，添加的内容如图 6-18 所示。

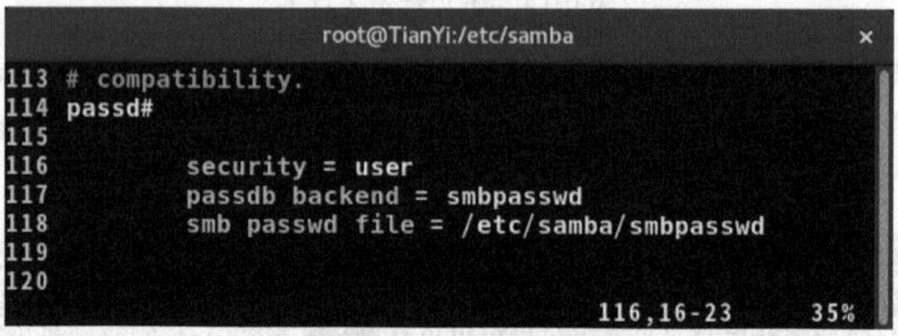

图 6-17　修改后台密码存放方式

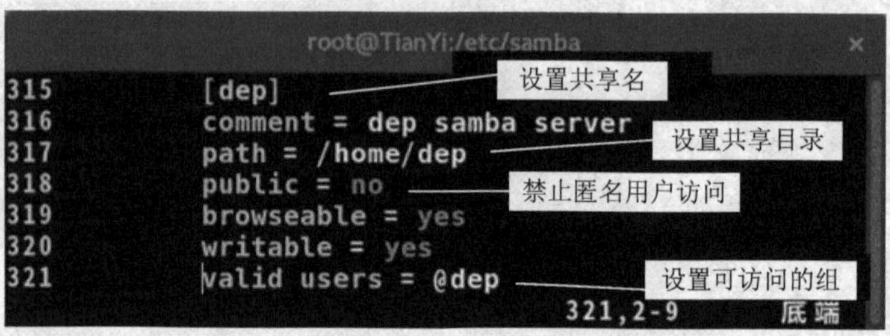

图 6-18　添加共享节[dep]

STEP 08　重启 Samba 服务。为了让新配置生效，需要执行 systemctl restart smb 命令重新加载 Samba 服务，操作方法如图 6-19 所示。重启 Samba 服务后，即可在客户端进行测试。

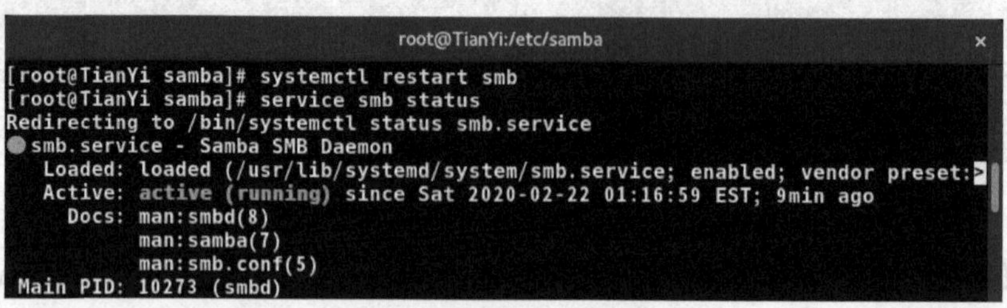

图 6-19　重启 Samba 服务

STEP 09　测试共享目录。在局域网中的 Windows 10 中打开“运行”对话框，在“运行”对话框的“打开”文本框中输入\\192.168.2.110，单击“确定”按钮即可访问 Samba 服务器上的共享文件夹，操作结果如图 6-20 所示。

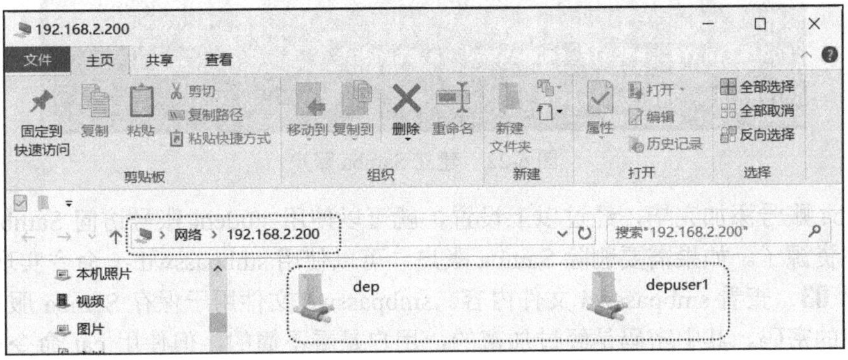

图 6-20　在 Windows 10 中访问共享文件夹

6.4.5　建立 Samba 服务密码文件

Samba 服务器发布共享资源后，客户端访问 Samba 服务器时需要提交用户名和密码进行身份验证（除匿名访问外），验证合格后才可以登录。Samba 服务与 Linux 操作系统使用不同的密码文件，因此无法使用 Linux 系统中的账号登录 Samba 服务器。因此，用户需要使用 smbpasswd 建立 Samba 账号。在 Samba 中添加账号的命令如下：

```
smbpasswd -a 用户名
```

注意：用户在建立 Samba 账号之前必须先建立与之对应的 Linux 账号，Samba 账号和 Linux 账号的密码可以不同，Samba 服务的密码文件保存在/etc/ smbpasswd 中。

任务 6-5

打开 GNOME Terminal 仿真器，然后使用 useradd 添加一个名为 student 的 Linux 账号，并为该账户添加登录口令，最后将该账号添加到 smbpasswd 中。

完成任务的具体步骤如下。

STEP 01　建立 Linux 系统账号。使用 useradd 命令建立 Linux 账号 student，然后执行 passwd 命令为 student 设置登录密码，操作方法如图 6-21 所示。

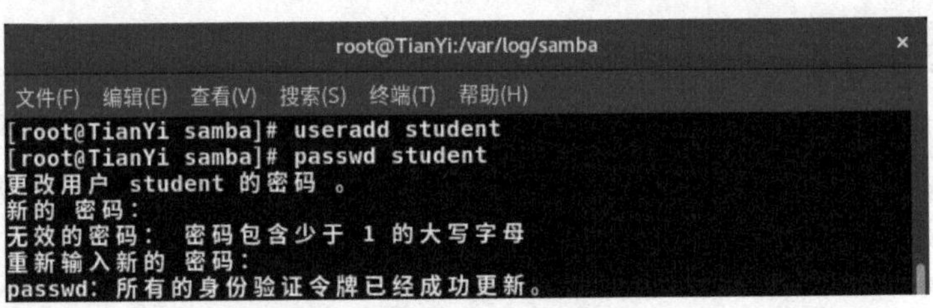

图 6-21　建立账号

STEP 02　添加 test 用户的 Samba 账号。执行 smbpasswd -a student 命令为 Samba 服

务添加 student 账号至 Samba 的配置文件，操作方法如图 6-22 所示。

图 6-22 建立 Samba 账户

Samba 账号添加完毕，经过以上设置，就可以使用 student 账号访问 Samba 服务器上的共享资源了。如果需要删除 Samba 账户，可以使用 smbpasswd -x 命令实现。

STEP 03 查看 smbpasswd 文件内容。smbpasswd 文件用于保存 Samba 服务的用户名及对应的密码，其中密码是经过加密的，用户是看不懂的，但使用 cat 命令可以查看加密后的内容，如图 6-23 所示。

图 6-23 查看 smbpasswd 文件

6.4.6 建立 Samba 用户映射

如果在[global]段中设置 security = user，且共享目录中的 public = no 或者没有 public 这个选项，这时访问 Samba 服务器的共享资源就需要输入用户名和密码，这个用户名必须是 Linux 中存在的账户，如果不存在，则无法访问。前面介绍了 Samba 服务器的账号和密码都保存在/etc/samba/smbpasswd 中，而且访问 Samba 服务器的账号必须对应一个同名的系统账号，如果把登录到 Samba 服务器的账号告诉用户，就等于把 Linux 的系统账号告诉了用户，如果密码被破解，Samba 服务器就有被攻击的风险，这样做就给系统带来了巨大的安全隐患。此时，可以应用用户账号映射来解决此问题。

用户账号映射还可以在 Windows 和 Linux 主机之间进行。两个系统拥有不同的用户账号，用户账号映射的目的就是将不同的用户账号映射为一个用户。做了映射后的 Windows 账号，在使用 Samba 服务器上的共享资源时，可以直接使用 Windows 账号进行访问。

思政小贴士

Samba 服务虽然实现了多平台的互联互通，但也存在被攻击的安全风险。作为网络管理员，要具有网络安全意识，为保证 Samba 服务器资源安全，必须熟悉 Samba 用户映射，并能够完成具体的配置。

任务 6-6

为保证系统安全，请在Linux系统的Samba服务中为访问共享资源的用户（如zhangsan、lisi 等）建立账号映射，使之映射到 Linux 中的 student 账户。

完成任务的具体步骤如下。

STEP 01　开启账号映射功能。使用 vim 打开/etc/samba 目录下的 smb.conf 文件，在文件的[global]段中添加一行用来开启账号映射命令，设置方法如下：

```
[global]
username map = /etc/samba/smbusers                    #开启账号映射
```

STEP 02　建立映射关系。再使用 vim 打开/etc/samba 目录下的 smbusers 文件，在该文件中建立账号映射关系，其设置格式如下：

```
smb 账号 = 虚拟账号（映射账号）
```

设置方法如下：

```
[root@yfzx~]# vim /etc/samba/smbusers
```

在 smbusers 文件中添加如下内容：

```
# Unix_name = SMB_name1 SMB_name2 …
depadmin = administrator admin      #将administrator、admin映射为depadmin
nobody = guest pcguest smbguest     #将guest、pcguest、smbguest映射为nobody
student = zhangsan lisi wangwu      #将zhangsan、lisi、wangwu映射为student
```

STEP 03　重启并测试。重启 Samba 服务，此时在客户端即可使用 zhangsan、lisi 或者 wangwu 登录 Samba 服务器，登录界面如图 6-24 所示。登录账户是 lisi，密码还是 student 账户的密码，其实它们都是用 student 账号来登录的，不过客户端的用户不知道而已，以此达到隐藏系统账号的目的。

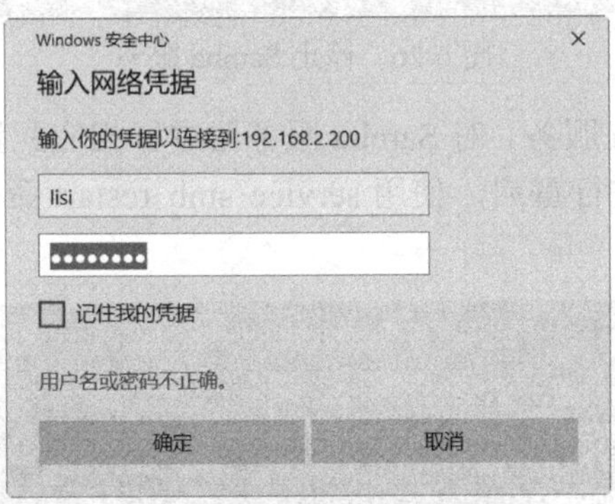

图 6-24　使用映射账户 lisi 登录 Samba 服务器

如果前面使用 student 用户登录过 Samba 服务器，此时在 Windows 客户端需要使用 net use * /del /y 清除缓存中原有访问共享目录的用户名和密码，再进行访问。

6.4.7　启动与停止 Samba 服务

Samba 服务器配置完成后，就可以启动 Samba 服务为用户提供文件和打印机的共享服务了，但必须开启对应的服务进程。Samba 的服务进程包括 smbd 和 nmbd 两个守护进程。

任务 6-7

在配置好 Samba 服务的 Linux 服务器中，先使用命令启动 Samba 服务，然后停止 Samba 服务，接下来重启 Samba 服务，最后将 Samba 服务的启动设为开机自动加载。

完成任务的具体步骤如下。

STEP 01 启动 Samba 服务。在 Samba 服务安装完成以后，启动它比较简单。Samba 服务的名字为 smb，其中包含 smbd、nmbd 两个服务，使用 systemctl start smb 命令启动 Samba 服务，再使用 ps -ef | grep smb 命令检查 Samba 是否已启动，操作方法如图 6-25 所示。

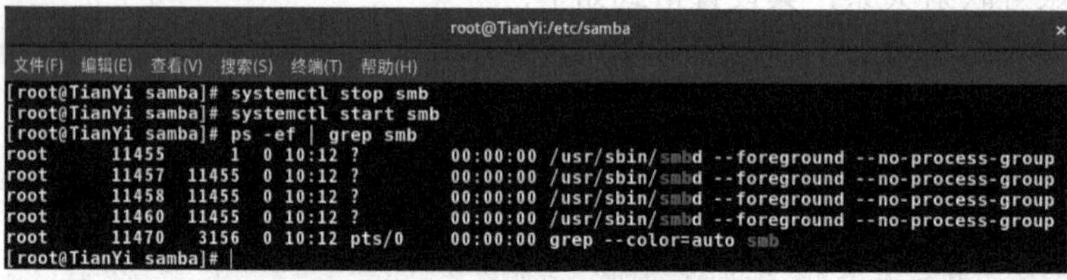

root@TianYi:/etc/samba
文件(F) 编辑(E) 查看(V) 搜索(S) 终端(T) 帮助(H)
Redirecting to /bin/systemctl restart smb.service
[root@TianYi samba]# systemctl stop smb
[root@TianYi samba]# systemctl start smb
[root@TianYi samba]# ps -ef | grep smb
root 11455 1 0 10:12 ? 00:00:00 /usr/sbin/smbd --foreground --no-process-group
root 11457 11455 0 10:12 ? 00:00:00 /usr/sbin/smbd --foreground --no-process-group
root 11458 11455 0 10:12 ? 00:00:00 /usr/sbin/smbd --foreground --no-process-group
root 11460 11455 0 10:12 ? 00:00:00 /usr/sbin/smbd --foreground --no-process-group
root 11470 3156 0 10:12 pts/0 00:00:00 grep --color=auto smb
[root@TianYi samba]#

图 6-25 启动 Samba 服务

STEP 02 停止 Samba 服务。与启动 Samba 服务类似，使用 systemctl stop smb 命令停止 Samba 服务，操作方法如图 6-26 所示。

图 6-26 停止 Samba 服务

STEP 03 重启 Samba 服务。对 Samba 服务器进行相应配置后，如果需要让其生效，则需要对 Samba 服务器进行重启，使用 service smb restart 命令重启 Samba 服务，操作方法如图 6-27 所示。

图 6-27 重启 Samba 服务

提示： Linux 中的服务，在更改配置文件后，一定要重启服务，让服务重新加载配置文件，这样新的配置才可以生效。

STEP 04 自动加载 Samba 服务。如果需要让 Samba 服务随系统启动而自动加载，可以使用 chkconfig 命令或 systemctl enable 命令。

1）使用 chkconfig 命令。使用 chkconfig --level 3 smb on 命令自动加载 Samba 服务，操作方法如图 6-28 所示。

图 6-28　自动加载 Samba 服务

2）在终端模式下，执行 systemctl enable smb 命令和 systemctl enable nmb 命令也可让 Samba 服务随系统启动而自动加载，执行完成后，再使用 systemctl list-unit-files |grep smb 命令查看开机自启动是否添加成功，操作方法如图 6-29 所示。

图 6-29　自动加载 Samba 服务

6.4.8　在 Windows 客户端访问共享资源

Samba 服务配置完成后，需要在局域网的客户端进行访问，Samba 访问既能让 Linux 客户端访问，同时也可以让 Windows 客户端访问。

Windows 的客户端不需要更改任何设置，打开“运行”对话框，在“运行”对话框的“打开”文本框中输入“\\samba 服务器名”或“\\samba 服务器的 IP 地址”，然后单击“确定”按钮进行访问。

任务 6-8

在局域网的 Windows 客户端访问 Samba 服务器上的共享资源。

完成任务的具体步骤如下。

STEP 01　配置好客户机的 IP 地址。先在 Windows 客户端配置好 IP 地址（假设为 192.168.2.100），保证 Windows 客户端能够与 Samba 服务器进行正常的通信。

STEP 02　打开“运行”对话框。在 Windows 的桌面上右击“开始”菜单，选择“运行”命令，打开“运行”对话框，在“运行”对话框的“打开”文本框中输入\\192.168.2.200，如图 6-30 所示。

STEP 03　访问 Samba 服务器上共享资源。单击“确定”按钮后即可看到 IP 地址为 192.168.2.200 的 Samba 服务器上的共享资源，如图 6-31 所示，用户如果需要访问某共享文件夹中的资源，只要双击该文件夹即可。

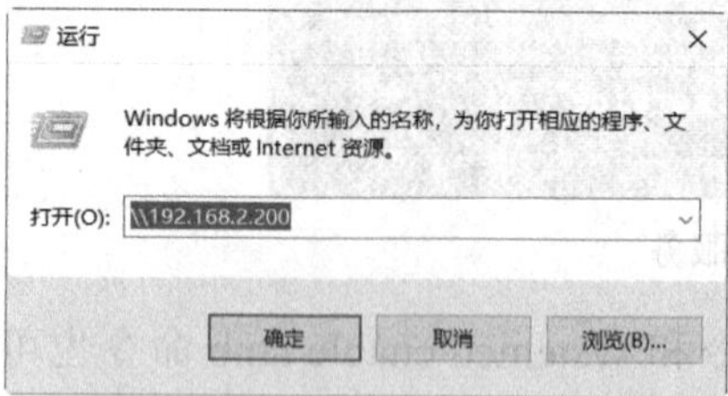

图 6-30 Windows 客户端访问

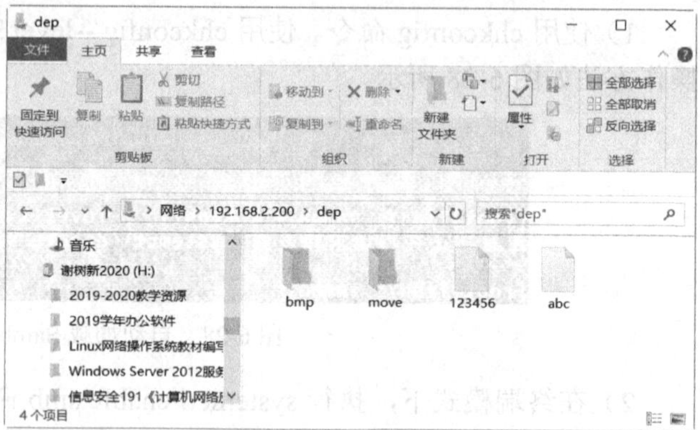

图 6-31 查看共享资源

6.5 项 目 拓 展

6.5.1 知识拓展

1. 填空题

1）Samba 服务器的核心是________和 nmbd，其配置文件 smb.conf 默认的位置是________。

2）Samba 软件包安装完成后，可以使用________或________命令检查是否安装了 Samba 软件包。

3）Samba 配置文件是一个 ASCII 文本文件，文件被分成若干段，每一段用一对方括号“[ ]”表示开始，在每一段内用“________”的格式设置参数。

4）在 Samba 3 中的 security=share 在 Samba 4 中已经不再支持了，如果希望实现匿名访问必须调整参数，即必须添加________来实现。

5）Samba 服务有________、________、________、________和________共 5 种安全模式。

2. 选择题

1）在 Linux 系统中，能够实现 Windows 共享 Linux 服务器上的文件及打印资源所使用的协议是（　　）。

A. TCP/IP　　B. Samba　　C. NFS　　D. NIS

2）如果需要在客户端使用命令下载 Samba 服务器上的资源，所使用的命令是（　　）。

A. put　　B. get　　C. ls　　D. mkdir

3）在 Samba 服务的配置文件 smb.conf 中，默认包括的段有（　　）（多选）。

A. [global]　　B. [printers]　　C. [shares]　　D. [homes]

4）Samba 服务的密码文件是（　　）。

A. smb.conf　　B. samba.conf　　C. smbpasswd　　D. smbclient

5）在 RHEL 8.3 中提供的软件包管理工具是（　　）。

A. RMP　　B. RPM　　C. APT　　D. WGET

6）在完成 Samba 服务的配置过程中，指定共享目录的关键字是（　）。

A. dir　　B. comment　　C. path　　D. home

3. 简答题

1）简述 Samba 与 SMB 之间的关系。

2）简述 Samba 服务的工作流程。

3）说明在 Samba 服务器上建立用户映射的原因，并简述建立映射的流程。

6.5.2　技能拓展

1. 课堂练习

企业内部经常需要实现资源共享，而且要求也比较多，考虑到资源的安全性，大多数情况下采用在 Linux 系统下安装 Samba 服务的方式来完成。

【课堂练习 6-1】添艺教育培训中心的市场推广部（dep）、技术部（tech）、财务部（finance）和网络中心（network）4 个部门的员工需要在 Windows 客户端共享 Samba 服务器上的资源。

具体要求如下：

1）每个用户均有自己的主目录，而且只有本人对这个目录有完全权限。

2）有一个公共目录，存放所有用户都能读写的资源。

3）每个部门都有部门目录、部门领导目录，这些目录除本部门用户及市场推广部主管、技术部主管、财务部主管可以访问外，其他用户不可见，只有网络中心的技术员可以修改。

4）财务部的目录，财务部和办公室的员工都能访问，但只有财务部的主管可以修改。

5）市场推广部的目录，市场推广部全体员工和技术部主管可以访问，但只有市场推广部的员工可以修改。

6）技术部的目录，技术部全体员工和网络中心的主管可以访问和修改。

具体操作方法请参考“任务 6-3”～“任务 6-8”自行完成。

【课堂练习 6-2】在 Samba 服务器的配置过程中，难免会遇到各种各样的问题，练习从系统设置、错误信息和日志文件等几个方面采用合适的方法快速解决问题。

训练步骤如下。

STEP 01　使用 testparm 命令检测。使用 testparm 命令检测 smb.conf 文件的方法很简单，只要在提示符后输入 testparm　/etc/samba/smb.conf 命令即可，操作方法如下：

```
[root@yfzx~]# testparm  /etc/samba/smb.conf
```

如果报错，说明 smb.conf 文件设置错误。根据提示信息重新配置，再进行调试。

STEP 02　检查相关参数。因为 smb.conf 中的许多参数是非常重要的，如果设置不正确，很容易引起故障，造成 Windows 与 Linux 之间无法通信。这些参数包括 hosts allow、hosts deny、vcalid users、invalid users 等，还有就是与权限相关的参数。

STEP 03　使用 ping 命令测试。Samba 服务器主配置文件排除错误后，再次重启 Samba 服务，如果客户端仍然无法连接 Samba 服务器，可以在客户端使用 ping 命令测试与 Samba 服务器之间的连通性，根据出现的不同情况进行分析。

1）如果没有收到任何提示，说明客户端 TCP/IP 安装有问题，需要重新安装该协议，然后重试。

2）如果出现 host not found（无法找到主机）的提示，则可能是客户端的 DNS 或者/etc/hosts 文件设置不正确。

3）如果无法 ping 通 Samba 服务器，可能是防火墙设置的问题，需要关闭防火墙或重新设置防火墙的规则，开启 Samba 与外界联系的端口。

4）还有一种可能，执行 ping 命令时，Samba 服务器的主机名或 IP 地址输入有误，此时更正重试即可。

STEP 04 使用 smbclient 命令进行测试。若客户端与 Samba 服务器可以 ping 通，说明客户端与服务器的连接没有问题。如果用户还是不能访问 Samba 服务器的共享资源，此时执行 smbclient 命令进一步测试配置情况。

如果 Samba 服务器正常，并且 Samba 账号和密码也正确，那么执行 smbclient 命令可以获取共享列表。如果出现错误提示，则可以根据提示采用相应的办法解决，具体提示如下。

1）如果接收到一个错误信息提示 tree connect failed，如下所示：

```
[root@client~]# smbclient //192.168.2.200/dep -U depadmin%depadmin
tree connect failed: Call returned zero bytes (EOF)
```

说明可能在 smb.conf 文件中设置了 host deny 字段，拒绝了客户端的 IP 地址或域名，此时可以修改 smb.conf，允许该客户端访问即可。

2）如果返回信息 connection refused（连接拒绝），如下所示：

```
[root@client~]# smbclient -L 192.168.2.200
Error connecting to 192.168.2.200 (Connection refused)
Connection to 192.168.2.200 failed
```

说明 Samba 服务器 smbd 进程可能没有开启。确保 smbd 和 nmbd 进程开启，并使用 netstat-a 命令检查 netbios 使用的 139 端口是否处在监听状态。

3）如果提示 session setup failed（连接建立失败），表明服务器拒绝了连接请求。

```
[root@client~]#smbclient -L smbclient -L 192.168.2.200 -U depadmin%
depadmin
session setup failed: NT_STATUS_LOGON_FAILURE
```

这是因为用户输入的账号或密码错误造成的，需更正重试。

2. 课后实践

按下列要求配置 Samba 服务器，实现资源共享，具体要求如下。

1）设置工作组名为 workshare，用户安全等级为 user 模式。

2）创建用户组 group1 和 group2，创建属于用户组 group1 的用户 user1 和 user2，用户的工作目录分别位于/group1 目录下的 user1 和 user2 目录，创建属于用户组 group2 的用户 stu1 和 stu2，用户的工作目录分别位于/group2 目录下的 stu1 和 stu2 目录。用户 user1 和 user2 登录 Samba 服务器的密码分别为 bird 和 rabbit，用户 stu1 和 stu2 登录 Samba 服务器的密码分别为 cat 和 panda。

3）设置目录“/group1/score”为共享资源，共享名为 score，只允许用户组 group1 在 192.168.0.2 上读/写该共享资源，且新建文件的权限为 0747，新建目录的权限为 0757；只允许用户组 group2 在 192.168.0.3 上只读该共享资源。

4）设置目录“/group1/t_share”为共享资源，共享名为 T_share，且该共享资源在客户端不可见；只允许用户 user1 和 stu1 在 192.168.0.2 上读/写该共享资源，且新建文件和目录的权限都为 0777；只允许用户 user2 和 stu2 在 192.168.0.3 上只读该共享资源。

6.6 项 目 总 结

本项目首先介绍了 Samba 服务的工作原理、工作流程和 Samba 软件包的安装方法，以及 Samba 服务的核心配置文件 smb.conf，然后着重训练了不同级别下 Samba 服务器的配置技能，最后训练了在客户端进行测试和解决故障的能力等。

Samba 是目前应用最为广泛的网络服务之一，它的功能非常强大，随着读者学习的深入和对 Samba 应用的熟练，更能体会到这一点。通过本项目的学习，你的收获怎样？请认真填写学习情况考核登记表（表 6-1），并及时予以反馈。

表 6-1　学习情况考核登记表

序号	知识与技能	重要性	自我评价					小组评价					教师评价				
			A	B	C	D	E	A	B	C	D	E	A	B	C	D	E
1	会安装 Samba 软件包	★★★															
2	会启动、停止 Samba 软件包	★★★☆															
3	能分析 smb.conf 文件中的主要字段	★★★★☆															
4	会编辑[global]中的主要字段	★★★★															
5	会编辑[home]中的主要字段	★★★★★															
6	会添加共享文件夹	★★★★☆															
7	会测试 Samba 共享资源	★★★★															
8	能完成课堂训练	★★★☆															

注：评价等级分为 A、B、C、D 和 E 共 5 等。其中，对知识与技能掌握很好，能够熟练地完成 Samba 服务的配置为 A 等；掌握了 75%以上的内容，能较为顺利地完成任务为 B 等；掌握 60%以上的内容为 C 等；基本掌握为 D 等；大部分内容不够清楚为 E 等。

项目 7　DHCP 服务器配置与管理

对于网络管理员来说，如何让每台计算机都顺利地接入本地网络是一个比较烦琐的事情，因为对于 TCP/IP 网络来说，要接入本地网络，每台计算机必须有一个唯一的 IP 地址。如果每台计算机的 IP 地址都需要网络管理员来分配、设置，在一个规模较大的网络中将是一个非常艰巨的任务。因此，在 TCP/IP 协议族中提供了 DHCP（dynamic host configuration protocol，动态主机配置协议）这种应用层协议，通过 DHCP，可以对每台计算机的 IP 地址进行动态分配，从而减少网络管理的复杂性。

本项目介绍 Linux 系统中 DHCP 的基本概念及工作原理；通过任务训练学生检查并安装 DHCP 软件包、对 DHCP 的主配置文件 dhcpd.conf 的配置选项进行全面分析、配置与管理 DHCP 服务器、在客户端对 DHCP 服务器进行测试的能力；最后练习如何解决 DHCP 服务配置中出现的问题。

教学导航

知识目标	（1）了解 DHCP 的基本概念 （2）了解 DHCP 的工作原理 （3）掌握 DHCP 服务器的配置方法 （4）掌握 DHCP 客户端的配置方法 （5）掌握 DHCP 服务器的故障判断与处理方法
技能目标	（1）会检查并安装 DHCP 服务所需的软件包 （2）会启动和停止 DHCP 服务 （3）能配置与管理 DHCP 服务器 （4）能配置 DHCP 客户端，并进行测试 （5）能解决 DHCP 服务器配置中出现的问题
素质目标	（1）培养认真细致的工作态度和工作作风 （2）养成刻苦、勤奋、好问、独立思考和细心检查的学习习惯 （3）培养节约观念和创新意识，能够合理规划地址池 （4）具有一定的自学能力，分析问题、解决问题能力和创新能力 （5）树立责任意识、服务意识和团队合作意识
重点、难点	（1）重点：安装 DHCP 软件包，熟悉配置文件 dhcpd.conf （2）难点：设置 IP 作用域，设置 DHCP 客户端 IP 选项，测试 DHCP 服务
课时建议	（1）教学课时：理论学习 2 课时+教学示范 3 课时 （2）技能训练课时：课堂模拟 3 课时+课堂训练 3 课时

7.1 项 目 引 入

添艺教育培训中心在进行网络改造前，局域网中的服务器使用 Windows 操作系统，考虑到系统的安全性和稳定性，中心决定改造后的服务器使用 Linux 操作系统。改造前中心的计算机不多，网络管理员给每台计算机配置了一个静态 IP 地址，但在使用过程中经常出现如下问题：

1）有个别同事经常修改相关参数，导致 IP 地址冲突，无法正常上网。

2）中心业务发展，计算机越来越多，对相关参数的维护工作也越来越繁重。

3）中心领导和部分同事配备了笔记本计算机，需要在不同的环境下使用，要不断修改 IP 地址，很不方便。

为此，易联公司的曹捷需要在 Linux 网络服务器配置什么样的服务才能解决上述问题呢？

7.2 项 目 任 务

曹捷凭借所学的知识和技能，加上多年的现场工作经验，经过认真分析，认为解决添艺教育培训中心出现的问题的最好办法就是在 Linux 服务器上配置 DHCP 服务。为此，需要完成的具体任务如下。

1）熟悉 DHCP 服务的工作原理。

2)配置 DHCP 服务的网络工作环境：设置 DHCP 服务器的静态 IP 地址、禁用 firewalld（或在防火墙中放行 DHCP 服务）和 SELinux、测试局域网的网络状况等。

3）检查并安装 DHCP 服务所需要的软件包。

4）分析 DHCP 的主配置文件，并熟悉相关参数的作用与配置方法。

5）配置与管理 DHCP 服务器。

6）加载配置文件或重新启动 dhcpd，使 DHCP 服务配置生效。

7）配置 DHCP 客户端，并完成 DHCP 服务的测试。

7.3 相 关 知 识

7.3.1 DHCP 概述

DHCP 是一个简化主机 IP 地址分配管理的 TCP/IP 标准协议。

DHCP 的前身是 BOOTP（boot strap protocol，引导协议），它工作在 OSI 的应用层，是一种帮助计算机从指定的 DHCP 服务器获取配置信息的自举协议。DHCP 使用客户端/服务器模式，请求配置信息的计算机称为 DHCP 客户端，而提供信息的计算机被称为 DHCP 服务器。

在 TCP/IP 网络中，每台工作站在存取网络上的资源之前，都必须进行基本的网络配置，一些主要参数如 IP 地址、子网掩码、默认网关和 DNS 等是必不可少的，还可能需要一些附加的信息如 IP 管理策略之类。之所以要使用 DHCP 服务来为客户端自动分配 IP 地址，其主要作用有以下两个方面。

1）简化网络配置。采用 DHCP 自动分配 IP 地址后，管理员就无须为每个客户手动配置 IP 地址了，从而减轻了网络管理员的负担。这在规模稍大的网络中感受会特别明显。

2）提高 IP 地址的利用率。DHCP 客户端在断开网络连接后，可以释放原来使用的 IP 地址，继续分配给其他用户使用。这对于 IP 地址资源紧缺的网络环境特别有用。

思政小贴士

使用 DHCP 服务既可以大大缩短网络中配置计算机 IP 地址需要花费的时间，又能节约 IP 地址资源。在未来职业生涯中，需要重视知识的积累和技能的提升，不断学习新知识、掌握新技能，以提高工作效率。同时，注重培养勤俭节约的习惯，促进资源的合理利用。

7.3.2 DHCP 地址分配机制

DHCP 提供自动分配、手动分配和动态分配共 3 种地址分配机制。

DHCP 地址分配机制

1）自动分配：DHCP 服务器为客户端分配一个永久地址。在该地址被分配后，DHCP 服务器便不能对其进行再分配了。

2）手动分配：管理员手动设置 IP 地址到 MAC 地址的映射，DHCP 服务器仅负责将信息传送给客户端。

3）动态分配：DHCP 服务器向客户端分配可重用的地址。

从各个方面来看，动态分配机制都是这三种机制中最理想的一种。动态分配机制非常适合服务器只有少量可用地址，而主机又需要与网络保持短时间连接的场合。很多 Internet 服务提供商（ISP）就是采用这种分配机制为其客户端动态分配 IP 地址的。这样，当客户端断开连接或离线时，Internet 服务提供商可以将其地址重新分配给另一台主机。

提示： DHCP 服务在很多设备中都已经内置。例如，现在家庭上网用的宽带 Modem、宽带路由器等都内置了 DHCP 服务程序，通过这些设备也可以为内网中的计算机进行动态 IP 地址的分配。

7.3.3 DHCP 的工作原理

DHCP 是一个基于广播的协议，它的操作归结为 IP 租用请求、IP 租用提供和 IP 租用选择、IP 租用确认共 4 个阶段，每一个阶段的具体工作流程如图 7-1 所示。

DHCP 的工作原理

1. IP 租用请求

当 DHCP 客户端第一次登录网络时，也就是客户发现本机上没有任何 IP 数据设定时，它会向网络发出一个 DHCPDISCOVER 封包。因为客户端还不知道自己属于哪一个网络，所以封包的来源地址为 0.0.0.0，而目的地址则为 255.255.255.255，然后再附上 DHCPDISCOVER 的消息，消息包含客户计算机的媒体访问控制（MAC）地址（网卡上内建的硬件地址）以及它的 NetBIOS 名字，向网络进行广播。

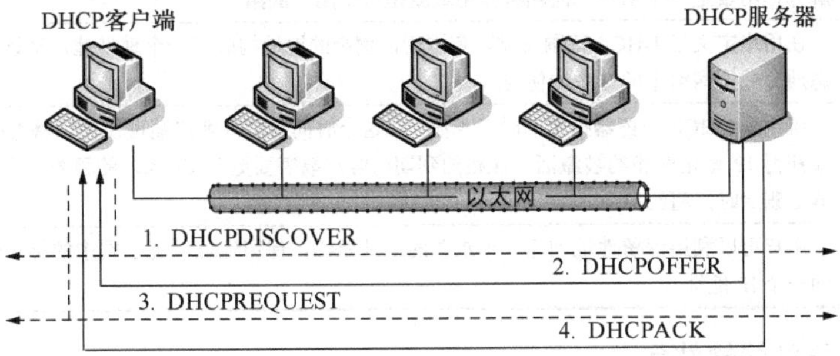

图 7-1　工作流程示意图

2. IP 租用提供

当 DHCP 服务器接收到来自客户的 DHCPDISCOVER 广播后，会根据自己的作用域地址池为该客户保留一个 IP 地址并且在网络上广播，该消息包含客户的 MAC 地址、服务器所能提供的 IP 地址、子网掩码、租用期限，以及提供该租用的 DHCP 服务器本身的 IP 地址，回应给客户端一个 DHCPOFFER 封包。

3. IP 租用选择

如果子网还存在其他 DHCP 服务器，那么客户端在接收了某个 DHCP 服务器的 DHCPOFFER 消息后，会广播一条包含提供租用的服务器的 IP 地址的 DHCPREQUEST 消息，即在该子网中通告所有其他 DHCP 服务器它已经接受了一个地址的提供，其他 DHCP 服务器在接收到这条消息后，就会撤销为该客户提供的租用，然后把为该客户分配的租用地址返回到地址池中，该地址将可以重新作为一个有效地址提供给其他计算机使用。

4. IP 租用确认

DHCP 服务器接收到来自客户的 DHCPREQUEST 消息后，就开始配置过程的最后一个阶段。这个确认阶段由 DHCP 服务器发送一个 DHCPACK 包给客户，该包包括一个租用期限和客户所请求的所有其他配置信息。至此，完成 TCP/IP 配置。

7.3.4　DHCP 常用术语

DHCP 的术语较多，掌握这些术语对配置与管理 DHCP 服务器有很大帮助。下面介绍一些常用的术语，如表 7-1 所示。

表 7-1　DHCP 常用术语

术语	描述
作用域	作用域是一个网络中的所有可分配的 IP 地址的连续范围，其主要用来定义网络中单一的物理子网的 IP 地址范围

续表

术语	描述
超级作用域	超级作用域是一组作用域的集合，它用来实现在同一个物理子网中包含多个逻辑 IP 子网。可以理解为作用域是一个用户，而超级作用域就是这个用户的组
地址池	在用户定义了 DHCP 范围及排除范围后，剩余的地址构成了一个地址池，地址池中的地址可以动态地分配给网络中的客户端使用
租约	租约是 DHCP 服务器指定的时间长度，在这个时间范围内客户端可以使用获得的 IP 地址。当客户端获得 IP 地址时租约被激活。在租约到期前客户端需要更新 IP 地址的租约，当租约过期或从服务器上删除时，租约停止
保留地址	用户可以利用保留地址创建一个永久的地址租约，保留地址保证子网中的指定硬件设备始终使用同一个 IP 地址

7.3.5 DHCP 服务的软件包

在 Linux 服务器中配置 DHCP 服务所需要的软件包以及它们的用途如下。

1）dhcp-server-4.3.6-41.el8.x86_64.rpm：该包为 DHCP 服务的主程序包，服务器端必须安装该软件包，后面的数字为版本号。

2）dhcp-client-4.3.6-41.el8.x86_64.rpm：该包为 DHCP 的客户端工具，是连接服务器和连接网上邻居的客户端工具，并包含其测试工具。

3）dhcp-common-4.3.6-41.el8.noarch.rpm：该包存放的是通用的工具和库文件，无论是服务器端还是客户端都需要安装该软件包。

7.4 项 目 实 施

7.4.1 安装 DHCP 软件包

DHCP 是 Linux 系统集成的一个工具。在安装 Linux 的过程中如果用户选择了 DHCP，那么它就会在安装 Linux 的同时安装 DHCP；如果没有选择的话，需要在机器启动后将 RHEL 8.3 安装光盘放进光驱进行安装。

任务 7-1

在 Linux 系统中检查是否安装了 DHCP 软件包，若没有安装，则利用 Linux 安装盘进行安装，然后检查并了解系统中 DHCP 组件的版本号。

完成任务的具体步骤如下。

STEP 01 检查 DHCP 软件包。使用 rpm -qa|grep dhcp 命令检测系统中是否安装了 DHCP 软件包，或查看已经安装的软件包的版本，操作方法如图 7-2 所示。

图 7-2 检查 DHCP 软件包

如果没有看到 DHCP 主程序包，此时就要使用 yum install dhcp 命令或 rpm -ivh rpm 命令（需要手动安装依赖包）进行软件包的安装。

STEP 02　安装 DHCP 软件包。将 RHEL 8.3 的安装光盘放入光驱，首先使用 mount 命令挂载光驱，然后配置本地 YUM 源（参考“任务 3-6”），最后使用 yum install 命令安装 DHCP 软件包，具体操作方法如下：

```
[root@TianYi~]#mount /dev/sr0 /mnt/cdrom
[root@TianYi~]#yum -y install dhcp
[root@TianYi~]#yum -y install dhcp-server.x86_64
```

STEP 03　检查确认。所有 DHCP 软件包安装完毕后，再次使用 rpm -qa 命令进行查询，操作方法参考 STEP 01。也可以使用 rpm -ql dhcp-server 命令查看 DHCP 服务安装的包和文件，具体操作方法如下：

```
[root@TianYi dhcp]# rpm -ql dhcp-server
/etc/NetworkManager
/etc/NetworkManager/dispatcher.d
/etc/dhcp/dhcpd.conf                              #这是 DHCP 服务的主配文件
……
/usr/share/doc/dhcp-server/dhcp-lease-list.pl
/usr/share/doc/dhcp-server/dhcpd.conf.example #这是范本文件
……
```

7.4.2　熟悉相关配置文件

DHCP 软件包安装完成后，会在系统中产生与 DHCP 相关的配置文件供配置 DHCP 服务器使用，主要配置文件如下。

1）/etc/dhcp/dhcpd.conf：核心配置文件，此文件中无任何内容，要手动创建或复制范本文件。

2）/usr/share/doc/dhcp-server/dhcpd.conf.sample：范本文件。

3）/var/lib/dhcpd/dhcpd.leases：客户租用的数据库文件。

4）/etc/sysconfig/dhcpd：DHCP 的启动参数配置文件。

5）/etc/sysconfig/dhcrelay：中继代理配置文件。

7.4.3　分析配置文件 dhcpd.conf

dhcpd.conf 是 DHCP 服务最核心的配置文件，它包含 DHCP 服务的配置信息，DHCP 服务（即 dhcpd 守护进程）是依据该文件的配置来完成相关服务的。在默认情况下，该文件是不存在的，用户可以将范本文件 dhcpd.config.sample 复制过来使用。

1. 查看主配置文件

任务 7-2

将 DHCP 服务器中的范本文件 dhcpd.config.sample 复制到/etc/dhcp/目录，并将其改名为 dhcpd.conf，然后利用 vim 编辑器查看此文件的内容。

完成任务的具体步骤如下。

STEP 01 将范本文件复制到/etc 目录。在默认情况下，dhcpd.conf 是不存在的，因此需要用户将系统提供的范本/usr/share/doc/dhcp-server/目录中的 dhcpd.config.sample 复制到/etc/dhcp/目录，并将其改名为 dhcpd.conf，具体操作如图 7-3 所示。

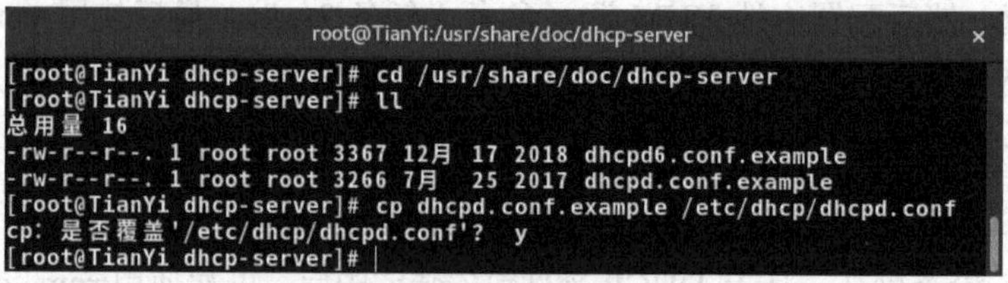

图 7-3 复制范本文件

STEP 02 查看 dhcpd.conf 文件内容。首先进入 dhcpd.conf 所在目录，然后使用 vim /etc/dhcp/dhcpd.conf 命令打开配置文件。dhcpd.conf 文件的内容如图 7-4 所示。

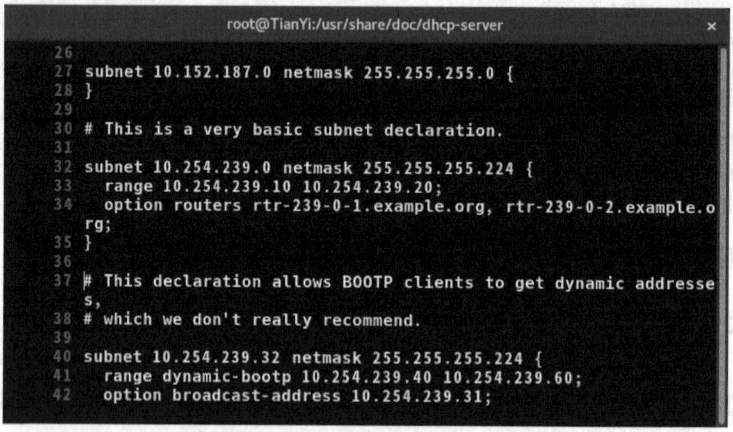

图 7-4 查看 dhcpd.conf 文件内容

dhcpd.conf 配置文件包含全局和局部两个部分，共 104 行。但是，很难分辨其中的内容哪些属于参数，哪些属于声明和选项，需要通过下一步的分析来了解。

2. 分析主配置文件 dhcpd.conf

dhcpd.conf 主配置文件的具体内容包括参数、选项和声明 3 部分，下面对 dhcpd.conf 的组成与结构进行分析。

（1）dhcpd.conf 主配置文件整体框架

dhcpd.conf 包括全局配置和局部配置两部分：全局配置可以包含参数或选项，该部分对整个 DHCP 服务器生效；局部配置通常用声明来表示，该部分仅对局部生效。当全局配置与局部配置发生冲突时，局部配置优先级更高。

dhcpd.conf 配置文件的语法格式如下：

```
#全局配置
            参数/选项;                  #这些参数/选项全局生效
#局部配置
    声明 {
            参数/选项;                  #这些参数/选项局部生效
    }
```

（2）常用参数分析

参数是必选的（从第 10 行开始），它是控制 DHCP 服务器行为的值，用来描述服务器如何操作以及对配置机器产生的响应。参数由设置项和设置值两部分组成，以“;”结束，例如：

```
default-lease-time  600;                 #第 10 行
max-lease-time 7200;                     #第 11 行
; ddns-update-style none;                #第 14 行
```

常用的参数、参数的功能及使用范围如表 7-2 所示。

表 7-2 常用的参数、参数的功能及使用范围

参数	功能	使用范围
ddns-update-style 类型	定义所支持的 DNS 动态更新类型（必选）。其中，类型值有如下 3 种。 1）none：不支持动态更新。 2）interim：互动更新模式。 3）ad-hoc：特殊 DNS 更新模式。 配置示例：ddns-update-style none;	必选参数，且必须放在第一行，而且只能在全局配置中使用
ignore/allow client-updates	允许/忽略客户端更新 DNS 记录。 配置示例：ignore client-updates;	全局配置，只能在服务器端使用
default-lease-time 数字	定义默认 IP 地址的租约时间（秒）。 配置示例：default-lease-time 21600;	以秒为单位。 全局、局部配置
max-lease-time 数字	定义客户端 IP 地址的最大租约时间（秒）。 配置示例：max-lease-time 43200;	以秒为单位。 全局、局部配置
Hardware 硬件类型 MAC 地址	指定客户端网卡接口类型和 MAC 地址。 配置示例：hardware ethernet 00:30:18:A3:CF:50;	局部配置
server-name	告知客户端分配地址的服务器的名字 配置示例：server-name "dhcp.sale.mylinux.com";	局部配置
fixed-address	分配给客户端一个固定的 IP 地址（注意：这个地址不能包含在地址池中）。 配置示例：fixed-address 192.166.1.33;	局部配置

（3）常用声明分析

声明用于指定 IP 作用域、提供给客户端的 IP 地址等，常用的声明如表 7-3 所示。

表 7-3 常用声明

声明	功能
subnet 网络号 netmask 子网掩码 {……}	定义作用域（或 IP 子网）（注意：网络号必须与 DHCP 服务器的网络号相同）。 配置示例：subnet 192.166.1.0 netmask 255.255.255.0 {……}
range 起始 IP 地址 终止 IP 地址	定义作用域（或 IP 子网）范围（注意：可以在 subnet 声明中指定多个 range，但多个 range 所定义 IP 地址范围不能重复）。 配置示例：range dynamic-bootp 192.166.1.128 192.166.1.254;
host 主机名{……}	定义保留地址。 配置示例：host hnrpc{……}
group {……}	定义一组参数

一个简单的网段声明如下：

```
subnet 192.166.10.0 netmask 255.255.255.0          #第 47 行
{
    range 192.166.10.1 192.166.10.254;
    option subnet-mask 255.255.255.0;
    option routers 192.166.10.1;
}
```

（4）常用选项分析

选项通常用来配置 DHCP 客户端的可选参数，选项内容都是以 option 关键字开头，后面跟具体的选项和选项值，选项也必须以“;”结束，例如：

```
option routers 192.166.0.254;                   #第 51 行
option subnet-mask 255.255.255.0;
```

常用选项及其功能如表 7-4 所示。

表 7-4 常用选项及其功能

选项	功能
option routers IP 地址	为客户端指定默认网关。例如，option routers 192.166.0.254；
option subnet-mask 子网掩码	设置客户端的子网掩码。例如，option subnet-mask 255.255.255.0；
option domain-name-servers IP 地址	为客户端指定 DNS 服务器地址。例如，option domain-name-servers 61.187.96.3;
option time-offset 数字	为客户端指定格林威治时间领衔时间，单位为秒

7.4.4 设置 IP 作用域

DHCP 服务的主要目的就是为客户端提供 IP 地址，因此在建立 DHCP 服务器时，必须确定一个 IP 子网中所有可分配的连续的 IP 地址范围，这个连续的 IP 地址范围就是 IP 作用域。

当 DHCP 客户端向 DHCP 服务器请求 IP 地址时，DHCP 服务器就可以从该作用域中选择一个尚未分配的 IP 地址，并将其分配给该 DHCP 客户端。

在 dhcpd.conf 文件中，用 subnet 语句声明一个 IP 作用域，其语法格式如下：

```
subnet 子网 ID  netmask 子网掩码 {
   rang 起始 IP 地址  结束 IP 地址;  #此处用来指定可分配给客户端的 IP 地址范围
   IP 参数;                          #定义客户端 IP 参数，如子网掩码、默认网关等
}
```

【操作示例 7-1】在子网 192.168.2.0 中，允许客户端分配的 IP 地址范围是 192.168.2.50～192.168.2.100 及 192.168.2.150～192.168.2.199，子网掩码采用默认值 255.255.255.0，此时可在 dhcpd.conf 文件的第 47 行开始做如下修改：

```
subnet 192.168.2.0 netmask 255.255.255.0
{
    range 192.168.2.50 192.168.2.100;
    range 192.168.2.150 192.168.2.199;
    ……
}
```

这里用 subnet 语句声明了一个 IP 作用域，其 IP 子网标识为 192.168.2.0，子网掩码为 255.255.255.0，range 语句设置了该 IP 子网中可分配给客户端的 IP 地址的范围。

7.4.5 设置客户端的 IP 地址

利用 DHCP 服务除了给 DHCP 客户端指定 IP 地址外，还可以为客户端设置子网掩码、DNS 服务器的地址和默认网关等参数。当 DHCP 客户端向 DHCP 服务器索取 IP 地址或更新租约时，DHCP 服务器就会自动为 DHCP 客户端设置相应的 IP 选项。

在配置文件 dhcpd.conf 中，设置 DHCP 客户端 IP 选项的基本格式如下：

```
option 选项代码 设置内容;
```

通常需要设置的客户端 IP 选项及举例如下。

1）设置路由器（默认网关）的 IP 地址，如“option routers 192.168.2.1;”。

2）设置子网掩码，如“option subnet-mask 255.255.255.0;”。

3）设置 DNS 域名，如“option domain-name "TianYi. com";”。

4）设置 DNS 服务器的 IP 地址，如“option domain-name-server 192. 166. 2. 254, 61. 187. 96. 3;”。

5）设置广播地址，如“option broadcast-address 192. 166. 2. 255;”。

【操作示例 7-2】假如需要将以上 5 个 IP 选项分配给客户端，此时可在 dhcpd.conf 文件的第 51 行开始做如下修改：

```
option routers 192.168.2.1;
option subnet-mask 255.255.255.0;
option domain-name “TianYi.com”;
option domain-name-server 192.166.2.254,61.187.96.3;
option broadcast-address 192.166.2.255;
```

7.4.6 设置租约期限

客户端在自动获取 IP 地址后，一般会有一定的使用期限，这个使用期限就是租约期限。在租约期限内，DHCP 客户端可以临时使用从 DHCP 服务器租借到的 IP 地址，期限过后需要重新申请 IP 地址。然而频繁的 IP 地址变动会给管理工作带来麻烦，这时用户可以通过设置合理的 IP 地址租约期限，使客户端拥有 IP 地址的“永久”使用权。

在 dhcpd.conf 文件中，有两个与租约期限有关的设置。

1）默认的租约期限，例如：

```
default-lease-time 86400;      #第 10 行，修改租约期限为 1 天
```

2）最大的租约期限，例如：

```
max-lease-time 172800;         #第 11 行，修改最大的租约期限为 2 天
```

租约信息记录在文件/var/lib/dhcp/dhcpd.lease 中，从该文件中可以查看到 IP 地址的租用情况。

【操作示例 7-3】假如需要将默认的租约期限设置为 7 天、最大的租约期限设置为 15 天，此时可在 dhcpd.conf 文件中做如下设置：

```
default-lease-time 604800;
max-lease-time 1296000;
```

7.4.7 保留特定 IP

在 DHCP 服务器的 IP 作用域中可以给指定的 DHCP 客户端保留特定的 IP 地址，这样客户端每次都可以获取相同的 IP 地址。

要保留特定的 IP 地址给指定的 DHCP 客户端使用，必须先查看该客户端网卡的 MAC 地址，然后在/etc/dhcpd.conf 文件中将保留的特定 IP 地址与之绑定即可。在 dhcpd.conf 文件中，保留的特定 IP 地址需采用 host 语句，格式如下：

```
host 主机名 {                                   #第 62 行
    hardware ethernet 网卡的 MAC 地址;          #设置 DHCP 客户端网卡的 MAC 地址
    fixed-address IP 地址;                      #为 DHCP 客户端分配 IP 地址
    IP 参数;                                    #指定默认网关等其他 IP 参数
}
```

【操作示例 7-4】在子网中，部门两位主管的计算机想申请固定的 IP 地址，以便与部门内其他员工进行交流，具体操作方法如下。

1）查看两位主管的计算机的 MAC 地址。如果主管的计算机安装的是 Windows 操作系统，可以选择“开始”→“运行”，在“运行”对话框的“打开”文本框中输入 cmd，单击“确定”按钮进入命令方式，再输入 arp -a 命令或 ipconfig /all 命令查看，操作方法如图 7-5 所示。

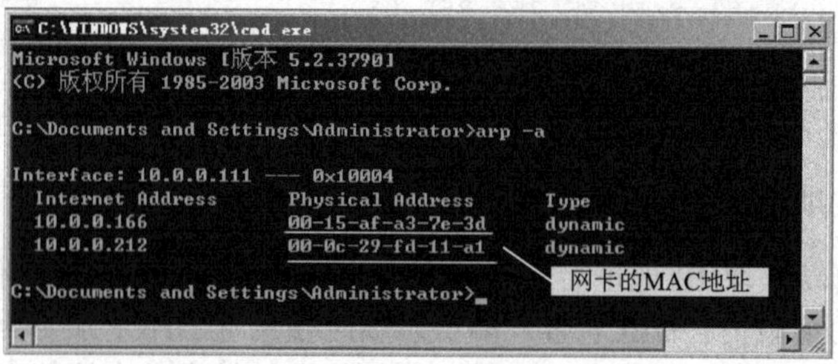

图 7-5 在 Windows 中查看 MAC 地址

如果主管的计算机安装的是 Linux 操作系统，可以在终端模式下输入 arp 命令或 ifconfig 命令查看，操作方法如图 7-6 所示。

图 7-6 在 Linux 中查看 MAC 地址

2）在 DHCP 服务器的配置文件 dhcpd.conf 中编辑 boss1 的绑定，添加 boss2 的绑定，加入如下语句：

```
host boss1 {                                              #第 62 行
    hardware Ethernet 00:15:af:a3:7e:3d;
     fixed-address 192.166.2.98;
}
host boss2 {
    hardware Ethernet d0:d7:83:7f:0a:9c;
```

```
        fixed-address 192.166.2.198;
    }
```

7.4.8　启动与停止 DHCP 服务

任务 7-3

进入 Linux 系统，完成 DHCP 服务的启动、停止和重启等任务，最后将 DHCP 服务的启动设为自动加载。

完成任务的具体步骤如下。

STEP 01　启动 DHCP 服务。在 DHCP 服务安装完成并配置好 dhcpd.conf 文件后，需要启动才能使用 DHCP 服务。使用 systemctl start dhcpd 命令启动 DHCP 服务，然后再使用 systemctl status dhcpd 命令查看 DHCP 服务的启动状态（也可以使用 netstat -anpu|grep ":67"命令查看），操作方法如图 7-7 所示。

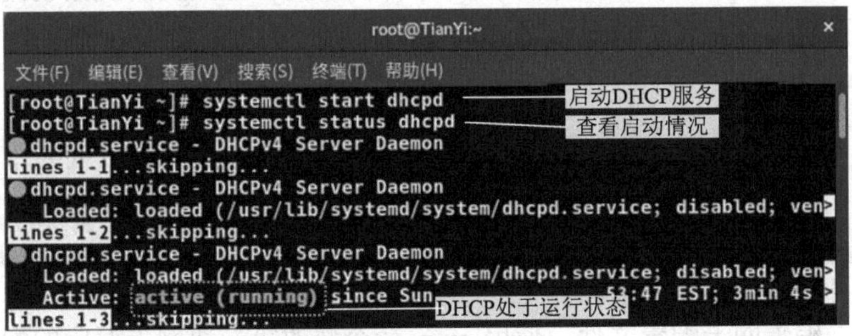

图 7-7　启动 DHCP 服务

STEP 02　停止 DHCP 服务。与启动 DHCP 服务类似，使用 systemctl stop dhcpd 命令停止 DHCP 服务，操作方法如图 7-8 所示。

图 7-8　停止 DHCP 服务

STEP 03　重启 DHCP 服务。对 DHCP 服务器进行了相应配置后，如果需要让其生效，则需要对 DHCP 服务器进行重启，此时使用 systemctl restart dhcpd 命令重启 DHCP 服务，操作方法如图 7-9 所示。

图 7-9　重启 DHCP 服务

STEP 04　自动加载 DHCP 服务。如果需要让 DHCP 服务随系统启动而自动加载，可以使用 systemctl enable dhcpd 命令让系统开机时自动加载，操作方法如图 7-10 所示。

图 7-10　自动加载 DHCP 服务

7.4.9 配置 DHCP 客户端

1. 配置 Linux 的 DHCP 客户端

安装好 DHCP 服务器程序，并通过前面介绍的方法设置好相关参数之后，就可以使用 DHCP 服务为局域网（如果是两台虚拟机，可以设置它们在同一 LAN 区段）中的客户端分配 IP 地址了，但是客户端要从 DHCP 服务器那里得到 IP 地址，还必须进行相应的配置。

在 Linux 系统中，每个网络设备（网卡）都在/etc/sysconfig/network-scripts/目录中有一个对应的配置文件，一般情况都是 ifcfg-ens33。

任务 7-4

在 Linux 操作系统的客户端，修改网卡的配置文件，使其从网络中自动获取 IP 地址，并测试客户端获取 IP 地址的情况。

完成任务的具体步骤如下。

STEP 01 编辑网卡配置文件。使用 vim 命令修改第一块网卡对应的配置文件，将 BOOTPROTO=none 修改为 BOOTPROTO="dhcp"，并启用客户端的 DHCP 功能，具体操作方法如下：

```
[root@localhost~]#vim /etc/sysconfig/network-scripts/ifcfg-ens33
```

修改后 ifcfg-eth0 的内容如下：

```
TYPE="Ethernet"
PROXY_METHOD="none"
BROWSER_ONLY="no"
BOOTPROTO="dhcp"                    #设置客户端使用 DHCP 方式获取 IP 地址
DEFROUTE="yes"
IPV4_FAILURE_FATAL="no"
NAME="ens33"
UUID="028ec484-33d0-41db-865a-97f1642e1e9e"
DEVICE="ens33"
ONBOOT="yes"
```

STEP 02 重新启动网卡或重新发送广播。在 Linux 中修改了网卡的配置文件后，需要重新启动网卡或使用 dhclient 命令重新发送广播申请 IP 地址，操作方法如下：

1）重新启动网卡：

```
[root@localhost~]#ifdown ens33
```

```
[root@localhost~]#ifup ens33
```

2）重新发送广播：

```
[root@localhost~]#dhclient ens33
```

STEP 03　测试 IP 地址获取情况。执行 ifconfig 命令，测试 DHCP 客户端是否能正常获取 IP 地址，测试方法和测试结果如下：

```
[root@localhost~]# ifconfig
ens33: flags=4163<UP,BROADCAST,RUNNING,MULTICAST>  mtu 1500
       inet 210.99.100.41 netmask 255.255.255.0 broadcast 210.99.100.255
       inet6 fe80::2e77:178f:699b:142f  prefixlen 64  scopeid 0x20<link>
       ether 00:0c:29:b3:1b:63  txqueuelen 1000  (Ethernet)
       RX packets 797  bytes 72149 (70.4 KiB)
       RX errors 0  dropped 0  overruns 0  frame 0
       TX packets 286  bytes 33585 (32.7 KiB)
       TX errors 0  dropped 0 overruns 0  carrier 0  collisions 0
```

2. 配置 Windows 10 的 DHCP 客户端

在 Windows 7/10 或 Windows Server 2012 中配置 DHCP 客户端的方法基本相同，本节主要以配置 Windows 10 的 DHCP 客户端为例介绍在 Windows 系列操作系统下配置 DHCP 客户端的具体步骤。

任务 7-5

在 Windows 10 操作系统的客户端，设置本地连接属性，让其“自动获得 IP 地址”“自动获得 DNS 服务器地址”，设置完成后测试客户端获取 IP 地址的情况。

完成任务的具体步骤如下。

STEP 01　打开“网络和 Internet 设置”对话框。在 Windows 10 桌面上右击状态栏托盘区域中的网络连接“”图标，选择快捷键菜单中的“打开网络和 Internet 设置”命令，打开“网络和 Internet 设置”对话框，如图 7-11 所示。在这个对话框右侧拖动滚动条到下方，在右侧选择“网络和共享中心”，进入“网络和共享中心”的工作界面。

STEP 02　打开“以太网 状态”对话框。在右侧“查看活动网络”列表中单击“以太网”链接，打开“以太网 状态”对话框，如图 7-12 所示。

STEP 03　打开“以太网 属性”对话框。单击“属性”按钮，打开“本地连接 属性”对话框，如图 7-13 所示，在该对话框中可以配置 TCP/IPv4、TCP/IPv6 等协议。

STEP 04　设置自动获取参数。由于目前计算机绝大多数使用 TCP/IPv4，因此，选择“Internet 协议版本 4（TCP/IPv4）”选项，单击“属性”按钮，打开“Internet 协议版本 4（TCP/IPv4）属性”对话框，如图 7-14 所示。在此对话框中分别选中“自动获得 IP 地址”和“自动获得 DNS 服务器地址”单选按钮，然后单击“确定”按钮，即可完成 DHCP 客户端的配置。

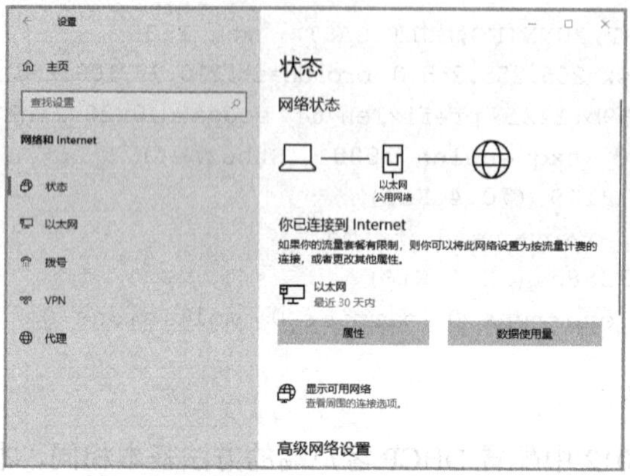

图 7-11 “网络和 Internet 设置”对话框

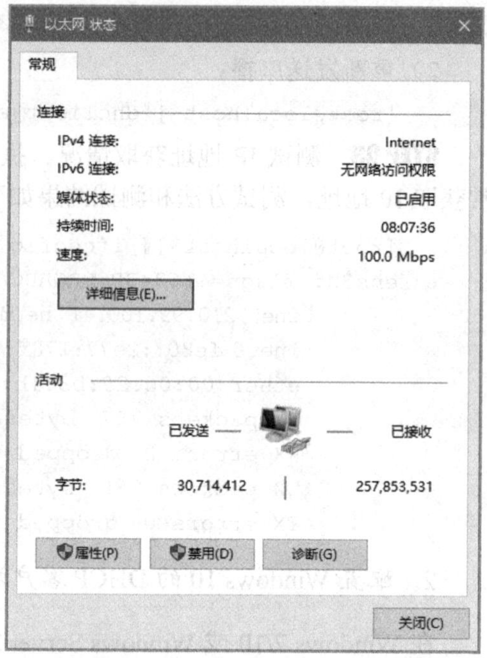

图 7-12 “以太网 状态”对话框

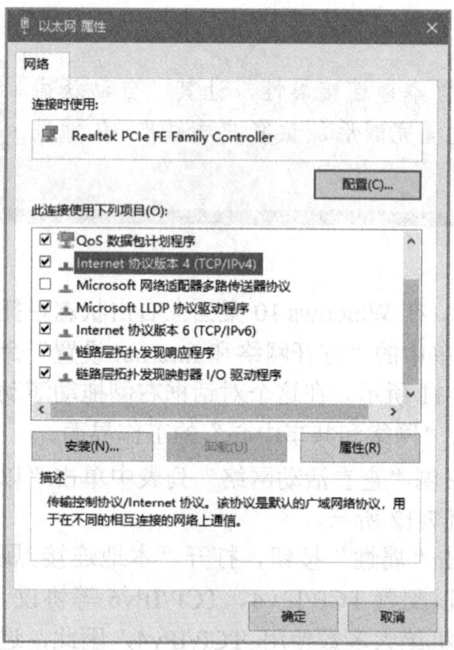

图 7-13 “以太网 属性”对话框

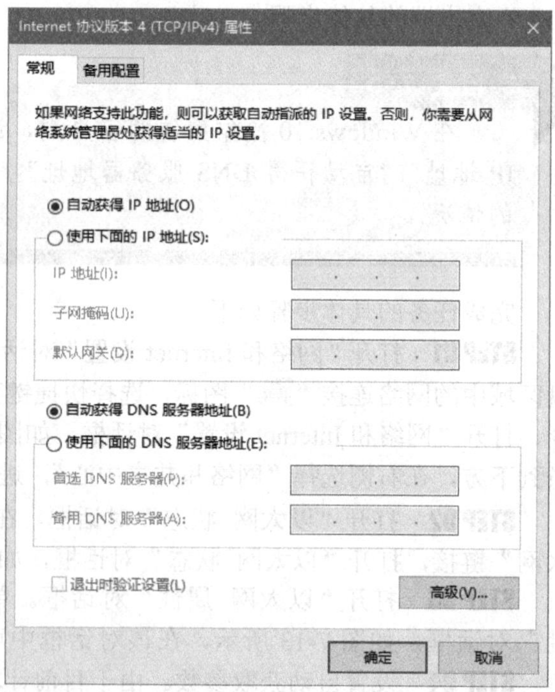

图 7-14 “Internet 协议版本 4（TCP/IPv4）属性”对话框

STEP 05 释放 IP 地址。选择“开始”→“运行”，在“运行”对话框的“打开”文本框中输入 cmd 进入命令窗口模式，在此窗口中输入 ipconfig /release 命令即可释放 IP 地址，如图 7-15 所示。

STEP 06 重获 IP 地址。在图 7-15 中输入 ipconfig/renew 命令即可重获 IP 地址，如

图 7-16 所示。由此可知，客户端获取的 IP 地址是 210.99.100.42，网关地址是 210.199.100.1，与在 DHCP 服务器中的设置相同。

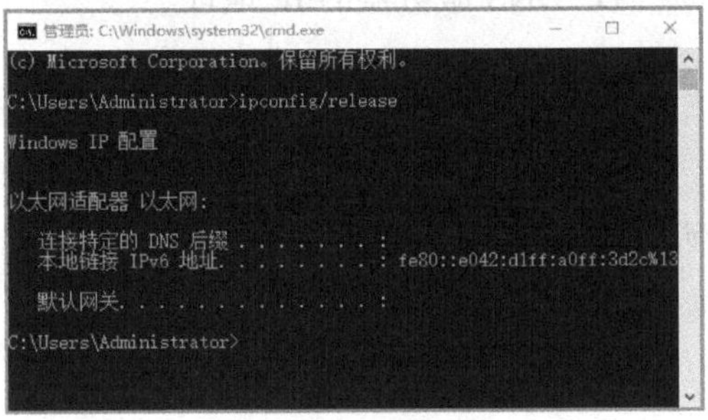

图 7-15　释放 IP 地址

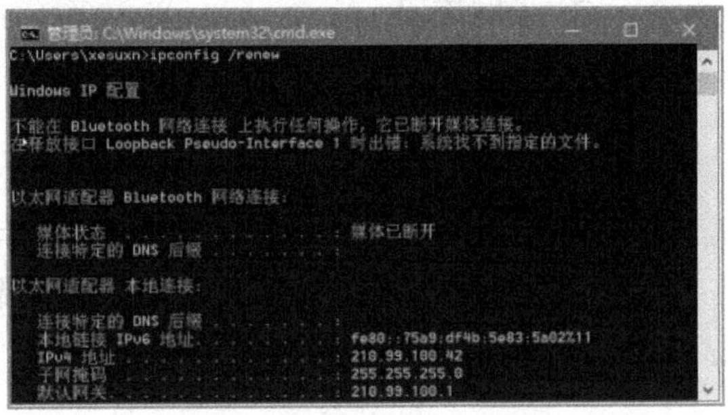

图 7-16　重新获取 IP 地址

7.5　项 目 拓 展

7.5.1　知识拓展

1. 填空题

1）DHCP 是一个简化主机________的 TCP/IP 标准协议。

2）DHCP 提供________、________和________共 3 种地址分配机制。

3）DHCP 是一个基于广播的协议，它的操作归结为________、________、________和________共 4 个阶段。

4）配置 Linux 客户端需要修改网卡配置文件，将 BOOTPROTO 项设置为________。

5）在 Linux 的 DHCP 服务器的主配置文件中，“option routers　IP 地址”的作用是________。

2. 选择题

1）DHCP 软件包安装完成后，会在系统中产生很多与 DHCP 相关的配置文件供配置 DHCP 服务器使用，其主配置文件是（　　）。

A. dhcpd.conf　　B. dhcpd.leases
C. dhcpd　　D. dhcpd.conf.sample

2）为保证在启动服务器时自动启动 DHCP 进程，应对（　　）文件进行编辑。

A. /etc/rc.d/rc.inet2　　B. /etc/rc.d/rc.inet1
C. /etc/dhcpd.conf　　D. /etc/rc.d/rc.S

3）在配置 DHCP 服务时，声明 IP 地址范围的关键字是（　　）。

A. range　　B. group　　C. subnet　　D. host

4）在 RHEL 8.3 中，启动 DHCP 服务进程的命令是（　　）。

A. systemctl start dhcpd　　B. systemctl restart dhcpd
C. service start dhcpd　　D. service restart dhcpd

5）DHCP 服务器能够提供给客户机的参数有（　　）（多选）。

A. IP 地址　　B. 默认网关

C. 子网掩码　　D. DNS 服务器的 IP 地址

3. 简答题

1）简述 DHCP 服务器的工作过程。

2）简述如何在 Linux 的 DHCP 服务器中为某一台计算机分配固定的 IP 地址。

3）简述配置 DHCP 服务的具体配置步骤。

7.5.2 技能拓展

1. 课堂练习

【课堂练习 7-1】添艺教育培训中心培训部的教室有 50 台计算机需要从 Linux 服务器上获取 IP 地址，而且要求能够上网，教师机的 IP 地址为 192.168.1.88，DNS 服务器的 IP 地址为 192.168.1.18，网关为 192.168.1.254。

训练步骤如下。

STEP 01 配置服务器的 IP 地址和 DNS。此步请参考“任务 1-4”的 STEP 03 进行配置。

STEP 02 检查 DHCP 软件包。采用 rpm -qa|grep dhcp 命令检查 DHCP 软件包的安装情况，具体操作方法如下：

```
[root@TianYi~]# rpm -qa|grep dhcp
dhcp-client-4.3.6-30.el8.x86_64
dhcp-server-4.3.6-30.el8.x86_64
dhcp-libs-4.3.6-30.el8.x86_64
dhcp-common-4.3.6-30.el8.noarch
[root@TianYi~]#
```

STEP 03 修改配置文件。

1）将范本文件 dhcpd.conf.sample 复制到/etc/dhcp/目录，并改名为 dhcpd.conf：

```
[root@TianYi~]# cd /usr/share/doc/dhcp-server/
[root@TianYi dhcp-server]# cp dhcpd.conf.example /etc/dhcp/dhcpd.conf
cp：是否覆盖'/etc/dhcp/dhcpd.conf'？ y
```

2）利用 vim 编辑配置文件 dhcpd.conf：

```
[root@TianYi~]# vim /etc/dhcp/dhcpd.conf
```

3）对配置文件进行相应的设置，具体设置方法如下：

```
ddns-update-style none;                          #不要更新 DDNS 的设置
ignore client-updates;                           #忽略客户端更新
default-lease-time 604800;                       #设置默认地址租约时间
max-lease-time 864000;                           #设置最大地址租约时间

subnet 192.168.1.0 netmask 255.255.255.0 {
option routers 192.168.1.254;                    #设置默认网关
```

```
option domain-name-servers 192.168.1.18;            #设置 DNS 地址
range 192.168.1.10  192.168.1.90;                   #设置 IP 地址范围
host teacher {
       hardware Ethernet 00:15:af:a3:7e:3d;         #教师机 MAC 地址
       fixed-address 192.168.1.88;                  #给予教师机固定的 IP 地址
       }
}
```

STEP 04　重启 DHCP 服务。配置文件更改后，如果想让配置后的功能起作用，必须重新启动 DHCP 服务，具体操作方法如下：

```
[root@TianYi~]#  systemctl restart dhcpd
[root@TianYi~]#  systemctl status dhcpd
```

STEP 05　在客户端进行测试。测试时需要修改/etc/sysconfig/network-scripts/的配置文件 ifcfg-ens33，如修改其中的 DEVICE=eth0、ONBOOT=yes、BOOTPROTO=dhcp 等内容，然后用 ifdown/ifup ens33 命令重启网络服务，最后运行 ifconfig 命令验证获取 IP 地址的情况。具体测试方法请参考“任务 7-6”。

【课堂练习 7-2】在 DHCP 服务器的配置过程中，难免会遇到各种问题，请从系统设置、错误信息和日志文件等几个方面练习排除 DHCP 故障的方法。

训练步骤如下。

STEP 01　无法启动 DHCP 服务。如果遇到无法启动 DHCP 服务的情况，可以使用 dhcpd 命令进行检测，如果配置错误，错误信息会出现在提示信息中，只需要根据提示信息的内容进行修改即可。操作方法如图 7-17 所示。

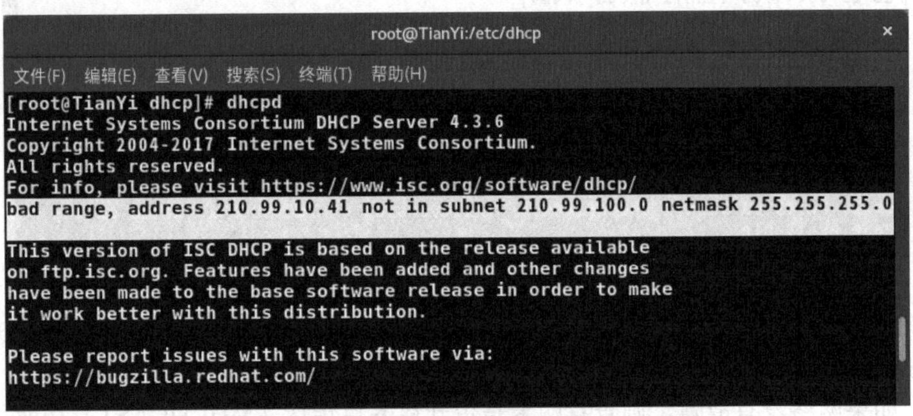

图 7-17　用 dhcpd 进行检测一

从图 7-17 可以看出 DHCP 服务启动出错，其提示是 bad range, address 210.99.10.41 not in subnet 210.99.100.0 netmask 255.255.255.0，即没有为 ens33（210.99.100.100）设置子网声明。此错误是由于 ens33 的 IP 地址与 DHCP 服务器配置中的子网声明中的 IP 地址不一致造成的，只需修改一致即可排除此故障。

也有可能出现另一种错误，如图 7-18 所示。

从图 7-18 中可以看出 DHCP 服务启动出错，出错内容是/etc 目录中的配置文件 dhcpd.conf 的第 4 行，原因是末尾没有分号“；”，添加后重新测试即可显示 There’s already a DHCP server running，表示 DHCP 服务成功启动。

```
root@TianYi:/etc/dhcp
文件(F) 编辑(E) 查看(V) 搜索(S) 终端(T) 帮助(H)
[root@TianYi dhcp]# dhcpd
Internet Systems Consortium DHCP Server 4.3.6
Copyright 2004-2017 Internet Systems Consortium.
All rights reserved.
For info, please visit https://www.isc.org/software/dhcp/
/etc/dhcp/dhcpd.conf line 4: semicolon expected.
max-lease-time
 ^
/etc/dhcp/dhcpd.conf line 4: expecting a parameter or declaration
max-lease-time 7200;
                   ^
WARNING: Host declarations are global.  They are not limited to the scope you de
clared them in.
Configuration file errors encountered -- exiting
```

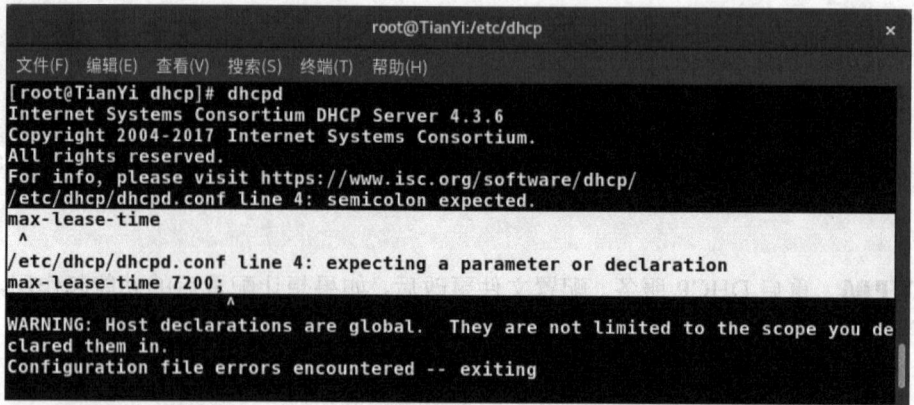

图 7-18　用 dhcpd 进行检测二

STEP 02　查看日志文件。Linux 系统会把系统运行时的有关信息记录在日志文件/var/log/messages 中，因此可以通过查看文件中有关 DHCP 的内容来排除故障。同时，DHCP 服务器会把已经出租的 IP 地址存放在/var/lib/dhcp/dhcpd_leases 中，它也可以进行故障的排除。如图 7-19 所示是采用 cat 命令显示的 messages 文件的内容，从中同样可以发现上述出错提示。

```
root@TianYi:/etc/dhcp
文件(F) 编辑(E) 查看(V) 搜索(S) 终端(T) 帮助(H)
Feb 29 00:43:03 TianYi dhcpd[10489]: /etc/dhcp/dhcpd.conf line 4: semicolon expe
cted.
Feb 29 00:43:03 TianYi dhcpd[10489]: max-lease-time
Feb 29 00:43:03 TianYi dhcpd[10489]: ^
Feb 29 00:43:03 TianYi dhcpd[10489]: /etc/dhcp/dhcpd.conf line 4: expecting a pa
rameter or declaration
Feb 29 00:43:03 TianYi dhcpd[10489]: max-lease-time 7200;
Feb 29 00:43:03 TianYi dhcpd[10489]: ^
Feb 29 00:43:03 TianYi dhcpd[10489]: WARNING: Host declarations are global.  The
y are not limited to the scope you declared them in.
Feb 29 00:43:03 TianYi dhcpd[10489]: Configuration file errors encountered -- ex
iting
Feb 29 00:43:03 TianYi dhcpd[10489]:
Feb 29 00:43:03 TianYi dhcpd[10489]: This version of ISC DHCP is based on the re
lease available
```

图 7-19　查看日志文件

STEP 03　客户端无法获取 IP 地址。如果 DHCP 服务器工作正常，但客户端无法获取 IP 地址，这时可采用 ping 命令先判断网络是否存在故障，如果网络存在故障，解决即可；如果网络没有故障，则查看网卡是否开启多点传送（MULTICAST）功能，如果没有开启，使用以下方法开启：

```
[root@TianYi~]#  route add host 255.255.255.255 dev ens33
```

如果想让多点传送功能长期生效，就要编辑/etc/rc.d/目录中的 rc.local 文件，在其中添加语句 route add host 255.255.255.255 dev ens33。

2. 课后实践

【课后实践 7-1】按要求在 Linux 的局域网中配置 DHCP 服务器，为子网 A 的客户端提供 DHCP 服务，具体参数如下。

1）IP 地址段：192.168.7.100～192.168.7.199。

2）子网掩码：255.255.255.0。

3）网关地址：192.168.7.254。

4）域名服务器：192.168.12.10。

5）子网所属域的名称：tianyi.com。

6）默认租约有效期：1 天。

7）最大租约有效期：7 天。

【课后实践 7-2】配置 DHCP 服务器和中继代理，使子网 A 的 DHCP 服务器能够同时为子网 A 和子网 B 提供 DHCP 服务。为子网 A 的客户端分配的网络参数同上，为子网 B 的主机分配的网络参数如下。

1）IP 地址段：192.168.11.10～192.168.11.240。

2）子网掩码：255.255.255.0。

3）网关地址：192.168.11.254。

4）域名服务器：192.168.12.10。

5）子网所属域的名称：networklab.com。

6）默认租约有效期：1 天。

7）最大租约有效期：3 天。

7.6 项 目 总 结

本项目首先介绍了 DHCP 服务的工作原理、工作流程和 DHCP 软件包的安装方法，分析了 DHCP 服务的核心配置文件 dhcpd.conf，然后通过典型任务着重训练了 DHCP 服务器的配置技能，最后训练了在客户端进行测试和解决故障的能力。

DHCP 是 TCP/IP 协议族中的一种，主要用来给网络客户端分配动态的 IP 地址。通过本项目的学习，你的收获怎样？请认真填写学习情况考核登记表（表 7-5），并及时反馈。

表 7-5 学习情况考核登记表

序号	知识与技能	重要性	自我评价					小组评价					教师评价				
			A	B	C	D	E	A	B	C	D	E	A	B	C	D	E
1	会安装 DHCP 软件包	★★★															
2	会启动、停止 DHCP 软件包	★★★☆															
3	能分析 dhcpd.conf 文件中的主要字段	★★★★☆															
4	会设置 IP 作用域	★★★★															
5	会设置客户端的 IP 地址	★★★★★															
6	会进行多网段 IP 地址的分配	★★★★☆															
7	会测试 DHCP 服务	★★★★															
8	能完成课堂训练	★★★☆															

注：评价等级分为 A、B、C、D 和 E 共 5 等。其中，对知识与技能掌握很好，能够熟练地完成 DHCP 服务器的配置为 A 等；掌握了 75%以上的内容，能较为顺利地完成任务为 B 等；掌握 60%以上的内容为 C 等；基本掌握为 D 等；大部分内容不够清楚为 E 等。

项目 8　DNS 服务器配置与管理

DNS（domain name system，域名系统）是 Internet 上用得最频繁的服务之一，它不仅担负着 Internet、Intranet、Extranet 等网络的域名解析任务；在域方式组建的局域网中，它还承担着用户账户名、计算机名、组名及各种对象的名称解析任务。

本项目详细介绍 DNS 服务的基本概念、工作原理，BIND（Berkeley Internet name domain service，伯克利因特网名称域系统）的运行、架设以及配置与管理的具体方法；通过任务引导学生检查并安装 DNS 软件包，全面分析全局配置文件 named.conf 和主配置文件，具体训练学生对 DNS 服务器和客户端的配置，以及对 DNS 服务器简单故障进行判断和处理的能力。

教学导航

知识目标	（1）了解 DNS 的基本概念及工作原理 （2）了解 DNS 服务所需的软件包 （3）掌握主 DNS 服务器的配置方法 （4）掌握缓存 DNS 服务器的配置方法 （5）掌握辅助 DNS 服务器的配置方法 （6）掌握 DNS 客户端的配置方法
技能目标	（1）会检查并安装 DNS 软件包 （2）会启动和停止 DNS 服务进程 （3）能分析 DNS 服务所涉及的配置文件 （4）能配置主 DNS 服务器、缓存 DNS 服务器和辅助 DNS 服务器 （5）能配置 DNS 客户端并进行测试 （6）能解决 DNS 配置中出现的问题
素质目标	（1）培养认真细致的工作态度和工作作风 （2）养成刻苦、勤奋、好问、独立思考和细心检查的学习习惯 （3）能与组员精诚合作，能正确面对他人的成功或失败 （4）培养网络主权意识和网络安全意识，激发学生的爱国热情和责任担当
重点、难点	（1）重点：安装 bind 软件包，熟悉主配置文件、区域配置文件、正反向配置文件 （2）难点：配置正反向文件，解决配置中出现的问题
课时建议	（1）教学课时：理论学习 2 课时+教学示范 4 课时 （2）技能训练课时：课堂模拟 4 课时+课堂训练 4 课时

8.1 项 目 引 入

易联公司承接的添艺教育培训中心的网络改造项目已进入服务器配置阶段，并完成了 Samba 服务和 NFS 服务的配置，得到了添艺教育培训中心的好评。

这天，曹捷到添艺教育培训中心了解系统使用情况，他获悉中心技术部开发了自己的 Web 网站，但是只能用 IP 地址进行访问，这样极为不便。另外，目前的网络环境是所有用户都可以在内网和外网之间进行资源的访问，而且使用的 DNS 是通过 DHCP 服务器获取的，DHCP 服务器上填写的 DNS 地址为公网上一台注册的 DNS 服务器地址，因为上网的频率非常高，域名解析的问题经常造成网络的拥塞，员工抱怨浏览网页总是超时。那么，曹捷应如何尽快解决上述问题呢？

8.2 项 目 任 务

曹捷凭借所学的知识和技能，加上多年的现场工作经验，经过认真分析，认为最好在 Linux 服务器上配置 DNS 服务和高速缓存（caching-only）服务器来解决此类问题。为此，本项目的具体任务如下。

1）熟悉 DNS 服务的工作原理。

2）构建网络环境，规划 DNS 域名称空间：设置 DNS 服务器的静态 IP 地址、禁用 firewalld（或在防火墙中放行 DHCP 服务）和 SELinux、测试局域网的网络状况等。

3）检查并安装 DNS 服务所需要的 bind 软件包。

4）分析 DNS 的主配置文件、区域配置文件、正向配置文件、反向配置文件，并熟悉配置文件所涉及的主要参数的作用。

5）配置与管理 DNS 服务器。

6）加载配置文件或重新启动 bind，检查 DNS 服务配置是否生效。

7）配置 DNS 客户端，并完成 DNS 服务的测试。

8）解决配置过程中出现的问题。

8.3 相 关 知 识

8.3.1 DNS 概述

DNS 是 Internet、Intranet、Extranet 中最基础也是非常重要的一项服务，它提供了网络访问中域名和 IP 地址之间的相互转换。在 Internet 中，域名与 IP 地址之间是一对一（或者多对一）的关系，域名虽然便于人们记忆，但机器之间只能互相认识 IP 地址，它们之间的转换工作称为域名解析，域名解析需要由专门的域名解析服务器来完成，DNS 服务器就是进行域名解析的服务器。

DNS 是一种新的主机名称和 IP 地址转换机制，它使用一种分层的分布式数据库来处理 Internet 上众多的主机和 IP 地址转换。也就是说，网络中没有存放全部 Internet 主机信息的中心数据库，这些信息分布在一个层次结构中的若干台域名服务器上。DNS 是基于客户端/服务器模型设计的。

8.3.2 DNS 的组成

每当一个应用需要将域名翻译成 IP 地址时，这个应用便成为域名系统的一个客户。这个客户将待翻译的域名放在 DNS 请求信息中，并将这个请求发送给域名空间中的 DNS 服务器。服务器从请求中取出域名，将它翻译为对应的 IP 地址，然后在回答信息中将结果返回给应用。如果接到请求的 DNS 服务器不能将域名翻译为 IP 地址，则向其他 DNS 服务器查询，整个 DNS 域名系统由 DNS 域名空间、DNS 服务器和解析器（客户端）3 部分组成。

DNS 组成

1. DNS 域名空间

DNS 的域名空间是由树状结构组织的分层域名组成的集合，如图 8-1 所示。

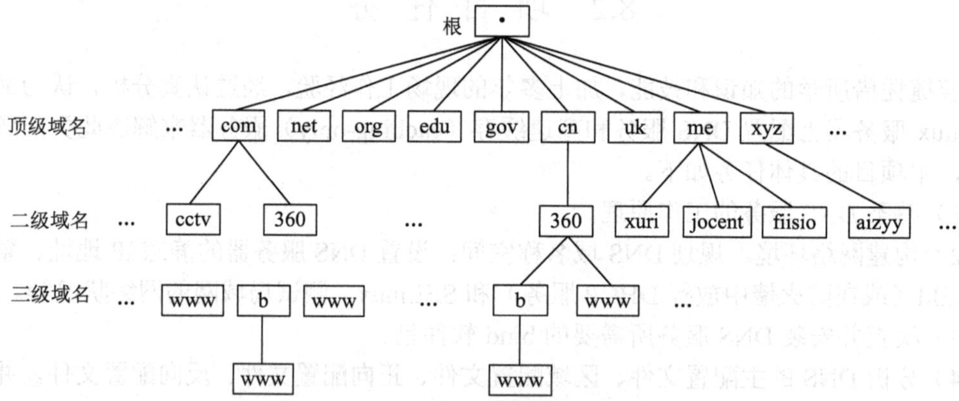

图 8-1 DNS 域名空间

DNS 域名空间树的最上面是一个无名的根（root）域，用点“.”表示。这个域只是用来定位的，并不包含任何信息。

在根域之下就是几个顶级域。目前，顶级域有 com、net、org、edu、gov、cn、uk 等，顶级域名一般分成组织域（行业域）的和地理域（地区域）的两大类。每个顶级域又可以进一步划分为不同的二级域、三级域，直至子域，子域下面可以是主机。也可以是再划分的子子域，直到最后的主机。所有的顶级域名都由 InterNIC（Internet Network Information Center，国际互联网络信息中心）负责管理的，域名的服务则由 DNS 实现。

美国的顶级域名是由代表机构性质的英文单词的 3 个缩写字母组成，常用的组织上的顶级域名如表 8-1 所示。

表 8-1 组织上的顶级域名

域名	表示	域名	表示
com	通信组织	mil	军队
edu	教育机构	net	网间连接组织
gov	政府	org	非营利性组织
int	国际组织	…	…

除美国以外的国家或地区都采用代表国家或地区的顶级域名，它们一般是相应国家或地区的英文名的两个缩写字母，部分国家或地区的顶级域名如表 8-2 所示。

表 8-2 部分国家或地区的顶级域名

域名	表示	域名	表示
cn	中国	tw	中国台湾
uk	英国	hk	中国香港
fr	法国	jp	日本
it	意大利	…	…

在 DNS 域名空间树中，每一个节点都用一个简单的字符串（不带点）标识。这样，在 DNS 域名空间中的任何一台计算机都可以通过中间用点“.”相连接的字符串来标识：

```
叶节点名.三级域名.二级域名.顶级域名
```

域名使用的字符包括字母、数字和连字符，而且必须以字母或数字开头和结尾。级别最低的域名写在最左边，而级别最高的顶级域名写在最右边，高一级域包含低一级域，整个域名总长度不得超过 255 个字符。在实际使用中，每个域名的长度一般小于 8 个字符，域名的级数通常不多于 5 个。

2. DNS 服务器

DNS 服务器是保持和维护域名空间中数据的程序。由于域名服务是分布式的，每一个 DNS 服务器含有一个域名空间的完整信息，其控制范围称为区（zone）。对于本区内的请求由负责本区的 DNS 服务器解释，对于其他区的请求将由本区的 DNS 服务器与负责该区的相应服务器联系。

为了完成 DNS 客户端提出的查询请求，DNS 服务器必须具有以下基本功能。

1）保存主机（网络上的计算机）对应的 IP 地址的数据库，即管理一个或多个区域的数据。

2）可以接受 DNS 客户端提出的主机名称对应 IP 地址的查询请求。

3）若查询请求的数据不在本服务器中，能够自动向其他 DNS 服务器查询。

4）向 DNS 客户端提供与其主机名称对应的 IP 地址的查询结果。

3. 解析器（客户端）

解析器是简单的程序或子程序，它从服务器中提取信息以响应对域名空间中主机的查询，用于 DNS 客户端。

8.3.3 正向解析与反向解析

1. 正向解析

正向解析就是根据域名，解析出对应的 IP 地址。其查询方法为：当 DNS 客户端（也可以是 DNS 服务器）向首选 DNS 服务器发出查询请求后，如果首选 DNS 服务器数据库中没有与查询请求对应的数据，则会将查询请求转发给另一台 DNS 服务器，以此类推，直到找到与查询请求对应的数据为止，如果最后一台 DNS 服务器中也没有所需的数据，则通知 DNS 客户端查询失败。

2. 反向解析

反向解析与正向解析正好相反，它是利用 IP 地址解析出对应的域名。

8.3.4 查询的工作原理

DNS 客户端需要查询所使用的名称时，它会通过查询 DNS 服务器来解析该名称。客户端发送的查询消息包括以下 3 条信息。

1）指定的 DNS 域名，必须为完全合格的全称域名（fully qualified domain name，FQDN）。

2）指定的查询类型，可根据类型指定资源记录，或者指定为查询操作的专门类型。

3）DNS 域名的指定类别。

当客户端程序要通过一个主机名称来访问网络中的一台主机时，它首先要得到这个主机名称所对应的 IP 地址。可以从本机的 hosts 文件中得到主机名称所对应的 IP 地址，如果 hosts 文件不能解析该主机名称时，只能通过客户端所设定的 DNS 服务器进行查询。查询时可以通过本地解析、直接解析、递归查询或迭代查询的方式对 DNS 查询进行解析。

1. 本地解析

本地解析的过程如图 8-2 所示，客户端平时得到的 DNS 查询记录都保留在 DNS 缓存中。客户端操作系统上都运行着一个 DNS 客户端程序，当其他程序提出 DNS 查询请求时，这个查询请求要传送至 DNS 客户端程序。DNS 客户端程序首先使用本地缓存信息进行解析，如果可以解析所要查询的名称，则 DNS 客户端程序就直接应答该查询，而不需要向 DNS 服务器查询，该 DNS 查询处理过程也就结束了。

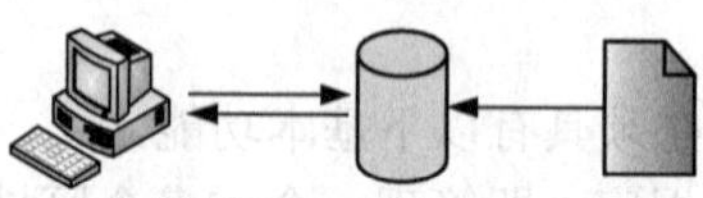

图 8-2 本地解析

2. 直接解析

如果 DNS 客户端程序不能从本地 DNS 缓存回答客户端的 DNS 查询，它就向客户端所设定的局部 DNS 服务器发送一个查询请求，要求本地 DNS 服务器进行解析。如图 8-3 所示，本地 DNS 服务器得到这个查询请求，首先查看一下所要求查询的域名是不是自己能回答的，如果能回答，则直接给予回答，如是不能回答，再查看自己的 DNS 缓存，如果可以从缓存中解析，则也是直接给予回答。

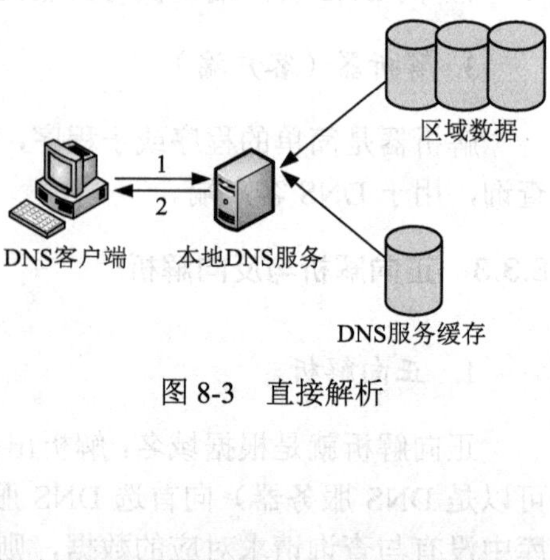

图 8-3 直接解析

3. 递归查询

当本地 DNS 服务器不能回答客户端的 DNS 查询时，就需要向其他 DNS 服务器进行查询，可采用如图8-4所示的递归方式。如要递归查询 certer.example.com 的地址，首先 DNS 服务器通过分析完全合格的域名后，向顶层域 com 查询，而 com 的 DNS 服务器与 example.com 服务器联系以获得更进一步的地址。这样循环查询直到获得所需要的结果，并一级一级向上返回查询结果，直到最终完成查询工作。

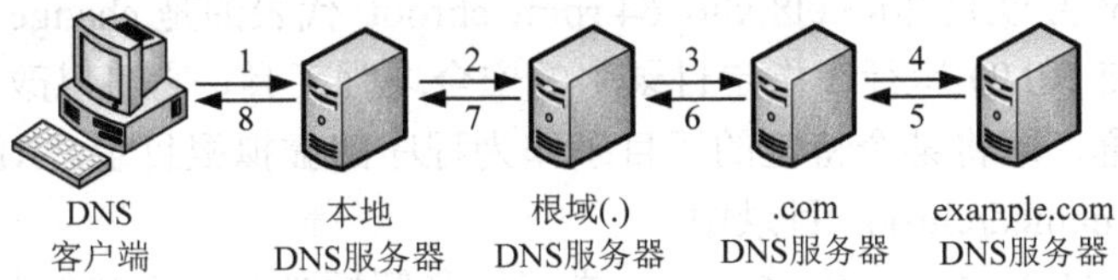

图8-4 递归查询

4. 迭代查询

当局部 DNS 服务器不能回答客户端的 DNS 查询时，也可以通过迭代查询的方式进行解析，如图8-5所示。如要迭代查询 user.certer.example.com 的地址，首先 DNS 服务器在本地查询不到客户端请求的信息时，就会以DNS客户端的身份向其他配置的 DNS 服务器继续进行查询，以便解析该名称。在大多数情况下，可能会将搜索一直扩展到 Internet 上的根域服务器，但根域服务器并不会对该请求进行完整的应答，它只会返回 example.com 服务器的 IP 地址，这时 DNS 服务就根据该信息向 example.com 服务器进行查询，由 example.com 服务器完成对 user.certer.example.com 域名的解析后，再将结果返回 DNS 服务器。

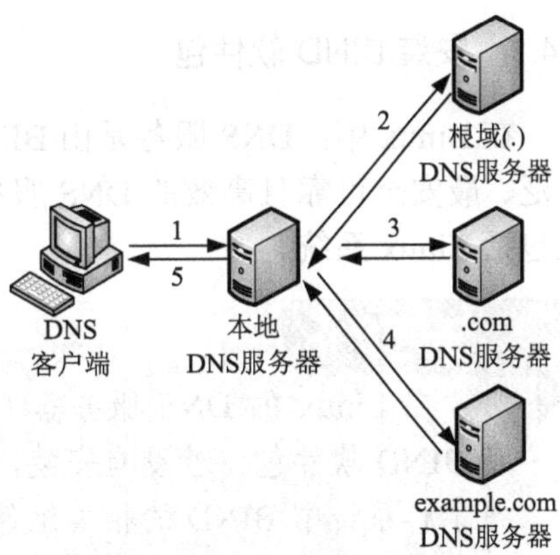

图8-5 迭代查询

思政小贴士

根域名服务器在网络世界具有非常重要的作用。在与现有 IPv4 根服务器体系架构充分兼容的基础上，由中国下一代互联网国家工程中心牵头发起的“雪人计划”，于2016年在美国、日本、印度、俄罗斯、德国、法国等全球16个国家完成25台 IPv6 根服务器架设，中国部署了其中的4台，由1台主根服务器和3台辅根服务器组成，打破了中国过去没有根服务器的困境；形成了13台原有根域名服务器加25台 IPv6 根域名服务器的新格局，为建立多边、民主、透明的国际互联网治理体系打下了坚实的基础。

8.3.5 DNS服务软件包

在 Linux 服务器上架设 DNS 服务器通常使用 BIND 程序来实现，其守护进程是 named。在安装与配置 DNS 服务之前，必须了解 BIND 所需要的软件包及它们的用途。

1）bind-32:9.11.20-5.el8.x86_64.rpm：DNS 服务的主程序包，服务器端必须安装该软件包，后面的数字为版本号。

2）bind-utils-9.11.20-5.el8.x86_64.rpm：该包为客户端工具，提供了 DNS 服务器的测试工具，包括 dig、host 与 nslookup 等，系统默认安装。

3）bind-chroot-32:9.11.20-5.el8.x86_64.rpm：chroot 代表的是 change to root（根目录）的意思，该包为使 BIND 运行在指定目录中的安全增强工具，它可以改变程序运行时所参考的根目录位置，即将某个特定的子目录作为程序的虚拟根目录。RHEL 8.3 默认将 BIND 锁定在/var/named/chroot 目录中。

4）bind-libs-9.11.20-5.el8.x86_64.rpm：进行域名解析必备的库文件（系统默认安装），需要注意的是，bind-chroot 软件包最好最后一个安装，否则会报错。

8.4 项 目 任 务

8.4.1 安装 BIND 软件包

在 Linux 中，DNS 服务是由 BIND 程序实现的。BIND 软件包是全球范围内使用最广泛、最安全可靠且高效的 DNS 服务器安装包，它可以运行在大多数 UNIX 服务器中，也包括 Linux 系统。

任务 8-1

在 Linux 的 DNS 服务器（IP：192.168.10.199）中检查是否安装了 BIND 软件包，若没有安装，则利用安装光盘进行安装，然后检查并了解系统中 BIND 的相关组件。

完成任务的具体步骤如下。

STEP 01 检查 BIND 软件包。使用 rpm -qa|grep bind 命令检测系统中是否安装了 BIND 软件包，或查看已经安装的软件包的版本，操作方法如图 8-6 所示。

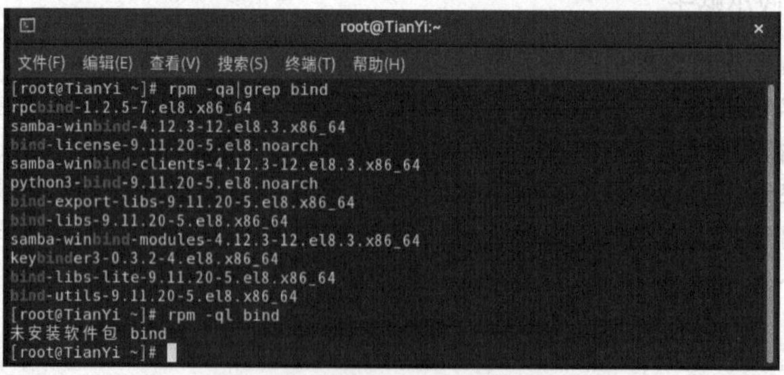

图 8-6 检查 BIND 软件包

如果未看到 bind-32:9.11.4-16.p2.el8.x86_64，说明系统还未安装 BIND 软件包，此时可使用 yum install 或 rpm -ivh 命令安装软件包。

STEP 02 安装 BIND 软件包。将 RHEL 8.3 的安装光盘放入光驱，首先使用 mount

命令挂载光驱，然后使用 yum install bind bind-chroot bind-utils -y 命令安装 BIND 软件包（YUM 源的配置见“任务 3-6”），操作方法如图 8-7 所示。

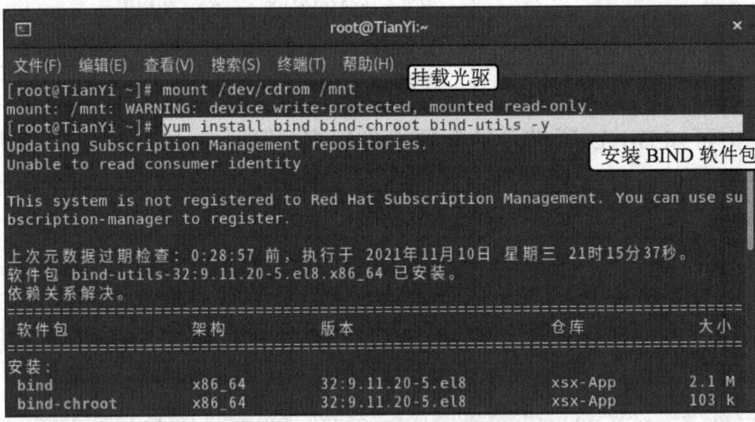

图 8-7　安装 BIND 软件包

STEP 03　检查确认。BIND 软件包安装完毕后，再使用 rpm -ql bind 命令进行查询，发现 BIND 软件包安装完成，而且生成了一系列的文件和目录，操作方法如图 8-8 所示。

STEP 04　检查 BIND 能否启动。执行 systemctl start named 命令查看 BIND 能否启动，如果启动成功，想让 DNS 服务器开机自动启动，还得执行 systemctl enable named 命令，操作方法如图 8-9 所示。

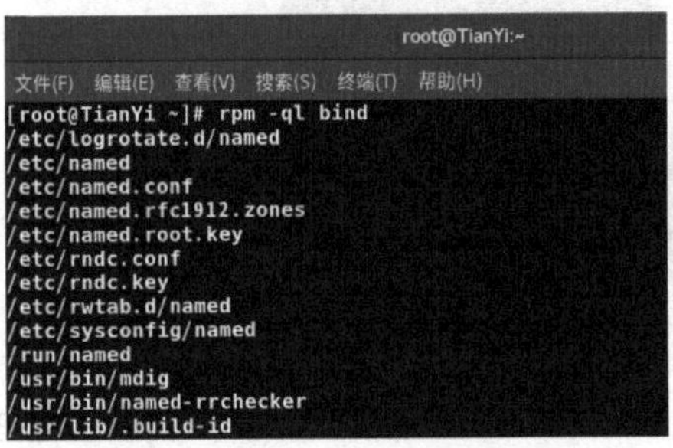

图 8-8　检查 BIND 安装情况

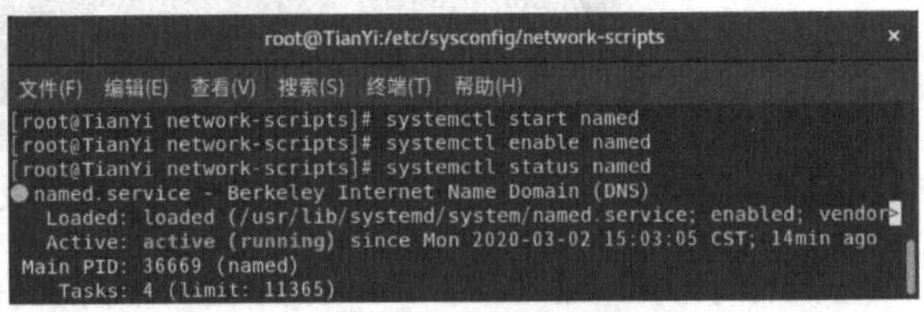

图 8-9　启动 DNS 服务

8.4.2　熟悉 BIND 的配置文件

BIND 软件包安装完成后，会在系统中产生很多的文件和目录，要想配置好 DNS 服务器，通常需要了解以下 BIND 配置文件，如表 8-3 所示。

表 8-3　BIND 配置文件

配置文件	说明
/etc/named.conf	BIND 的全局配置文件，需要用户复制并做简单配置
/etc/ named.rfc1912.zones	BIND 的主配置文件
/etc/rc.d/init.d/named	BIND 脚本文件
/usr/sbin/named-checkconf	检测/etc/named.conf 文件语法
/var/named/named.ca	根域名服务器的配置文件，可上网下载
/var/named/named.localhost	用于 localhost 到本地回环地址的解析

续表

配置文件	说明
/named/named.loopback	用于本地回环地址到 localhost 的解析
/var/named/tianyi.com.zone	需要用户自己创建的 DNS 服务的正向区域文件
/var/named/0.168.192.zone	需要用户自己创建的 DNS 服务的反向区域文件

从表 8-3 中可知 BIND 所涉及的配置文件很多，但要完成基本的 DNS 服务，用户只需编辑全局配置文件、主配置文件、正向区域文件和反向区域文件 4 个配置文件即可。

任务 8-2

在 Linux 系统中熟悉全局配置文件、主配置文件、根域文件、正向区域文件和反向区域文件，掌握主要参数的作用，按照操作示例完成各项参数的配置，并检查配置结果。

完成任务的具体步骤如下。

STEP 01 熟悉并编辑全局配置。

【操作示例 8-1】 进入/etc 目录，查看 BIND 的全局配置文件 named.conf 和主配置文件 named.rfc1912.zones，并对全局配置文件和主配置文件进行备份，如图 8-10 所示。

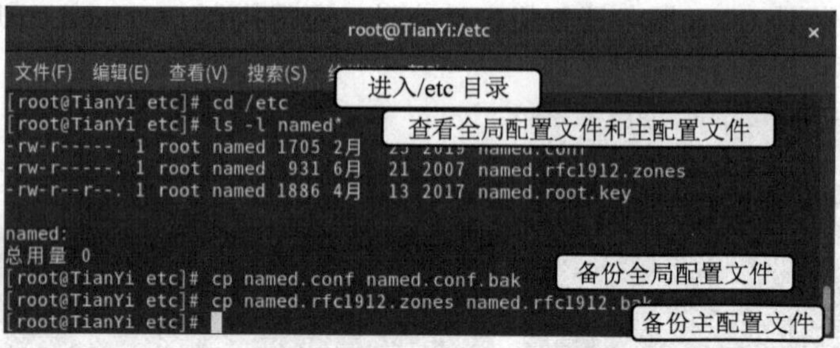

图 8-10 查看全局配置文件和主配置文件

【操作示例 8-2】 利用 vim 打开全局配置文件 named.conf，修改该文件已标注的 3 个地方，其他内容保持默认，全局配置文件修改之后的内容如图 8-11 所示。

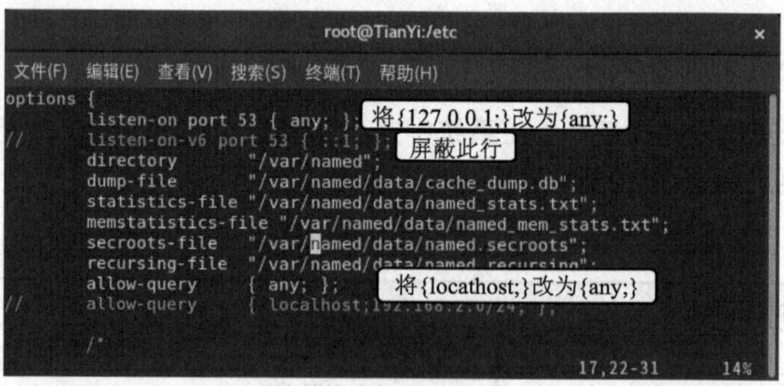

图 8-11 全局配置文件

下面对全局配置文件 named.conf 进行分析。

1）选项配置部分。

➢ listen-on port 53 { 127.0.0.1;}：在源文件的第 11 行，这是 DNS 侦听本机的 IPv4

的端口及 IP 地址。“将{ 127.0.0.1; }改为{ any; }”，表示侦听所有网络。

➢ listen-on-v6 port 53 { ::1; }：在源文件的第 12 行，这是 DNS 侦听本机的 IPv6 的端口及 IP 地址。“屏蔽此行”表示不侦听 IPv6 网络。
➢ directory "/var/named"：在源文件的第 13 行，指定主配置文件路径，这个路径也是相对路径，它的绝对路径是/var/named/chroot/var/named。
➢ dump-file "/var/named/data/cache_dump.db"：在源文件的第 14 行，指定域名缓存文件的保存位置和文件名。
➢ statistics-file "/var/named/data/named_stats.txt"：在源文件的第 15 行，当使用 rndc stats 命令时，服务器会将统计信息追加到的文件路径名。如果没有指定，默认 named.stats 在服务器程序的当前目录中。
➢ memstatistics-file "/var/named/data/named_mem_stats.txt"：在源文件的第 16 行，服务器输出的内存使用统计文件的路径名。如果没有指定，默认值为 named.memstats。
➢ allow-query { localhost;}：在源文件的第 19 行，允许提交查询的客户端，“将{ localhost; }改为{ any; }”，表示允许所有查询。
➢ recursion yes：在源文件的第 31 行，设置查询方式为递归或迭代查询。

2）定义主配置文件。此部分可有多个，只要求 localhost_resolver 这个名字不重复。

➢ include "/etc/named.rfc1912.zones"：在源文件的第 57 行，指定的主配置文件。除了根域外，其他所有区域的配置建议在 named.rfc1912.zones 文件中配置，主要是为了方便管理，最好不轻易破坏主配置文件 named.conf 的结构。
➢ zone "." IN：在源文件的第 52～55 行，指定了根域解析文件为 named.ca。由 Internet NIC 创建和维护，无须修改。

STEP 02　熟悉并编辑主配置文件。在全局配置文件的第 57 行指定主配置文件为 named.rfc1912.zones，它用来保存域名和 IP 地址对应关系的所在位置。在这个文件中，定义了域名与 IP 地址解析规则保存的文件位置以及服务类型等内容，而没有包含具体的域名、IP 地址对应关系等信息，对应关系需要在正向区域文件和反向区域文件中进行定义。

【操作示例 8-3】如果需要 DNS 服务器管理某个区域，完成该区域内的域名解析工作，就需要在主配置文件中进行相关的配置。使用 vim 打开 named.rfc1912.zones，在主配置文件末尾添加正向区域说明和反向区域说明，如图 8-12 所示。

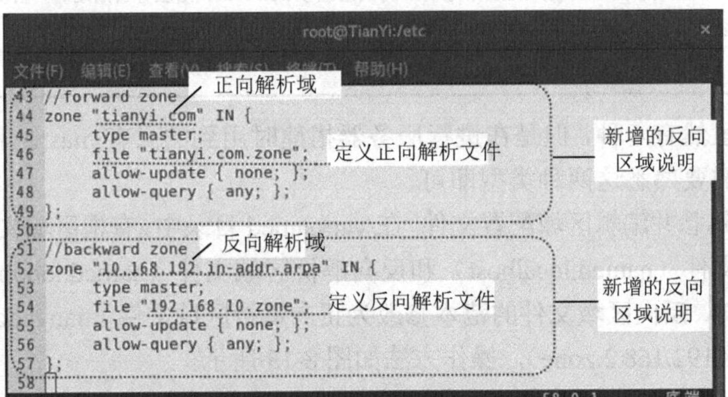

图 8-12　主配置文件的内容

熟悉配置内容，前面添加了正向区域说明和反向区域说明，其配置内容如表 8-4 所示。

表 8-4　主配置文件配置示例

设置区域	主配置文件的配置结果	配置说明

设置正向解析区域	zone "tianyi.com" IN{
	type master;
	file "tianyi.com.zone";
	allow-transfer {
	192.168.1.168;
	};
		设置主区域的名称为 tianyi.com
		设置区域的类型为 master
		设置区域文件为 tianyi.com.zone
		设置辅助域名服务器的地址为 192.168.1.168

设置反向解析区域	zone "2.168.192.in-addr.arpa" IN{
	type master;
	file "192.168.2.zone";
	allow-transfer {
	192.168.1.168;
	};
	};
		设置反向解析区域的名称
		设置区域的类型为 master
		设置反向解析区域文件为 192.168.2.zone
		设置辅助域名服务器的地址为 192.168.1.168

配置说明如下。

- zone：指定区域名称，如 zone“tianyi.com”。
- type：指定 DNS 区域类型，如“type hint;”或“type master;”等，具体区域类型如表 8-5 所示。

表 8-5　DNS 的区域类型

类型	说明
master	主 DNS 服务器区域：拥有区域数据文件，并对此区域提供管理数据
slave	辅助区域：拥有主 DNS 服务器区域数据文件的副本，辅助 DNS 服务器从主 DNS 服务器同步所有区域数据
stub	stub 区域和 slave 类似，但它只复制主 DNS 服务器上的 NS 记录，而不像辅助 DNS 服务器会复制所有区域数据
forward	一个 forward zone 是每个域的配置转发的主要部分。一个 zone 语句中的 type forward 可以包括一个 forward 和（或）forwarders 子句，它会在区域名称给定的域中查询
hint	根域名服务器的初始化组指定使用的线索区域 hint zone，当服务器启动时，它使用根线索查找根域名服务器，并找到最近的根域名服务器列表
delegation-only	用于强制区域的 delegation only 状态

区域类型虽然有 6 种，但是在进行服务器搭建时用到的只有 master 和 hint 两种，因此目前大家只需要熟悉这两种类型即可。

STEP 03　熟悉并编辑区域配置文件。在/var/named 目录中，有根区域文件（named.ca）、正向解析区域文件（named.localhost）和反向解析区域文件（named.loopback）的范本，首先必须将正向、反向区域文件的范本修改为正向解析区域文件（tianyi.com.zone）、反向解析区域文件（192.168.2.zone），操作方法如图 8-13 所示。

```
root@TianYi:/var/named
文件(F) 编辑(E) 查看(V) 搜索(S) 终端(T) 帮助(H)
[root@TianYi named]# cd /var/named
[root@TianYi named]# ls -l named*
-rw-r-----. 1 root named 2253 4月   5 2018 named.ca
-rw-r-----. 1 root named  152 12月 15 2009 named.empty
-rw-r-----. 1 root named  152 6月  21 2007 named.localhost
-rw-r-----. 1 root named  168 12月 15 2009 named.loopback
[root@TianYi named]# cp -a named.localhost tianyi.com.zone     生成正向区域文件
[root@TianYi named]# cp -a named.loopback 192.168.2.zone       生成反向区域文件
[root@TianYi named]#
```

图 8-13　复制正向、反向区域文件范本

注意：正向、反向区域文件的名称一定要与主配置文件中 zone 区域声明中指定的文件名一致，而且正向、反向区域文件的所有记录行都必须顶格写，前面不要留有空格，否则可能导致 DNS 服务不能正常工作。

1）熟悉根区域文件。全球共有 13 台根域名服务器，其中 1 台为主根服务器，其余 12 台均为辅根服务器。这 13 台根域名服务器的名字分别为“A”至“M”，其中 10 台设置在美国，另外 3 台分别设置于英国、瑞典和日本。所有根服务器均由美国政府授权的互联网名称与数字地址分配机构（The Internet Corporation for Assigned Names and Numbers，ICANN）统一管理，负责全球互联网域名根服务器、域名体系和 IP 地址等的管理。

/var/named/named.ca 是一个非常重要的文件，该文件包含了 Internet 的根服务器名字和地址，BIND 收到客户端主机的查询请求时，如果在 Cache 中找不到相应的数据，就会通过根服务器进行逐级查询。

【操作示例 8-4】进入/var/named/目录，利用 vim 查看根区域文件 named.ca 的具体内容（千万不要修改！），该文件记录了全球 13 台根域名服务器的地址，如图 8-14 所示。

```
root@TianYi:/var/named
文件(F) 编辑(E) 查看(V) 搜索(S) 终端(T) 帮助(H)
28
29 ;; ADDITIONAL SECTION:
30 a.root-servers.net.    518400  IN   A    198.41.0.4
31 b.root-servers.net.    518400  IN   A    199.9.14.201
32 c.root-servers.net.    518400  IN   A    192.33.4.12
33 d.root-servers.net.    518400  IN   A    199.7.91.13
34 e.root-servers.net.    518400  IN   A    192.203.230.10
35 f.root-servers.net.    518400  IN   A    192.5.5.241
36 g.root-servers.net.    518400  IN   A    192.112.36.4
37 h.root-servers.net.    518400  IN   A    198.97.190.53
38 i.root-servers.net.    518400  IN   A    192.36.148.17
39 j.root-servers.net.    518400  IN   A    192.58.128.30
40 k.root-servers.net.    518400  IN   A    193.0.14.129
                                                  33,1        56%
```

图 8-14　根区域文件

2）编辑正向区域文件 tianyi.com.zone。DNS 服务器中存放了区域内的所有数据（包括主机名、对应 IP 地址、刷新间隔和过期时间等），而用来存放这些数据的文件就称为区域数据文件（区域数据文件使用“;”符号注释）。区域数据文件一般存放在/var/named/目录下。一台 DNS 服务器内可以存放多个区域文件，同一个区域文件也可以存放在多

台 DNS 服务器中。

【操作示例 8-5】在 RHEL 8.3 的/var/named/目录中创建一个正向区域文件 tianyi.com.zone，实现 www.tianyi.com、ftp.tianyi.com、mail1.tianyi.com 和 mail1.tianyi.com 的正向解析，同时设置别名 CNAME 资源记录、邮件交换器 MX 资源记录，操作方法如图 8-15 所示。

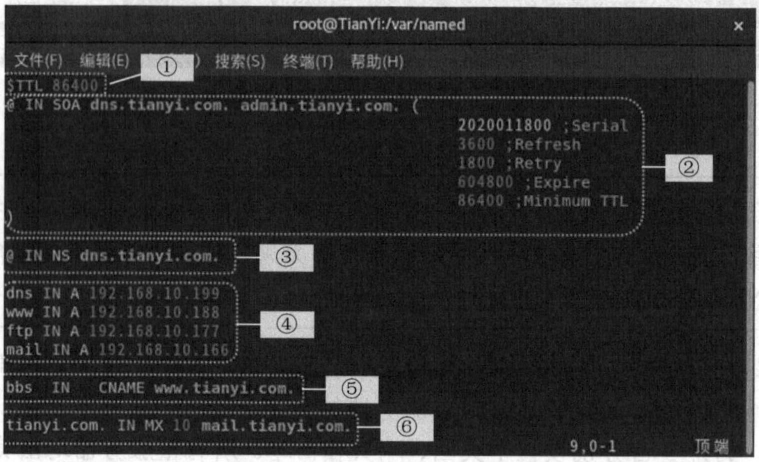

图 8-15 配置正向区域文件

程序说明如下。

① 设置允许客户端缓存来自查询的数据的默认时间，单位为秒，通常应将它放在文件的第 1 行。

② 设置起始授权机构（start of authority，SOA）资源记录。SOA 是主域名服务器区域文件中必须要设定的资源记录，它表示创建它的 DNS 服务器是主域名服务器。SOA 资源记录定义了域名数据的基本信息和其他属性（更新或过期间隔）。

- 设置所管辖的域名。定义当前 SOA 所管辖的域名，这里使用符号“@”代替，也可以使用“tianyi.com.”（注意域名后的点号“.”）。
- 设置 Internet 类。区域文件中的 IN 代表类型属于 Internet 类，这个格式是固定的，不可改变。
- 设置授权主机名。区域文件中的“dns.tianyi.com.”定义了负责该区域的名称解析的授权主机名，这样 DNS 服务器才会知道谁控制这个区域。授权主机名称必须在区域文件中有一个 A 资源记录。

注意：示例中 dns 主机号（末尾没有句点号）资源记录使用了相对名称，BIND 会自动在其后面添加“.tianyi.com.”。此规则对区域文件中所有语句都适用。在完整的主机地址末尾加上一个句点号，表示这是一个完整的主机名。

- 设置负责该区域的管理员的 E-mail 地址。区域文件的“admin.tianyi.com.”定义了负责该区域的管理员的 E-mail 地址。由于在 DNS 中使用符号“@”代表本区域的名称，因此在 E-mail 地址中应使用点号“.”代替“@”。
- 设置 SOA 资源记录的各种选项。小括号里的数字是 SOA 资源记录各种选项的值，主要作为和辅助域名服务器同步 DNS 数据而设置的。注意左括号一定要和 SOA 写在同一行。

- ✧ 设置序列号。2020011800 定义了序列号的值，通常由“年月日+修改次数”组成，而且不能超过 10 位数字。
- ✧ 设置更新间隔。3600（秒）定义了更新间隔为 1 小时。更新间隔用于定义辅助域名服务器隔多长时间与主域名服务器进行一次区域复制操作。
- ✧ 设置重试间隔。1800（秒）定义了重试间隔值为 30 分钟。
- ✧ 设置过期时间。604800（秒）定义了过期时间为 1 周。过期时间用于定义辅助域名服务器在该时间内不能与主域名服务器取得联系时，则放弃重试并丢弃这个区域的数据。
- ✧ 设置最小默认 TTL。默认以秒为单位，此处 86400 定义了 TTL 的值为 1 天。最小默认 TTL 定义允许辅助域名服务器缓存查询数据的默认时间。

③ 设置名称服务器（name server，NS）资源记录。NS 资源记录定义了该域名由哪个 DNS 服务器负责解析，NS 资源记录定义的服务器称为区域权威名称服务器。为 DNS 客户端提供数据查询，并且能肯定应答区域内所含名称的查询。

④ 设置主机地址 A（address）资源记录。主机地址 A 资源记录是最常用的记录，它定义了 DNS 域名对应 IP 地址的信息。

⑤ 设置别名 CNAME（canonical name）资源记录。别名 CNAME 资源记录也被称为规范名字资源记录。CNAME 资源记录允许将多个名称映射到同一台计算机上，使得某些任务更容易执行。

⑥ 设置邮件交换器 MX（mail exchanger）资源记录。邮件交换器 MX 资源记录指向一个邮件服务器，用于电子邮件系统发邮件时根据收信人邮件地址后缀来定位邮件服务器。可以设置多个 MX 资源记录，指明多个邮件服务器，优先级别由 MX 后的数字决定。

3）编辑反向解析区域文件 192.168.10.zone。反向解析区域文件的结构和格式与区域文件类似，只不过它的主要内容是建立 IP 地址映射到 DNS 域名的指针 PTR 资源记录。下面通过实例讲解如何定义反向解析区域。

【操作示例 8-6】在 RHEL 8.3 的/var/named/目录中，用 vim 打开反向区域文件 192.168.10.zone，并按图 8-16 设置相关内容。

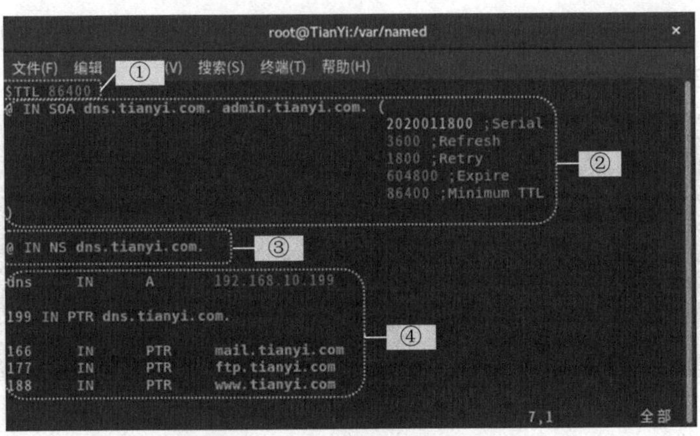

图 8-16　反向解析区域文件

① 设置域的默认生存时间 TTL（time to live），单位为秒。86400 秒即为 1 天，等价于$TTL 1D。

② SOA 是在主域名服务器区域文件中一定要设置的，用于开始权威的域名信息记录，宣布该服务器具有权威性的名字空间。

SOA 之后应填写该域的名称，并且要在名称的最后附加点号“.”；域名之后，应填写域名服务器管理员的 E-mail 地址，E-mail 地址中的“@”符号在此处用点号代替（即 admin 后面的点），在 E-mail 地址的最后，也要附加一个点号。

③ 设置 NS 资源记录，NS 资源记录定义了该域名由哪个 DNS 服务器负责解析，NS 资源记录定义的服务器称为区域权威名称服务器。

④ 设置指针 PTR 资源记录：指针 PTR 资源记录只能在反向解析区域文件中出现。PTR 资源记录和 A 资源记录正好相反，它是将 IP 地址解析成 DNS 域名的资源记录。与区域文件的其他资源记录类似，它也可以使用相对名称和 FQDN。例如，对于资源记录“188 IN PTR www.tianyi.com.”，BIND 会自动在其后面加“.10.168.192.in- addr.arpa.”，所以相当于全称域名的 188.10.168.192.in-addr.arpa。

指针 PTR 资源记录，注意最后一条资源记录只有主机号（末尾没有句点号），BIND 会自动在其后面加“.10.168.192.in-addr.arpa.”。

STEP 04 验证配置结果。

【操作示例 8-7】在/var/named 目录中，建立了正向、反向区域文件，先使用 named-checkzone tianyi.com /var/named/tianyi.com.zone 命令检查正向区域文件，再使用 amed-checkzone 192.168.10.199 /var/named/192.168.10.zone 命令检查反向区域文件，检查过程如图 8-17 所示。

图 8-17　检查正向、反向区域文件

【操作示例 8-8】利用 host 和 nslookup 命令验证域名解析，注意需要关闭防火墙和 SELinux，配置好 resolv.conf 等，简单测试如图 8-18 所示。

图 8-18　测试域名解析

8.4.3 企业应用案例

DNS 服务器的 BIND 软件包安装好之后，必须先编写 DNS 的全局配置文件和主配置文件。在全局配置文件中做好选项配置，并定义主配置文件。在主配置文件中设置根区域、主区域和反向解析区域。下面通过具体任务训练大家的配置技能。

任务 8-3

请为添艺教育培训中心架设一台 DNS 服务器，负责 tianyi.com 域的域名解析工作。DNS 服务器的 FQDN 为 dns.tianyi.com，IP 地址为 192.168.10.8，具体要求如下。

要求为以下域名实现正向、反向域名解析服务：

- dns.tianyi.com 192.168.10.8
- mail.tianyi.com MX 记录 192.168.10.3
- www.tianyi.com 192.168.10.6
- ftp.tianyi.com 192.168.10.7

另外，还要求设置 RHEL8、bbs 和 Samba 别名 CNAME 资源记录；使用 3 台内容相同的 FTP 服务器实现网络负载均衡功能，它们的 IP 地址分别对应 192.168.10.7、192.168.10.17 和 192.168.10.117；能够实现直接域名解析和泛域名解析。

完成任务的具体步骤如下。

STEP 01 修改全局配置文件。先修改网卡 ens33 的 IP 地址为 192.168.10.8，再安装 BIND 所需的软件包。接下来参考“任务 8-2”修改全局配置文件 named. conf，具体修改如下 4 个内容：

```
options {
   listen-on port 53 { any; };        #1. 原内容：{ 127.0.0.1; };
// listen-on-v6 port 53 { ::1; };     #2. 屏蔽 IPv6 的端口监听
......
   allow-query     { any; };          #3. 设置为 any，允许任何主机查询
......
include "/etc/tianyi.com";            #4.指定主配置文件为/etc/tianyi.com
};
```

STEP 02 编辑主配置文件。先参考“任务 8-2”建立主配置文件 tianyi.com，再运用 vim 打开 tianyi.com 文件进行编辑，在主配置文件末尾添加正向区域说明、反向解析区域说明，具体配置的内容如下：

```
//指定正向解析区域为 tianyi.com.zone
zone "tianyi.com" IN {              #指明正向区域是 tianyi.com
    type master;                    #指明区域类型为 master
    file "tianyi.com.zone";         #指定正向区域文件 tianyi.com.zone，需手工建立
    allow-update { none; };
    allow-query { any; };           #允许任何主机查询
};
//指定反向解析区域为 192.168.10.zone
```

```
zone "10.168.192.in-addr.arpa" IN {  #指明反向区域
    type master;
    file "192.168.10.zone"; #指定正向区域文件192.168.10.zone，需手工建立
    allow-update { none; };
    allow-query { any; };
};
```

STEP 03 编辑根及正向、反向区域文件

1）先参考“任务 8-2”查看 named.ca 文件是否完整，需要最新的文件可上网下载。

2）再参考“任务 8-2”建立正向、反向区域文件 tianyi.com.zone 和 192.168.10.zone。进入/var/named 目录，使用 cp -a 命令将正向区域文件和反向区域文件的范本复制过来，然后用 vim 打开 tianyi.com.zone 正向区域文件，并对它进行编辑，具体设置方法如图 8-19 所示。

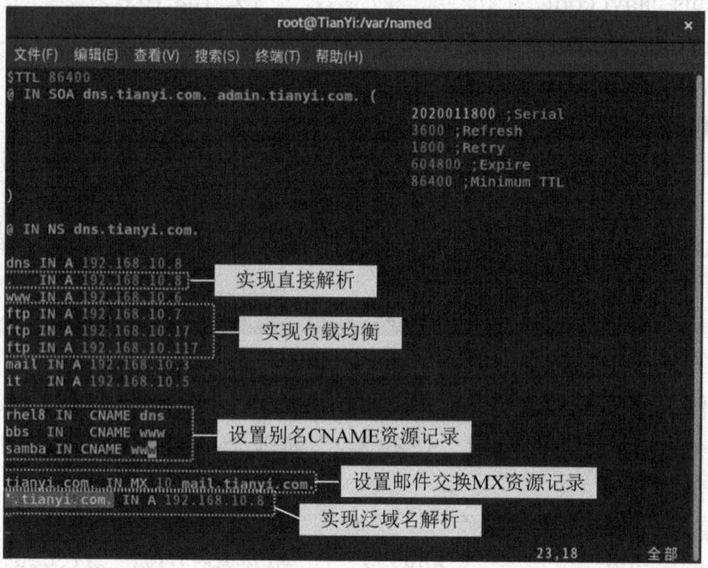

图 8-19　编辑正向区域文件

① 实现直接域名解析。在默认情况下，DNS 服务器不能直接将域名解析成 IP 地址，它只能解析全称域名 FQDN。为了方便用户访问，可以在 DNS 服务器的区域文件中加入特殊的 A 资源记录，以便支持实现直接域名解析功能。

```
tianyi.com.     IN      A       192.168.10.8
```

或

```
.               IN      A       192.168.10.8
```

② 实现负载均衡功能。负载均衡就是在 DNS 服务器中为同一个域名配置多个 IP 地址（即为一个主机名设置多条 A 资源记录），如果域中 FTP 服务器的网络负荷很大，需要多台服务器进行负载均衡，可在 DNS 服务器上的正向区域文件中加入相关记录。

③ 实现泛域名的解析。一个域名下的所有主机和子域名都被解析到同一个 IP 地址上，这种情况被称为泛域名。

为了实现泛域名解析，可以在 DNS 服务器的区域文件末尾加入下面一条特殊的 A

资源记录（符号“*”是代表任何字符的通配符），以便支持实现泛域名解析功能。

```
*.tianyi.com.   IN     A        192.168.10.8
```

或

```
*               IN     A        192.168.10.8
```

3）使用 vim 打开反向区域文件 192.168.10.zone，并进行编辑，具体设置方法如图 8-20 所示。

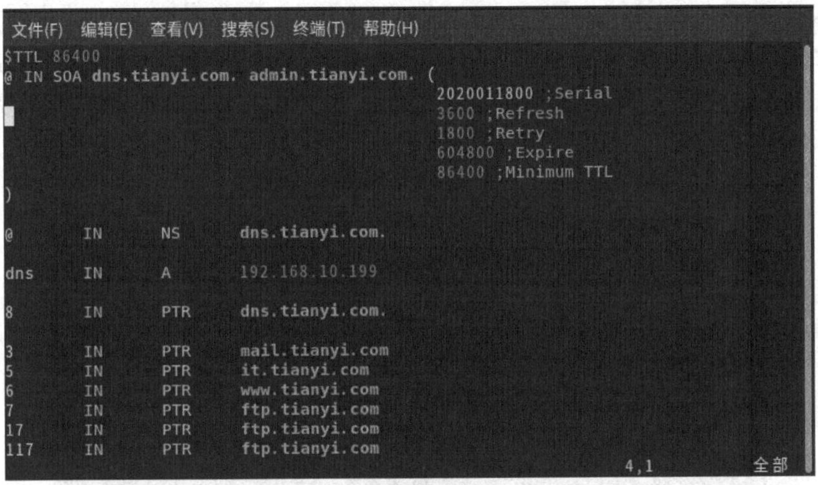

图 8-20　编辑反向区域文件

STEP 04　主域名服务器的测试。完成主域名服务器的配置后，需对其进行测试，以便及时掌握 DNS 服务器的配置情况，及时解决问题。下面的测试操作都是在主域名服务器上完成的。

1）测试前的准备。

① 重启 DNS 服务。要测试主域名服务器，执行以下命令重启 DNS 服务：

```
systemctl restart named
```

执行以下命令，确保 named 进程已经启动：

```
pstree|grep "named"
```

如果出现“|-named”，则表示 named 进程已经成功启动。

② 配置/etc/resolv.conf 文件。在/etc/resolv.conf 文件中可以配置本机使用哪台 DNS 服务器来完成域名解析工作。利用 vim 打开 c/resolv.conf 文件，在其中添加如下两行代码：

```
domain tianyi.com
nameserver 192.168.0.8
```

设置说明：

a. domain 选项定义了本机的默认域名，任何只有主机名而没有域名的查询，系统都会自动将默认域名加到主机名的后面。例如，对于查询主机名为 linden 的请求，系统会自动将其转换为对 linden.tianyi.com 的请求。

b. nameserver 选项定义了本机使用哪台 DNS 服务器完成域名解析工作，应该设置为主域名服务器的 IP 地址。

2）使用 nslookup 程序测试。

nslookup 程序是 DNS 服务的主要诊断工具，它提供了执行 DNS 服务器查询测试并获取详细信息的功能。使用 nslookup 程序可以诊断和解决名称解析问题、检查资源记录是否在区域中正确添加或更新，以及排除其他服务器相关问题。nslookup 有两种运行模式：非交互式和交互式。

非交互式通常用于返回单块数据的情况，其命令格式如下：

```
nslookup [-选项] 需查询的域名 [DNS 服务器地址]
```

【操作示例 8-9】 如果没有指明 nslookup 要使用 DNS 服务器地址，则 nslookup 使用/etc/resolv.conf 文件定义的 DNS 服务进行查询。非交互式 nslookup 程序运行完成之后，就会返回 Shell 提示符下，如果要查询另外一条记录，则需要重新执行该程序，如图 8-21 所示。

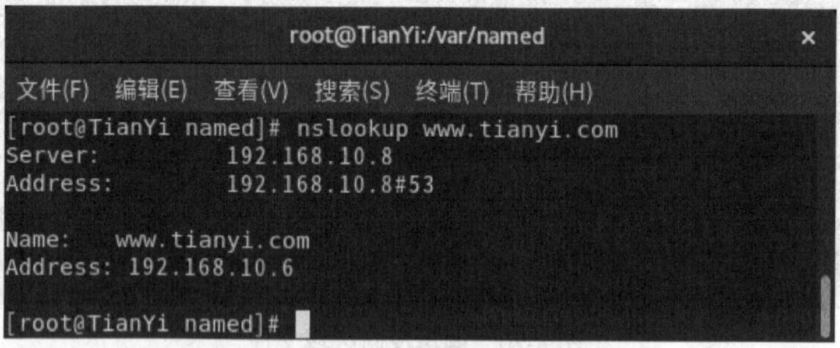

图 8-21 nslookup 程序的非交互式

交互式通常用于返回多块数据的情况，其命令格式如下：

```
nslookup [- DNS 服务器地址]
```

【操作示例 8-10】 如果没有指明 nslookup 要使用的 DNS 服务器地址，则 nslookup 使用/etc/resolv.conf 文件定义的 DNS 服务进行查询。运行交互式 nslookup 程序，就会进入 nslookup 程序提示符“>”，接下来就可以在“>”后输入 nslookup 的各种命令、需要查询的域名或反向解析的 IP 地址，查询完一条记录后，可以接着在“>”后输入新的查询，如图 8-22 所示。使用 exit 命令可退出 nslookup 程序。

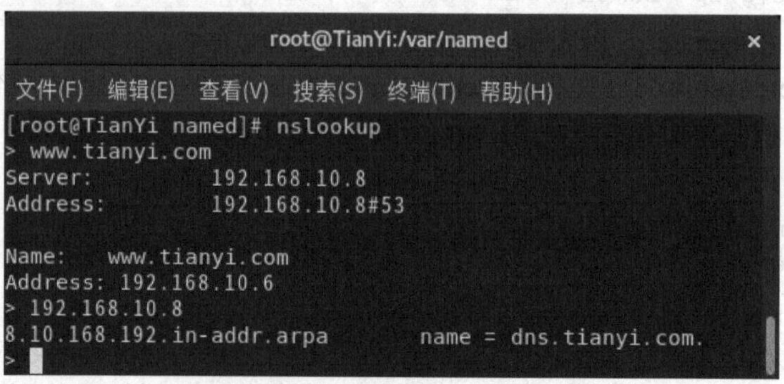

图 8-22 nslookup 程序的交互式

由于对 DNS 服务器进行测试往往需要连续查询多条记录，因此实际更多地使用 nslookup 程序的交互式，下面的测试以交互式为例进行说明。

① 测试主机地址 A 资源记录。进入 nslookup 程序后，默认的查询类型是主机地址，在 nslookup 程序提示符“>”后直接输入要测试的全称域名 FQDN，nslookup 会显示当前 DNS 服务器的名称和 IP 地址，然后返回 FQDN 对应的 IP 地址，如图 8-23 所示。

② 测试反向解析指针 PTR 资源记录。

【操作示例 8-11】在 nslookup 程序提示符“>”后直接输入要测试的 IP 地址，nslookup 会返回 IP 地址所对应的 FQDN，如图 8-24 所示。

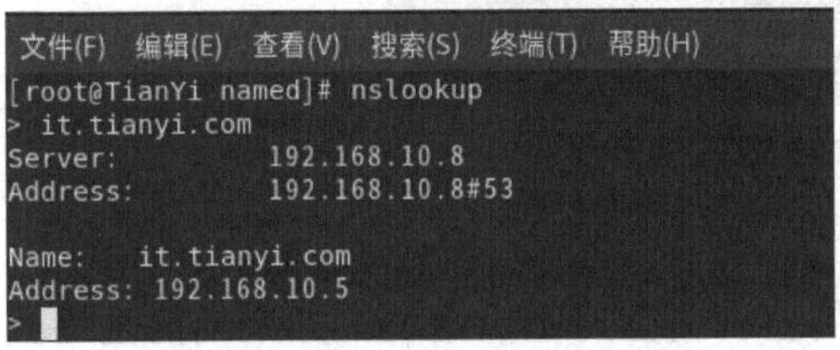

图 8-23　测试主机地址 A 资源记录

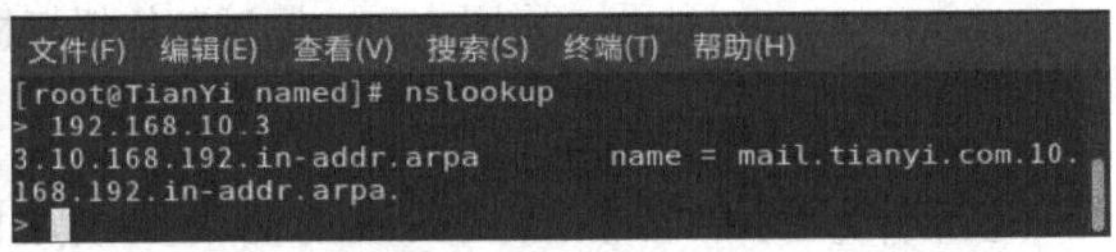

图 8-24　测试反向解析指针 PTR 资源记录

③ 测试别名 CNAME 资源记录。

【操作示例 8-12】在 nslookup 程序提示符“>”后先使用 set type=cname 命令设置查询的类型为别名，然后输入要测试的别名，nslookup 会返回对应的真实计算机域名，如图 8-25 所示。

图 8-25　测试别名 CNAME 资源记录

④ 测试邮件交换器 MX 资源记录。

【操作示例 8-13】在 nslookup 程序提示符“>”后先使用 set type=mx 命令设置查询的类型为邮件交换器，然后输入要测试的域名，nslookup 会返回对应的邮件交换器地址，如图 8-26 所示。

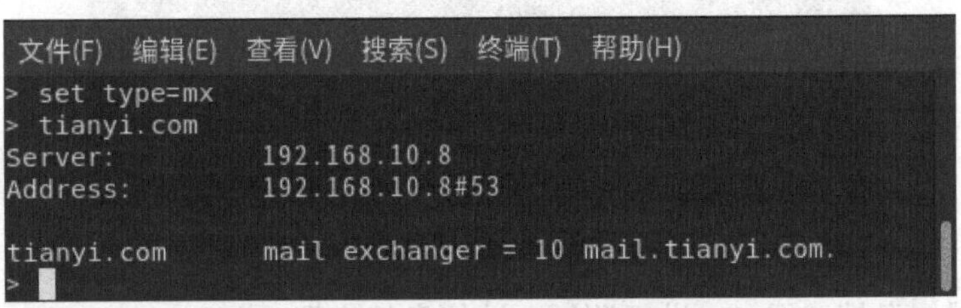

图 8-26　测试邮件交换器 MX 资源记录

⑤ 测试起始授权机构 SOA 资源记录。

【操作示例 8-14】在 nslookup 程序提示符“>”后先使用 set type=soa 命令设置查询的类型为起始授权机构，然后输入要测试的域名，nslookup 会返回对应的 SOA 资源记录内容，如图 8-27 所示。

图 8-27 测试起始授权机构 SOA 资源记录

⑥ 测试负载均衡。

【**操作示例 8-15**】测试负载均衡需要使用的查询类型为主机地址。如果当前查询类型不是主机地址，就在 nslookup 程序提示符“>”后使用 set type=a 命令设置查询的类型为主机地址，再输入要测试的负载均衡的 FQDN，nslookup 会返回对应的所有 IP 地址，如图 8-28 所示。

图 8-28 测试负载均衡

⑦ 测试泛域名。

【**操作示例 8-16**】测试泛域名需要使用查询的类型为主机地址。如果当前查询类型不是主机地址，应在 nslookup 程序提示符“>”后先使用 set type=a 命令设置查询的类型为主机地址，然后输入任意主机名的域名，如图 8-29 所示。

图 8-29 测试泛域名

3）使用域信息搜索器 dig 进行测试。域信息搜索器 dig（domain information groper）是一个在类 UNIX 命令行模式下查询 DNS（包括 NS 记录、A 记录、MX 记录等）相关信息的工具，它执行 DNS 搜索，显示从接受请求的域名服务器返回的答复，如图 8-30 所示。

【**操作示例 8-17**】在 Linux 下，建议大家使用 dig 来代替 nslookup，dig 的功能比 nslookup 强大很多。

```
root@TianYi:/var/named
文件(F)  编辑(E)  查看(V)  搜索(S)  终端(T)  帮助(H)
[root@TianYi named]# dig www.tianyi.com

; <<>> DiG 9.11.4-P2-RedHat-9.11.4-16.P2.el8 <<>> www.tianyi.com
;; global options: +cmd
;; Got answer:
;; ->>HEADER<<- opcode: QUERY, status: NOERROR, id: 5445
;; flags: qr aa rd ra; QUERY: 1, ANSWER: 1, AUTHORITY: 1, ADDITIONAL: 2

;; OPT PSEUDOSECTION:
; EDNS: version: 0, flags:; udp: 4096
; COOKIE: 09d539db8ada3be76ed5f8075e5e0f851d456b3c91c8ff17 (good)
;; QUESTION SECTION:
;www.tianyi.com.                        IN      A

;; ANSWER SECTION:
www.tianyi.com.         86400   IN      A       192.168.10.6

;; AUTHORITY SECTION:
tianyi.com.             86400   IN      NS      dns.tianyi.com.

;; ADDITIONAL SECTION:
dns.tianyi.com.         86400   IN      A       192.168.10.8

;; Query time: 0 msec
;; SERVER: 192.168.10.8#53(192.168.10.8)
```

图 8-30　使用域信息搜索器 dig 进行测试

8.4.4　启动与停止 DNS 服务

任务 8-4

进入系统，练习 DNS 服务的启动、停止和重启，然后将 DNS 服务的启动设为自动加载。

完成任务的具体步骤如下。

STEP 01　启动 DNS 服务。在 DNS 服务安装完成并配置好 named.conf 文件后，需要启动才能使用 DNS 服务，使用 systemctl start named 命令启动 DNS 服务，操作方法如图 8-31 所示。

```
文件(F)  编辑(E)  查看(V)  搜索(S)  终端(T)  帮助(H)
[root@TianYi ~]# systemctl start named
[root@TianYi ~]# 
```

图 8-31　启动 DNS 服务

STEP 02　停止 DNS 服务。与启动 DNS 服务类似，使用 systemctl stop named 命令停止 DNS 服务，操作方法如图 8-32 所示。

```
文件(F)  编辑(E)  查看(V)  搜索(S)  终端(T)  帮助(H)
[root@TianYi ~]# systemctl stop named
[root@TianYi ~]# 
```

图 8-32　停止 DNS 服务

STEP 03　重启 DNS 服务。对 DNS 服务器进行相应的配置后，如果需要让其生效，则需要对 DNS 服务器进行重启，使用 systemctl restart named 命令或 systemctl reload named. service 命令重启 DNS 服务，操作方法如图 8-33 所示。

图 8-33 重启 DNS 服务

STEP 04 自动加载 DNS 服务。如果需要让 DNS 服务随系统启动自动加载，可使用 systemctl enable named 命令设置开机自动加载 DNS 服务；如果要判断开机自启动设置是否生效，可以使用 systemctl is-enabled named.service 命令查看。操作方法如图 8-34 所示。

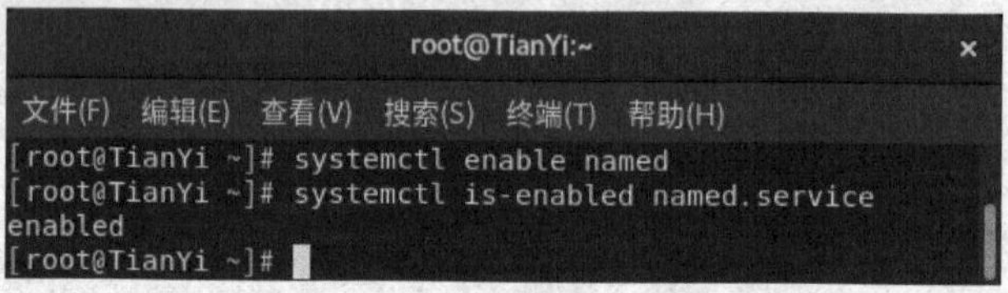

图 8-34 自动加载 DNS 服务

8.4.5 配置 DNS 客户端

1. 配置 Linux 的 DNS 客户端

安装好 DNS 服务器程序，并设置好相关参数之后，就可以使用 DNS 服务为网络中的客户端提供域名解析服务，但是客户端要从 DNS 服务器那里得到解析还必须进行相应的配置。

在 Linux 客户端指定 DNS 服务器，一般有图形界面和字符模式两种方式，它们的操作都很简单。

任务 8-5

在 Linux 客户端指定 DNS 服务器，再对 DNS 域名解析服务进行验证。

完成任务的具体步骤如下。

STEP 01 字符方式指定 DNS 服务器。在 Linux 终端模式下，直接编辑文件/etc/resolv.conf，通过 nameserver 选项指定 DNS 服务器的 IP 地址，如图 8-35 所示。

图 8-35 字符模式配置 Linux 下的 DNS 服务器

STEP 02 验证 DNS 解析。在 Linux 终端模式下，使用 ping 命令 ping 域名，检查指定的 DNS 服务器能否解析出与域名相对应的 IP，操作方法如图 8-36 所示。

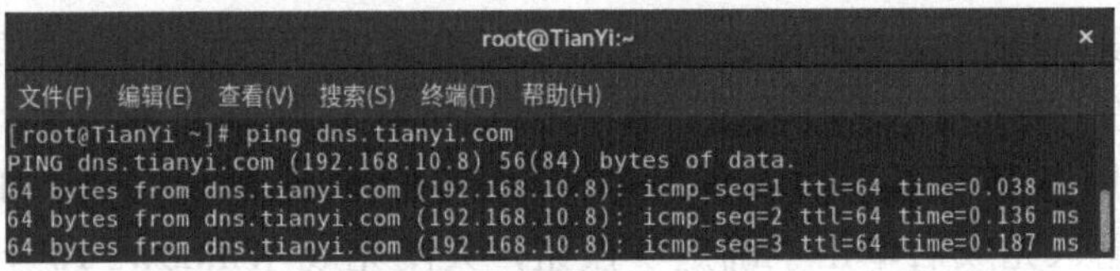

图 8-36　验证域名解析

2. 配置 Windows 的 DNS 客户端

在 Windows XP、Windows 7/10 和 Windows Server 2012 中配置 DNS 客户端的方法基本相同。本节主要以配置 Windows 10 的 DNS 客户端为例介绍在 Windows 系列操作系统下配置 DNS 客户端的具体方法。

任务 8-6

在局域网中为 Windows 10 客户端指定 DNS 服务器（192.168.10.8），然后验证 DNS 域名解析。

完成任务的具体步骤如下。

STEP 01　打开“网络和 Internet 设置”窗口。右击桌面状态栏托盘区域中的网络连接图标“”，选择快捷键菜单中的“网络和 Internet 设置”命令，打开“网络和 Internet 设置”对话框，在这个对话框右侧拖动滚动条到下方，在右侧选择“网络和共享中心”，进入“网络和共享中心”的工作界面。在右侧“查看活动网络”列表中单击“以太网”链接，打开“以太网 状态”对话框，如图 8-37 所示。

STEP 02　打开“本地连接 属性”对话框。在“以太网 状态”对话框中单击“属性”按钮，打开“以太网 属性”对话框，选中“Internet 协议版本 4（TCP/IPv4）”复选框，再单击“属性”按钮，打开“Internet 协议版本 4（TCP/IPv4）属性”对话框，如图 8-38 所示。

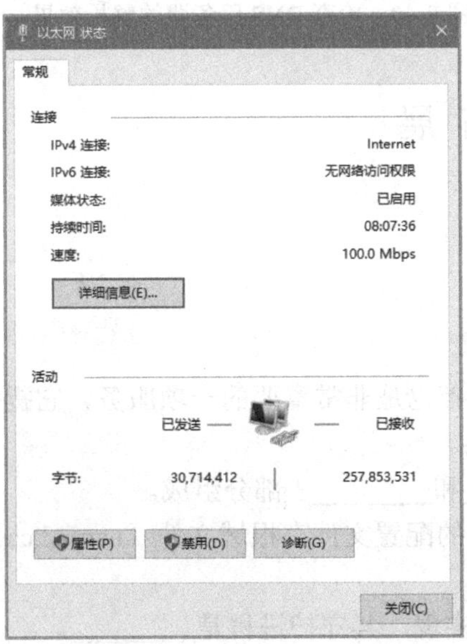

图 8-37　“以太网 状态”对话框

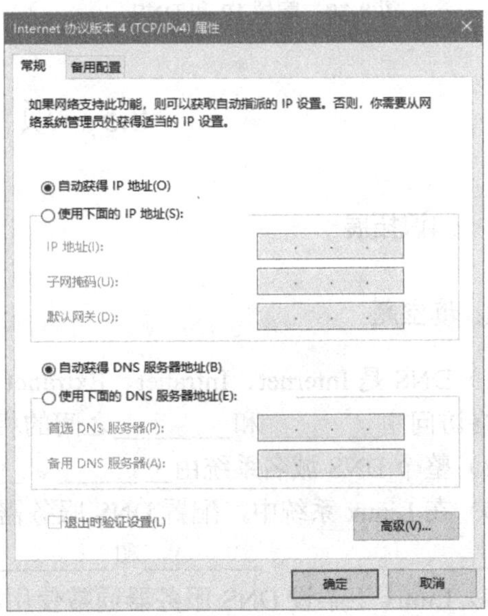

图 8-38　“Internet 协议版本 4（TCP/IPv4）属性”对话框

STEP 03 设置 DNS 服务器的 IP 地址。在图 8-38 中选中“使用下面的 DNS 服务器地址”单选按钮，在“首选 DNS 服务器”框中输入 DNS 服务器的 IP 地址（192.168.10.8），在“备用 DNS 服务器”框中输入备用 DNS 服务器的 IP 地址（114.114.114.114），如图 8-39 所示，输入完成后单击“确定”按钮，关闭完成 Windows 10 下的 DNS 客户端的配置。

STEP 04 验证 DNS 服务器解析效果。在 Windows 10 下的 DNS 客户端进入命令提示窗口，输入 ping 或 nslookup 命令检查域名解析情况（注意在 DNS 服务器上关闭防火墙和 SELinux），操作方法如图 8-40 所示。

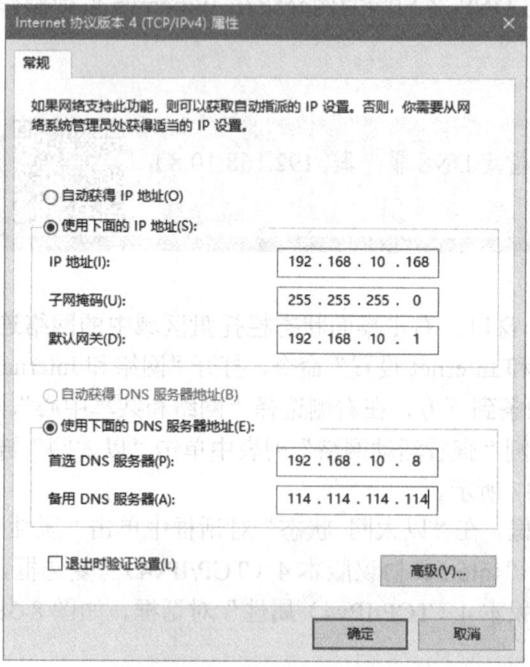

图 8-39 配置 IP 和 DNS

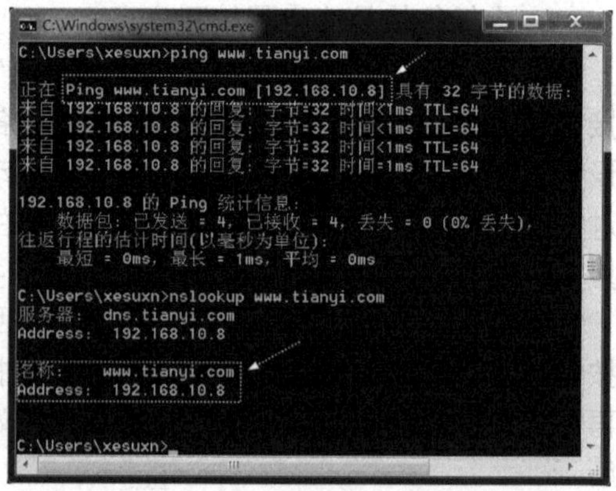

图 8-40 检查 DNS 服务器的解析效果

8.5 项 目 拓 展

8.5.1 知识拓展

1. 填空题

1）DNS 是 Internet、Intranet、Extranet 中最基础也是非常重要的一项服务，它提供了网络访问中________和________之间的相互转换。

2）整个 DNS 域名系统由________、________和________3 部分组成。

3）在 Linux 系统中，配置 DNS 服务需要编辑的配置文件有根域文件（named.ca）________、________、________和________。

4）Linux 下架设 DNS 服务器通常使用程序来实现，其守护进程是________。

5）正向解析就是根据域名解析出对应的________。

2. 选择题

1）DNS软件包安装完成后，会在系统中产生很多与DNS服务相关的配置文件供配置DNS服务器使用，其中全局配置文件是（　　）。

A. bind.conf　　B. named.conf　　C. named.localhost　　D. dhcpd.conf

2）在Linux系统中，DNS服务器可由（　　）软件来实现。

A. vsftpd　　B. samba　　C. bind　　D. httpd

3）DNS服务器的主配置文件的路径和文件名是（　　）。

A. /etc/named/named.conf　　B. /etc/named.conf

C. /var/named/named.conf　　D. /var/named.conf

4）DNS服务器进行域名解析默认使用的协议和端口号为（　　）。

A. TCP 53　　B. UDP 53　　C. TCP 35　　D. UDP 35

5）能够测试域名服务器是否正常工作的命令是（　　）。

A. nslook　　B.host　　C. arp　　D. netstat

3. 简答题

1）简述DNS服务器的工作原理。

2）DNS资源记录类型有哪些？

3）简述域名服务器的类型。

4）简述配置DNS服务的具体步骤。

8.5.2 技能拓展

1. 课堂练习

【课堂练习8-1】 添艺教育培训中心培训部的域名是tyrdc.cn，www主机的地址是172.16.1.10，DNS服务器的地址是172.16.1.100，完成DNS服务器的配置。

训练步骤如下。

STEP 01 安装BIND软件包。采用yum或rpm -ivh命令安装BIND软件包，此步请参考“任务8-1”。

STEP 02 建立全局配置文件。参考“任务8-2”修改/etc/目录中的全局配置文件named.conf，在文件中将“include "/etc/named.rfc1912.zones";”修改为

```
include "/etc/tyrdc.cn";
```

STEP 03 编辑主配置。在/etc/目录下有一个主配置的范例文件named.rfc1912.zones，将其复制一份并改名为tyrdc.cn，然后用vim编辑文件tyrdc.cn，在文件末尾添加正向、反向区域说明，具体内容请参考“任务8-3”。

STEP 04 编辑正向区域文件。编辑正向区域文件，具体内容请参考“任务8-3”。

STEP 05 编辑反向区域文件。编辑反向区域文件，具体内容请参考“任务8-3”。

STEP 06 启动服务器并测试。启动服务器并测试，具体内容请参考“任务8-3”。

【课堂练习8-2】 在利用BIND软件配置DNS服务器的过程中，可能会碰到各种问题，针对下面给出的典型问题和解决办法排除故障。

训练步骤如下。

STEP 01 rndc reload 命令重新加载配置文件。使用 rndc reload 命令重新加载配置文件，如果加载失败，说明配置文件出现错误，这些错误是因为用户在编辑文件时疏忽而造成的，如缺少符号“;”或者“}”。当然如果出现 server reload successfull 这样的提示，并不代表配置文件没有错误，因为它自带的检测机制只能检测语法有无错误，对于域或 IP 地址书写错误或规划时的逻辑错误无法检测，所以配置文件一定要仔细检查。

```
#rndc reload
```

STEP 02 查看启动信息。如果使用 systemctl start named 命令无法正常启动 named 服务，出现出错提示，此时可以使用 systemctl status named 命令查看出错状况，如图 8-41 所示。这时要仔细查看系统给出的提示信息，错误的原因往往会出现在提示中。

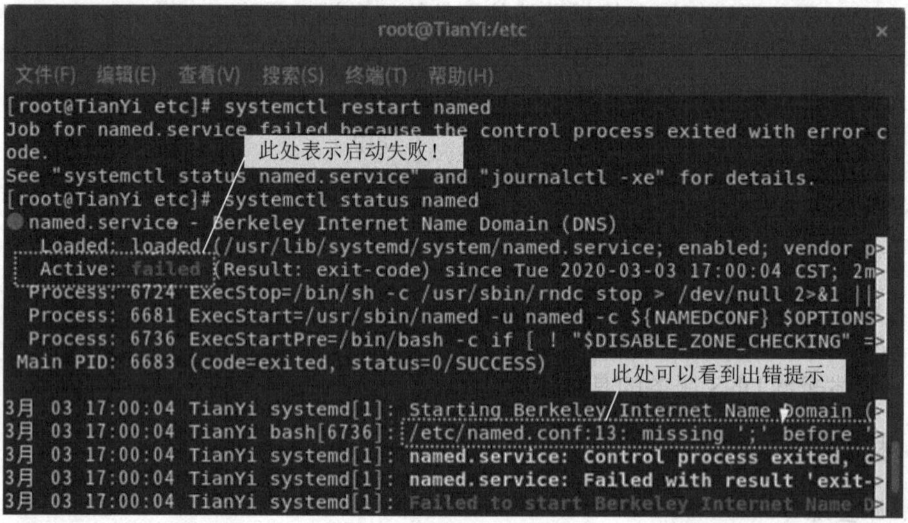

图 8-41　查看提示信息

当然还可以使用 named-checkzone 检查正向区域文件和反向区域文件，如果发现问题，认真检查，逐一解决即可。

STEP 03 查看端口。如果服务正常工作，则会开启 TCP 和 UDP 的 53 端口，可以使用 netstat -an 命令检测 53 端口是否正常工作，查看方法如下：

```
netstat -an | grep 53
```

STEP 04 查看目录权限。为了提高安全性，经常使用 chroot 改变 BIND 的根目录，但这时需要注意权限问题，当根目录发生改变时，该目录的权限可能为 700，属主是 root 而不是 named，这时启动 named 会遇到权限拒绝的提示。因此，在使用 chroot 时需要注意权限不足所带来的问题。

2. 课后实践

技术部所在域为 tech.org，该部门有 3 台主机，主机名分别是 client1. tech.org、client2.tech.org 和 client3.tech.org。现要求 DNS 服务器 dns.tech.org 可以解析 3 台主机名和 IP 地址的对应关系。

【分析】此案例是 DNS 搭建的最基本配置。在搭建之前整理好设定流程，首先在服务器上建立主配置文件，设置可以解析 tech.org 区域；然后建立 tech.org 的区域文件，并在区域文件中设置 SOA、NS 以及 A 资源记录；最后配置客户端。

1）建立全局配置文件 named.conf，在其中指定主配置文件的路径和文件名。

2）利用 vim 编辑主配置文件，并添加 tech.org 区域，指定区域文件的存储路径和区域文件名。

3）建立 tech.org 区域文件，并在 tech.org 区域文件中添加如下资源记录：

① 定义@变量的值，通常定义为本区域。

② 定义资源记录在缓存中的存放时间。

③ 设置 SOA 记录，注意 root 表示管理员的邮件地址，本例应该表示为 root@tech.org. 但是这时不能使用“@”符号，因为“@”在这里表示区域，所以需要用“.”来代替它，表示成“root.tech.org.”，可以简写成“root”。

④ 设置 NS 记录。

⑤ 设置 A 记录。

4）在客户端测试配置情况。

8.6 项目总结

DNS 提供把域名解析为 IP 地址的服务，这是 Internet 上必不可少的一种网络服务。本项目首先介绍了 DNS 的工作原理、DNS 协议，然后介绍了用 BIND 软件架设 DNS 服务器的方法，包括 BIND 的安装、运行和配置，以及负载均衡、泛域名等特殊功能的配置方法，并通过典型任务着重训练了 DNS 服务器的配置技能，最后训练了在客户端进行测试和解决故障的能力等。

通过本项目的学习，你的收获怎样？请认真填写学习情况考核登记表（表 8-6），并及时反馈。

表 8-6　学习情况考核登记表

序号	知识与技能	重要性	自我评价					小组评价					教师评价				
			A	B	C	D	E	A	B	C	D	E	A	B	C	D	E
1	会安装 BIND 软件包	★★★															
2	会启动、停止 DNS 服务	★★★☆															
3	能分析 named.conf 文件中的主要字段	★★★★															
4	会配置主配置文件、区域文件	★★★★★															
5	会配置 DNS 服务器	★★★★★															
6	会测试 DNS 服务器	★★★★															
7	会设置 DNS 客户端	★★★☆															
8	能完成课堂训练	★★★☆															

注：评价等级分为 A、B、C、D 和 E 共 5 等。其中，对知识与技能掌握很好，能够熟练地完成 DNS 服务器的配置为 A 等；掌握了 75%以上的内容，能较为顺利地完成任务为 B 等；掌握 60%以上的内容为 C 等；基本掌握为 D 等；大部分内容不够清楚为 E 等。

项目 9 Web 服务器配置与管理

大多数人通过访问网站来初次接触互联网。Web 网络服务允许用户使用浏览器来访问互联网上的各类资源。作为信息发布、资料查询和数据处理等多种应用的基础平台，Web 服务至关重要。目前，大多数网络交互程序，如论坛和社区，是基于 Web 技术构建的。因此，在 Linux 系统中架设 Web 服务器是一项基本且必不可少的任务。

本项目详细介绍 Web 服务的基本概念、工作原理，httpd 的安装，以及配置与管理 Web 服务器的具体方法。通过任务引导学生检查并安装 Apache 服务；全面分析核心配置文件 httpd.conf；具体训练学生对 Web 服务器进行配置与管理，以及在虚拟主机、保密方面的功能实现，客户端的配置，对 Web 服务器简单故障的判断和处理能力。

教学导航

知识目标	(1) 了解 Web 的基本概念及工作原理 (2) 了解 Web 服务所涉及的软件包 (3) 掌握 Apache 服务器的配置和管理方法 (4) 掌握用户个人主页服务器的配置方法 (5) 掌握基于 IP 地址和基于域名的虚拟主机的配置方法 (6) 掌握 Apache 服务的停止与启动
技能目标	(1) 会检查并安装 Apache 软件包 (2) 会启动和停止 Apache 服务进程 (3) 能配置与管理用户个人主页 (4) 能配置与管理认证及授权 Web 服务器 (5) 能配置与管理基于 IP 的虚拟主机和基于域名的虚拟主机 (6) 能配置与管理 LAMP 实现动态站点服务 (7) 能解决 Web 服务器配置中出现的问题
素质目标	(1) 培养认真细致的工作态度和工作作风 (2) 养成刻苦、勤奋、好问、独立思考和细心检查的学习习惯 (3) 培养自学能力，分析问题、解决问题能力和创新能力 (4) 培养大局意识、安全意识，自觉遵守互联网相关政策法规
重点、难点	(1) 重点：了解 Web 服务的工作原理，安装 Apache 软件包，Web 服务的配置与管理 (2) 难点：熟悉 Web 服务的主配置文件 httpd.conf，解决配置中出现的问题
课时建议	(1) 教学课时：理论学习 2 课时+教学示范 4 课时 (2) 技能训练课时：课堂模拟 4 课时+课堂训练 4 课时

9.1 项目引入

在添艺教育培训中心的网络改造项目中，曹捷负责技术开发和服务器的配置与管理，已经初步完成了网络操作系统的安装，Samba、NFS、DNS等网络服务的配置等，接下来的工作是解决项目方案中的以下几个问题。

添艺教育培训中心致力于实现企业的信息化、数字化和现代化，为此，中心提出将现行管理流程转变为无纸化和网络化操作。这包括对外建立门户网站以宣传产品和提供服务，内部则通过网络平台优化管理和办公流程。此外，中心鼓励各部门创建自己的主页，并支持员工建立个人网站。然而，目前中心仅拥有一个公网 IP 地址，这在一定程度上限制了上述计划的实施。

此时，曹捷在服务器中应该进行哪些配置才能为添艺教育培训中心解决上述问题呢？

9.2 项目任务

曹捷凭借所学的知识和技能，加上多年的现场工作经验，经过认真分析，认为解决这个问题的最好的办法就是在Linux服务器上采用Apache配置Web服务器。为此，本项目的具体任务如下。

1）熟悉Web服务的工作原理。

2）构建 Web 服务器的网络工作环境：设置 Web 服务器的静态 IP 地址、禁用firewalld（或在防火墙中放行DHCP服务）和SELinux、测试网络状况等。

3）检查并安装Web服务所需要的Apache软件包。

4）分析Web的主配置文件httpd.conf，并熟悉配置文件所涉及的主要参数的作用。

5）配置与管理Web服务器、配置虚拟主机。

6）加载配置文件或重新启动httpd，检查Web服务配置是否生效。

7）配置Web客户端，并完成Web服务的测试。

8）解决配置过程中出现的有关问题。

9.3 相关知识

9.3.1 Web概述

Web是全球信息广播的意思，又称为WWW（world wide web），中文名字为“万维网”或“环球信息网”，是在Internet上以超文本为基础形成的信息网。它解决了远程信息服务中的文字显示、数据链接及图像传递等问题，使信息的获取变得非常迅速和便捷。用户通过浏览器可以访问Web服务器上的信息资源。

目前，在Linux操作系统上最常用的Web服务器软件是Apache。Apache是一种开源的超文本传输协议（hyper text transfer protocol，HTTP）服务器软件，可以在包括UNIX、Linux及Windows在内的大多数主流计算机操作系统中运行，且具有良好的安全性，还具有无限扩展的功能，因此Apache成为世界使用排名第一的Web服务器软件。

Web 采用客户端/服务器模式进行工作，客户端运行 Web 客户程序——浏览器，它提供良好、统一的用户界面。浏览器的作用是解释和显示 Web 页面、响应用户的输入请求，并通过 HTTP 将用户请求传递给 Web 服务器。

Web 服务器通过运行服务器程序，其核心功能是监听来自客户端的 HTTP 请求，并返回相应的处理结果。目前，业界广泛使用的 Web 服务器包括 Apache HTTP Server、Nginx 以及微软的 Internet Information Services（IIS）等。

9.3.2 Web 服务中的常用概念

1. 超链接和 HTML

Web 中的信息资源主要由一篇篇的 Web 文档，或称为 Web 页的基本元素构成。这些 Web 页采用超级文本（hyper text）的格式，包含指向其他 Web 页或其本身内部特定位置的超链接。可以将超链接理解为指向其他 Web 页的“指针”。超链接使 Web 页交织为网状，这样，如果 Internet 上的 Web 页和超链接非常多的话，就构成了一张巨大的信息网。

HTML（hype text markup language，超文本标记语言）对 Web 页的内容、格式及 Web 页中的超链接进行描述，而 Web 浏览器的作用是读取 Web 网点上的 HTML 文档，再根据此类文档中的描述组织并显示相应的 Web 页面。

HTML 文档本身是文本格式的，可以用任何一种文本编辑器进行编辑。HTML 语言有一套相当复杂的语法，专门提供给专业人员用来创建 Web 文档。在 UNIX 和 Linux 系统中，HTML 文档的扩展名为.html，而在 DOS 和 Windows 系统中则为.htm。

2. 网页和主页

在 Internet 上有无数的 Web 站点，每个站点包含着各种文档，这些文档称为 Web 页，也称为网页。每个网页对应唯一的网页地址，网页中包含各种信息，并设置了许多超链接，用户单击这些超链接就可以浏览到相应的网页。

主页也称为首页，是 Web 站点中最重要的网页，是用户访问这个站点时最先看到的网页。通过主页，用户可以大致了解该站点的主要内容，并可以通过主页上的超链接访问到站点的其他网页。

3. URL 与资源定位

Internet 上的每个网页都对应唯一的地址，这个地址就是该网页的统一资源定位器（universal resource locator，URL），也称为 Web 地址，俗称“网址”。URL 的完整格式由以下基本部分组成：

```
传输协议+"://"+服务器主机地址+":"端口号+目录路径+文件名
```

其中，传输协议大多为 HTTP 和 FTP；服务器主机地址可以是 IP 地址，也可以是域名；服务器提供的端口号表示客户访问的不同资源类型；目录路径指明服务器上存放的被请求信息的路径；文件名是客户访问页面的名称。页面名称与设计时网页的源代码名称并不要求相同，由服务器完成两者之间的映射。

4. Web 浏览器

Web 浏览器（browser）是 WWW 的客户端程序，用户使用它来浏览 Internet 上的各种 Web 页。Web 浏览器采用 HTTP 与 Internet 上的 Web 服务器相连，而 Web 页则按照 HTML 格式进行制作，只要遵循 HTML 标准和 HTTP，任何一个 Web 浏览器都可以浏览 Internet 上任何一个 Web 服务器上存放的 Web 页。

目前，比较流行的 Web 浏览器是火狐浏览器（Firefox）、谷歌浏览器（Google Chrome）、360 安全浏览器等。

5. 虚拟主机

所谓虚拟主机，就是把一台运行在互联网上的服务器划分成多个“虚拟”的服务器，每一个虚拟主机都具有独立的域名和完整的 Internet 服务器（支持 WWW、FTP、E-mail 等）功能。一台服务器上的不同虚拟主机是各自独立的，并由用户自行管理，在外界看来，每台虚拟主机和独立的主机完全一样。但一台服务器主机只能支持一定数量的虚拟主机，当超过这个数量时，用户将会感到主机性能急剧下降。

采用虚拟主机建立网站，可以节省大量的设备、人员、技术、资金、时间等各项投入，可为即将建立 Internet 网站的企业提供了一种“物美价廉”的解决方案。目前，全球有 80%的企业网站在使用虚拟主机。

9.3.3 Web 服务的工作原理

WWW 的目的就是使信息更易于获取，而不管它们的地理位置在哪里。当使用超文本作为 WWW 文档的标准格式后，人们开发了可以快速获取这些超文本文档的协议——HTTP。

Web 服务的工作原理

HTTP 是应用级的协议，主要用于分布式、协作的信息系统。HTTP 协议是通用的、无状态的，其系统的建设和传输与数据无关。HTTP 也是面向对象的协议，可以用于各种任务，包括名字服务、分布式对象管理、请求方法的扩展、命令等。HTTP 的具体通信过程如图 9-1 所示。

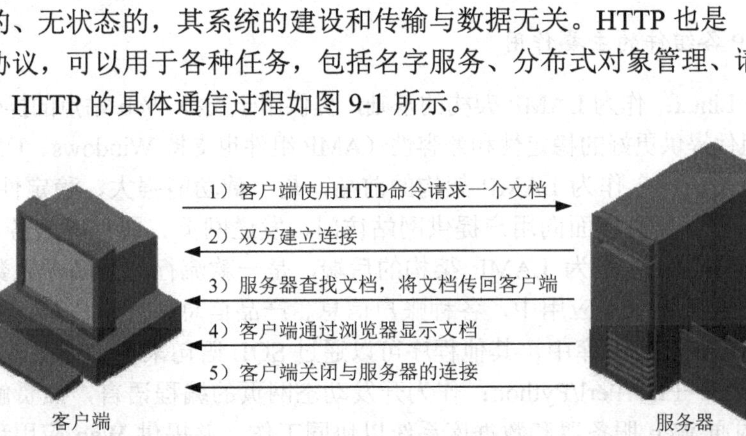

图 9-1 HTTP 的具体通信过程

1)客户在 Web 浏览器中使用 HTTP 命令将一个 Web 页面请求发送给 HTTP 服务器。

2）若该服务器在特定端口（通常是 TCP 80 端口）处侦听到 Web 页面请求后，就发送一个应答，并在客户端和服务器之间建立连接。

3）Web 服务器查找客户端所需文档，若 Web 服务器查找到所请求的文档，就会将所请求的文档传送给 Web 浏览器；若该文档不存在，则服务器会发送一个相应的错误提示文档给客户端。

4）Web 浏览器收到服务器传来的文档后，就将它显示出来。

5）当客户端浏览完成后，就断开与服务器的连接。

9.3.4 Web 服务的软件包

在安装与配置 Web 服务之前，应熟悉 Apache 服务所需要的软件包，以便更好地配置与管理 Web 服务器。Apache 服务所需要的软件包如下。

1）httpd-2.4.37-30.module+el8.3.0+7001+0766b9e7.x86_64.rpm：该包为 Apache 服务主程序包，服务器端必须安装该软件包才能进行 Web 服务的配置。

2）httpd-tools-2.4.37-30.module+el8.3.0+7001+0766b9e7.x86_64.rpm：该软件包为 Apache 的工具包。

3）httpd-filesystem-2.4.37-30.module+el8.3.0+7001+0766b9e7.noarch.rpm：包含 Apache HTTP 服务器的基本目录布局，包括目录的正确权限。

9.3.5 LAMP 概述

LAMP 是一个广泛使用的 Web 应用平台架构，其名称来源于组成架构的 4 个关键开源组件：Linux 操作系统、Apache HTTP 服务器、MySQL（或 MariaDB）数据库软件，以及 PHP（有时也使用 Perl 或 Python）脚本语言。这种架构因其开放源代码的特性，已成为国际上成熟的技术框架，被许多商业应用所采纳。与 Java/J2EE 架构相比，LAMP 以其丰富的 Web 资源、轻量级特性和快速开发能力著称。与微软的.NET 架构相比，LAMP 在通用性、跨平台能力、高性能以及成本效益等方面具有优势，这些优势使得 LAMP 成为企业构建网站的首选技术平台。

1. LAMP 各组件的主要作用

平台——Linux：作为 LAMP 架构的基础，提供用于支撑 Web 站点的操作系统，能够为其他 3 个组件提供更好的稳定性和兼容性（AMP 组件也支持 Windows、UNIX 等平台）。

前台——Apache：作为 LAMP 架构的前端，是一款功能强大、稳定性好的 Web 服务器程序，该服务器直接面向用户提供网站访问、发送网页、图片等服务。

后台——MySQL：作为 LAMP 架构的后端，是一款流行的开源关系数据库系统。在企业网站、业务系统等应用中，各种账户信息、产品信息、客户资料、业务数据等都可以存储到 MySQL 数据库中，其他程序可以通过 SQL 语句来查询、更改这些信息。

中间连接——PHP/Perl/Python：作为开发动态网页的编程语言，负责解释动态网页文件，负责沟通 Web 服务器和数据库系统以协同工作，并提供 Web 应用程序的开发和运行环境。其中，PHP 是一种被广泛应用的开放源代码的多用途脚本语言，它可以嵌入 HTML 中，尤其适合于 Web 应用开发。

2. 安装顺序

在构建 LAMP 平台时，各组件的安装顺序依次为 Linux、Apache、MySQL、PHP。

其中，Apache 和 MySQL 的安装并没有严格的顺序，PHP 环境的安装一般放到最后，负责沟通 Web 服务器和数据库系统以协同工作。

9.4　项 目 实 施

9.4.1　安装 Apache 服务

由于 Apache 是开源软件，因此得到了开源社区的支持，不断开发出新的功能特性，并修补了原来的缺陷。经过多年的完善，如今的 Apache 已经是最流行的 Web 服务器端软件之一。

目前，几乎所有的 Linux 发行版都捆绑了 Apache 软件，RHEL 也不例外，默认情况下已将 Apache 安装在系统中。由于 Apache 被重命名为 httpd，因此检查与安装软件包时，请使用 httpd。

任务 9-1

在 Linux 系统中检查是否安装了 httpd 软件包，若没有安装，则利用 Linux 安装盘进行安装，然后检查并了解系统中 httpd 的版本号。

完成任务的具体步骤如下。

STEP 01　检查 httpd 软件包。使用 rpm -ql httpd 命令或 rpm -qa|grep httpd 命令检测系统是否安装了 httpd 软件包，并查看已经安装的软件包的版本，操作方法如图 9-2 所示。

图 9-2　检查 httpd 软件包

STEP 02　安装 httpd 软件包。将 RHEL 8.3 的安装盘放入光驱，首先使用 mount 命令挂载光驱，然后使用 yum install httpd（YUM 源的配置见“任务 3-6”）或 rpm -ivh 命令安装 httpd 软件包，操作方法如图 9-3 所示。

图 9-3　安装 httpd 软件包

STEP 03 检查确认。httpd 软件包安装完毕后，再次使用 rpm -qa|grep httpd 命令或 rpm -ql httpd 命令进行查询，操作方法如图 9-4 所示。

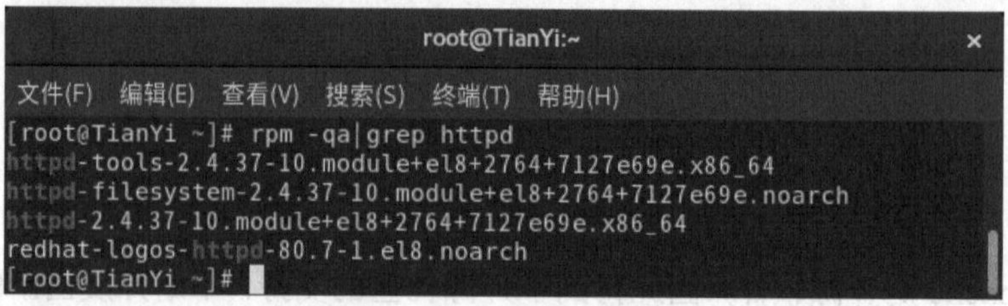

图 9-4 查看 httpd 软件包

9.4.2 熟悉 Web 服务相关配置文件

安装完 Web 服务所需软件包 Apache 以后，会在系统中产生许多与 Web 服务配置相关的文件，所涉及的主要文件的路径名称及功能如下。

1）/etc/httpd/conf：Apache 服务器配置文档的目录。

2）/etc/httpd/conf/httpd.conf：Apache 服务器的主配置文件。

3）/etc/rc.d/init.d/httpd：Apache 服务器守护进程的启动脚本。

4）/etc/httpd/conf.d：存储以.conf 结尾的配置文件，包括 Apache vhos 文件、用户个人主页配置文件等。

5）/usr/bin/htpasswd：设置 Web 用户口令的实用程序。

6）/usr/sbin/apachectl：Apache 控制程序，可以启动和关闭 Apache。

7）/usr/sbin/httpd：Apache 守护进程所对应的可执行程序。

8）/var/log/httpd：Apache 服务器日志文件的存放目录。

9）/var/www：Apache 服务器文档主目录。

10）/var/www/html：Apache 服务器 Web 站点的文件。

9.4.3 分析 Web 服务的主配置文件

httpd.conf 是 Apache 服务的核心配置文件，它位于/etc/httpd/conf/目录中，Apache 服务的绝大多数配置在该文件中进行。以下以默认的 httpd.conf 为例，解释 Apache 服务器的各个设置选项。如果需要调整 Apache 服务器的性能，以及增加对某种特性的支持，就必须了解这些设置参数的含义。

任务 9-2

利用 vim 编辑器打开/etc/httpd/conf/目录的下 httpd.conf 文件，分析 httpd.conf 文件的结构，并熟记主配置文件主要参数的配置方法及参数的作用。

完成任务的具体步骤如下。

STEP 01 打开 httpd.conf 文件。使用 vim 编辑器打开 httpd.conf 文件，会发现 httpd.conf 文件中内容很多，但这些参数都很明确，可以不加改动就运行 Apache 服务。而且大部分内容被注释掉了，除了注释和空行外，服务器把其他的行认为是完整的或部分的指令。

指令又分为类似于 Shell 的命令和伪 HTML 标记。指令语法为“配置参数名称 参数值”，伪 HTML 标记的语法格式如下：

```
<Directory "/var/www">                    #配置文件的 127 行
    AllowOverride None
    # Allow open access:
    Require all granted
</Directory>
```

httpd.conf 文件包括全局环境配置、主服务器配置和虚拟主机配置 3 部分。

STEP 02 全局环境配置分析。全局环境配置部分的配置参数将影响整个 Apache 服务器的行为，全局环境配置部分包含的配置项如下。

1）ServerRoot "/etc/httpd"：设置存放服务器的配置、出错和记录文件的位置。

2）Listen 12.34.56.78:80：设置 Apache 服务器的监听 IP 和端口，默认情况下监听 80 端口。如果不指定 IP 地址，则 Apache 服务器将监听系统上所有网络接口的 IP 地址。

3）Include conf.modules.d/*.conf：将由 ServerRoot 参数指定的目录中的子目录 conf. d 中的*. conf 文件包含进来，即将/etc/httpd/conf. d 目录中的*. conf 文件包含进来。

STEP 03 主服务器配置分析。主服务器配置部分配置的参数被主服务器所使用，主服务配置部分包含的配置项包括用户和组的设置、网页文档的存放路径设置、默认首页的网页文件的设置等 20 多项，这里介绍一些主要的设置项及其作用。

1）User apache 和 Group apache：设置 Apache 进程的执行者和执行者所属的用户组，如果要用 UID 或者 GID，必须在 ID 前加上#号。

2）ServerAdmin Root@localhost：设置 Web 管理员的邮箱地址，这个地址会出现在系统连接出错时，以便访问者能够及时通知 Web 管理员。

3）ServerName www.example.com:80：设置服务器的主机名和端口以标识网站。该选项默认是被注释掉的，服务器将自动通过名称解析过程来获得自己的名字，但建议用户明确定义该选项。由 ServerName 指定的名称应该是 FQDN，也可以使用 IP 地址。如果同时设置了虚拟主机，则在虚拟主机中的设置会替换这里的设置。

4）DocumentRoot "/var/www/html"：Web 服务器上的文档存放的位置，在未配置任何虚拟主机或虚拟目录的情况下，用户通过 HTTP 访问 Web 服务器，所有的输出资料文件均存放在这里。

5）Directory 目录容器：Apache 服务器可以利用 Directory 容器设置对指定目录的访问控制。

6）DirectoryIndex index.html：用于设置站点主页文件的搜索顺序，各文件之间用空格分隔。在客户端访问网站根目录时，无须在 URL 中包含要访问的网页文件名称，Web 服务器会根据该项设置将默认的网页文件传送给客户端。如果服务器在目录中找不到 DirectoryIndex 指定的文件，并且允许列目录，则在客户端浏览器上会看到该目录的文件列表，否则客户端会得到一个错误消息。

7）ErrorLog logs/error_log：指定错误日志的存放位置，此目录为相对目录，是相对于 ServerRoot 目录而言的。

8）ScriptAlias /cgi-bin/ "/var/www/cgi-bin/"：映射 CGI 程序路径。网站中的可执行文件一般都放在"/var/www/cgi-bin/"目录中，通过上面的设置可以把/var/www/cgi-bin 映射到 DocumentRoot 目录下。

9）AddDefaultCharset UTF-8：设置默认字符集。

STEP 04 虚拟主机配置分析。虚拟主机服务就是指将一台物理服务器划分成多台虚拟的 Web 服务器。对于一些小规模的网站，通过使用 Web 虚拟主机技术，可以跟其他网站共享同一台物理服务器，有效减少了系统的运行成本，并且可以减少管理的难度。虚拟主机包括基于 IP 地址的虚拟主机、基于主机名的虚拟主机和基于端口号的虚拟主机 3 种形式。

1）基于 IP 地址的虚拟主机需要计算机上配有多个 IP 地址，并为每个 Web 站点分配唯一的 IP 地址。

2）基于主机名的虚拟主机要求拥有多个主机名，并为每个 Web 站点分配一个主机名。

3）基于端口号的虚拟主机要求不同的 Web 站点通过不同的端口号进行监听，这些端口号只要是系统不用的就行。

9.4.4 Web 服务器的使用

要检测 Apache 服务是否正在运行，可以通过检查 Apache 进程状态或者直接通过浏览器访问 Apache 发布的网站页面来确定。

任务 9-3

在安装好 Apache 软件包的服务器上启动 Web 服务、查看 Apache 进程，然后在浏览器中测试 Apache 服务是否正常。

完成任务的具体步骤如下。

STEP 01 启动 Web 服务，检查 Apache 进程。在 Web 服务器上使用 systemctl start httpd 命令启动 Web 服务，再使用 ps -ef | grep httpd 命令查看 Apache 服务的守护进程是否启动。Apache 运行后会在操作系统中创建多个 httpd 进程，能在操作系统中查找到 httpd 进程，表示 Apache 正在运行。如果需要设置开机启动，可以使用 chkconfig httpd on 命令，然后使用 systemctl list-unit-files | grep httpd 命令进行查看，整个操作过程及运行结果如图 9-5 所示。

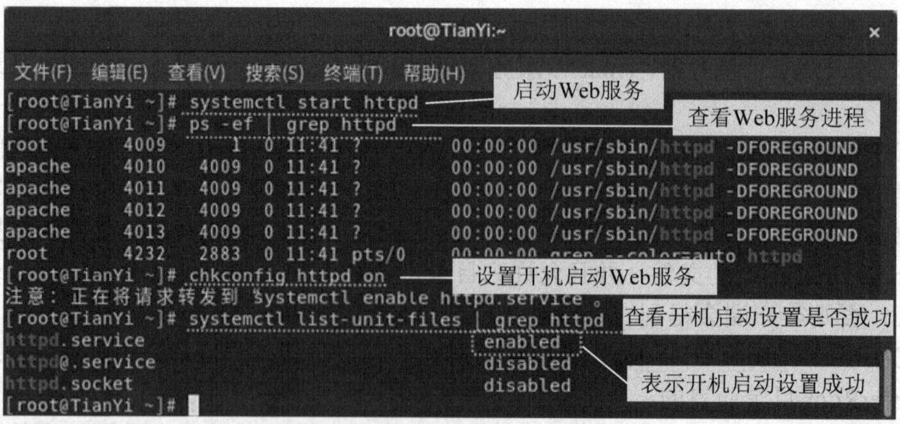

图 9-5 启动并查看 Web 服务

STEP 02 测试 Apache 服务。当安装完 Apache 服务并启动 httpd 服务后，即可在网页浏览器的地址栏中输入 Web 服务器的 IP 地址（192.168.10.8）或域名（需要先配置 DNS）来访问 Web 服务器上的主页。如果能看到如图 9-6 所示的测试页面，就证明安装没有问题，如果看不见，就需要重新安装或者调试网络了。

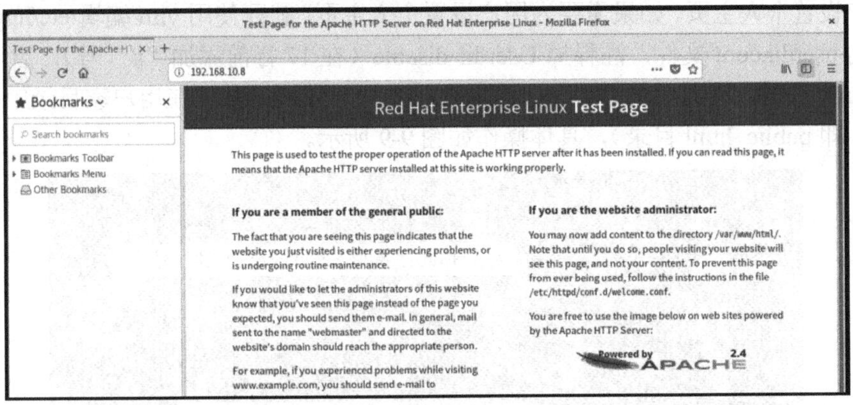

图 9-6　Web 服务器的测试页

如果进入/var/www/html 目录的话，会发现在该目录下什么也没有，怎么会出现如图 9-6 所示的网页呢？原因在于/etc/httpd/conf.d/目录中的 welcome.conf 文件，如图 9-7 所示，由于/var/www/html/底下没有对应的 index.html 文件，因此对系统而言，这是错误的情况，系统就会调出 Error Document 所对应的文件/usr/share/httpd/noindex/index.html，就出现了如图 9-6 所示的页面。如果在 welcome.conf 文件中注释掉 Apache 默认欢迎页面，如图 9-8 所示，重新启动 Apache，并在/var/www/html/之下放置一些目录和文件，重新登录 Web 服务器，就看不到图 9-6 所示的页面了，只能在浏览器中看到目录中的文件了。

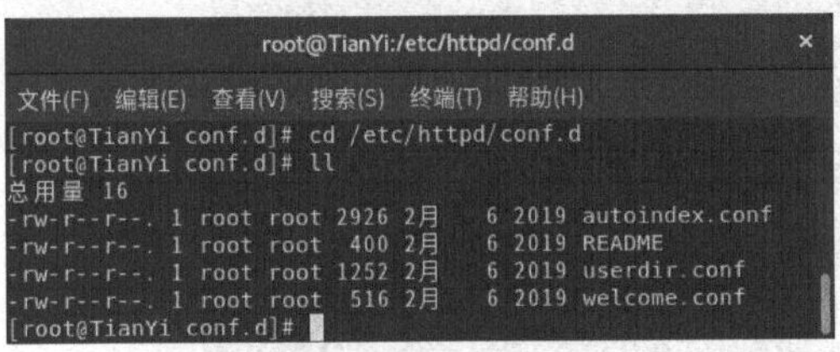

图 9-7　网页显示目录

图 9-8　注释掉默认欢迎页面

9.4.5　建立用户个人主页

每一部主机都有一个首页，但是如果每个个人用户都想拥有自己完全控管的首页，该如何设计呢？Apache 可以实现用户的个人主页。用户的主页配置文件存放在 Apache 服务器中的/etc/httpd/conf.d/目录下，文件名是 userdir.conf，要想允许 Linux 系统用户拥有个人主页，就要编辑 userdir.conf。

任务 9-4

请在 IP 地址为 192.168.10.8 的 Web 服务器中，为技术部的用户 xesuxn 设置个人主页空间。该用户的家目录为/home/xesuxn，个人主页空间所在的目录为 public_html。

完成任务的具体步骤如下。

STEP 01 设置用户个人主页的目录。用户个人主页的目录由 userdir.conf 文件中的 <IfModule mod_userdir.c>容器实现，默认情况下，UserDir 的取值为 disable，表示不为 Linux 系统用户设置个人主页。如果需要为用户设置个人主页，就要使用 vim 编辑/etc/httpd/conf.d/目录下的 userdir.conf 文件，注释掉 Userdir disable（在 17 行前添加“#”号），启用 Userdir public_html（去掉 24 行前的“#”号，UserDir 参数表示网站数据在用户家目录中的保存目录名称，即 public_html 目录），具体操作如图 9-9 所示。

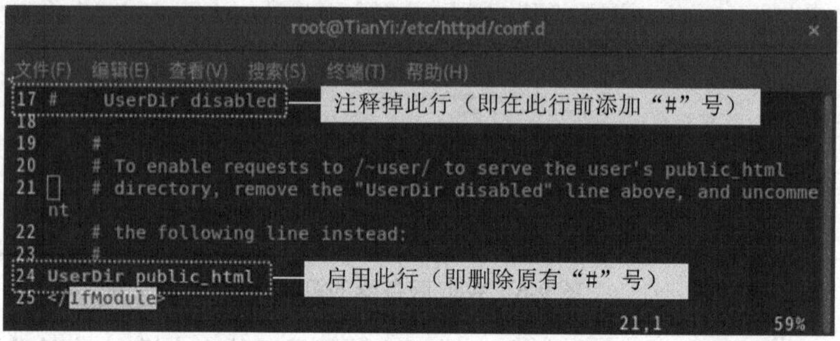

图 9-9 设置用户个人主页的目录

STEP 02 配置用户个人主页及所在目录。如果系统中没有 xesuxn 用户，则先建立用户，再为用户添加登录口令；接下来使用 chmod 命令将用户的/home/xesuxn 目录权限设置为 755，然后使用 mkdir 命令创建存放用户个人主页空间的目录 public_html；最后使用 echo 命令建立个人主页空间的默认首页文件。具体操作方法如图 9-10 所示。

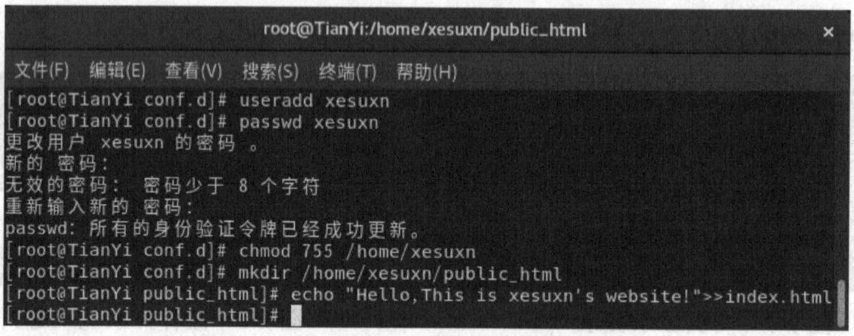

图 9-10 配置用户个人主页及所在目录

STEP 03 重启服务并测试。使用 systemctl restart httpd 命令重新启动 httpd 服务，再在客户端的浏览器中输入 http://192.168.10.8/~ xesuxn，可以看到个人空间的访问效果，当出现 index.html 文件中的内容时，表示 Web 服务器配置成功。具体操作如图 9-11 所示。

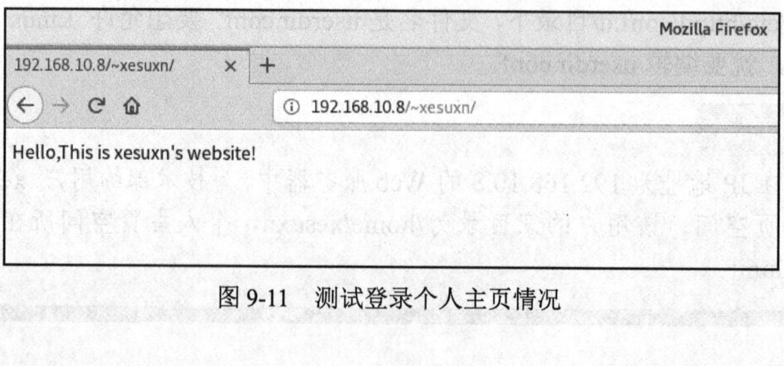

图 9-11 测试登录个人主页情况

注意：客户端在浏览器中浏览个人主页的 URL 地址格式为：http://域名或 IP/~username。其中，“~username”在利用 Linux 系统中的 Apache 服务器来实现时，是 Linux 系统的合法用户名（该用户必须在 Linux 系统中存在）。

9.4.6　配置符号链接和虚拟目录

在 9.4.3 节中分析配置文件 httpd.conf 时介绍了 DocumentRoot 参数，该参数用于指定 Web 服务器发布文档的主目录。在默认情况下，用户通过 http 访问 Web 服务器时浏览的所有资料都存放在该目录之下。该参数只能设置一个目录作为参数值，那么是不是在 Apache 中就只能有一个目录存放文档文件呢？如果文档根目录空间不足，要把文件存放到其他的文件系统中去应该如何实现呢？对于上述问题，Apache 提供了符号链接和虚拟目录两种解决办法。

1. 配置符号链接

创建文件的链接，就可以从多处不同位置访问同一个文件，不必在文件系统中到处复制文件和目录。Linux 支持软链接（通常称为符号链接）和硬链接。

尝试打开指向文件的符号链接或进入指向目录的符号链接时，运行的命令会直接作用于该链接所指的目标文件或目录。目标本身有一组权限和所有权，从符号链接看不出来。符号链接与目标不一定位于同一个磁盘分区。实际上，即使目标不存在，符号链接也能独立存在。

任务 9-5

在 IP 地址为 192.168.10.8 的 Web 服务器中，文档根目录为/var/www/html/，请把/home/xesuxn/public_html 目录映射成/xsx/的访问路径，并在客户端测试。

完成任务的具体步骤如下。

STEP 01　创建符号链接。创建符号链接很简单，使用 ln -s 命令把/home/xesuxn/public_html 链接到/var/www/html/xsx/下即可，创建方法如图 9-12 所示。

图 9-12　创建符号链接

STEP 02　检验配置结果。建立符号链接后，直接使用浏览器访问 http://192.168.0.8/xsx/进行测试，如果配置正确，则会出现如图 9-13 所示页面。

虽然图 9-13 中访问的是网站根路径下的 xsx 目录，但其实 xsx 目录只是一个符号链接，它实际上是被链接到了/home/xesuxn/public_html 目录下，因此用户通过浏览器访问时看到的都是/home/xesuxn/public_html 目录下的内容。

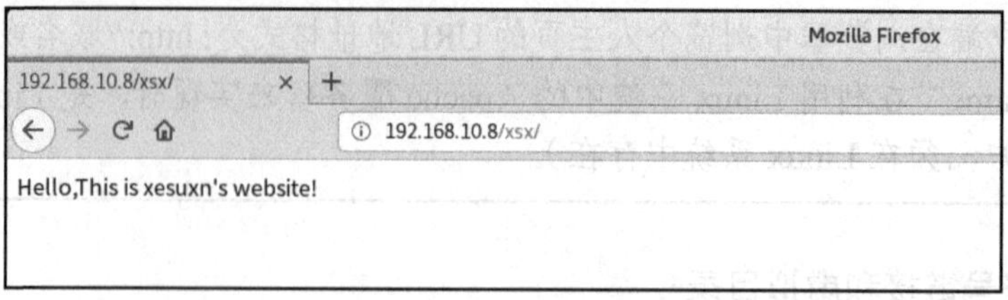

图 9-13 检验配置结果

2. 配置虚拟目录

使用虚拟目录是另一种将根目录以外的内容加入站点的办法。虚拟目录是一个位于 Apache 服务器主目录之外的目录，它不包含在 Apache 服务器的主目录中，但在访问 Web 站点的用户看来，它与位于主目录中的子目录是一样的。每个虚拟目录都有一个别名，客户端可以通过此别名来访问虚拟目录。

由于每个虚拟目录都可以分别设置不同的访问权限，因此，非常适合不同用户对不同目录拥有不同权限的情况。另外，只有知道虚拟目录名的用户才能访问此虚拟目录，除此之外的其他用户将无法访问此虚拟目录。在 Apache 服务器上配置虚拟目录的方法有两种：一是将虚拟目录的设置参数写入主配置文件 httpd.conf 中；二是在/etc/httpd/conf.d 目录中新建一个用于定义虚拟目录的文件（如 vdir.conf），然后将虚拟目录的参数设置写入文件。

任务 9-6

在 IP 地址为 192.168.10.8 的 Web 服务器中，创建名为/test 的虚拟目录，它对应的物理路径是/home/tianyi/，并在客户端测试。

完成任务的具体步骤如下。

STEP 01 设置虚拟目录和实际目录的对应关系。首先在/etc/httpd/conf.d 目录中使用 vim 新建一个用来定义虚拟目录的文件，如 vdir.conf，操作方法如下：

```
[root@TianYi conf.d]# vim vdir.conf
```

接下来在文件每位添加用来设置虚拟目录和实际目录对应关系以及目录访问权限的相关内容，具体方法如图 9-14 所示。

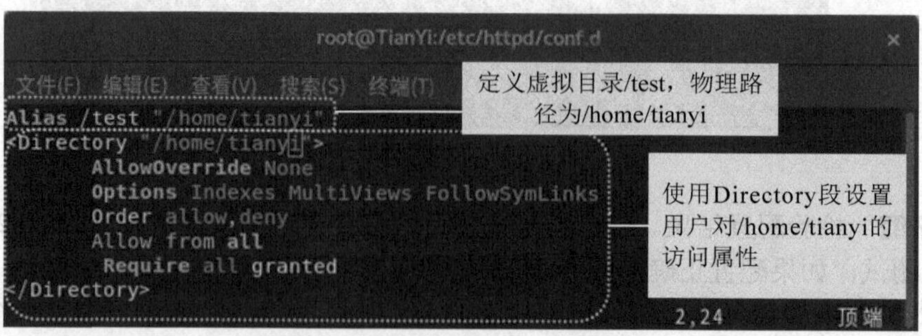

图 9-14 设置虚拟目录和实际目录的对应关系及目录的访问权限

STEP 02　创建目录和主页文件，重启 Apache 服务。需要在系统中创建/var/test/目录，然后在该目录下创建一个用于测试的主页，当然也可以用其他方式设计一个主页，再重启 Apache 服务，操作方法如图 9-15 所示。

图 9-15　创建目录和主页文件、重启 Apache 服务

STEP 03　测试虚拟目录配置情况。打开浏览器，在地址栏中输入 http://192.168.0.8/test/，就会访问到/var/test 目录下的内容。如果在配置文件中写成 Alias /test "/var/test"格式（没有加/），则访问的时候就不需要/，否则不能访问，具体操作如图 9-16 所示。

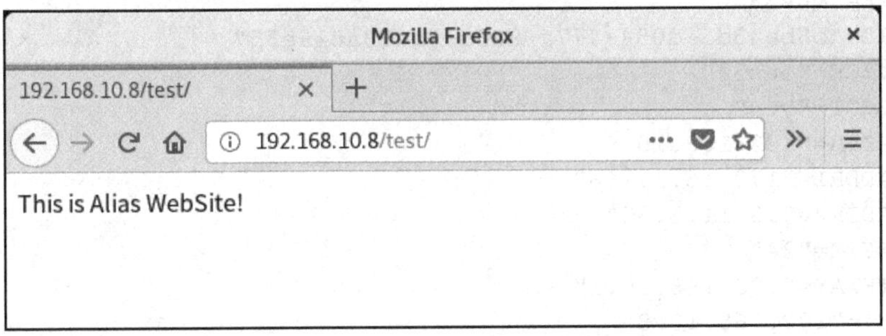

图 9-16　虚拟目录的访问效果图

9.4.7　配置虚拟主机

Apache 服务器 httpd.conf 主配置文件中的第 3 部分是关于实现虚拟主机的。它可以在一台 Web 服务器上为多个独立的 IP 地址、域名或端口号提供不同的 Web 站点。

1. 配置基于 IP 地址的虚拟主机

基于 IP 地址的虚拟主机的服务器上必须同时设置多个 IP 地址，然后配置 Apache，把多个网站绑定在不同的 IP 地址上，服务器根据用户请求的目的 IP 地址判定用户请求的是哪个虚拟主机的服务，从而做进一步的处理。

有两种方法可以为虚拟主机提供多个 IP 地址：一是增加多块网卡；二是一块网卡上绑定多个 IP 地址。

任务 9-7

为 Web 服务器创建两个基于 IP 地址的虚拟主机，新增两个 IP 地址：172.16.1.166 和 10.11.5.33，要求不同的虚拟主机对应的主目录不同，默认文档的内容也不同。

完成任务的具体步骤如下。

STEP 01 给 ens33 网卡绑定多个 IP 地址。

1）先进入 ens33 网卡配置文件所在目录，停止 ens33，接下来使用 vim 编辑器打开 ens33 的配置文件 ifcfg-ens33，操作方法如下：

```
[root@TianYi~]# cd /etc/sysconfig/network-scripts
[root@TianYi network-scripts]# ifdown ens33
[root@TianYi network-scripts]# vim ifcfg-ens33
```

2）在 ens33 上绑定 IP 地址 172.16.1.166 和 10.11.5.33，在 ifcfg-ens33 配置文件中新增 IPADDR1="172.16.1.166"、IPADDR2="10.11.5.33"两行：

```
TYPE="Ethernet"
PROXY_METHOD="none"
BROWSER_ONLY="no"
BOOTPROTO="none"
DEFROUTE="yes"
IPV4_FAILURE_FATAL="no"
……
NAME="ens33"
UUID="b8baa3d3-d054-477a-8d3c-6ae68a819e35"
DEVICE="ens33"
ONBOOT="yes"
IPADDR="192.168.10.8"
IPADDR1="172.16.1.166"
IPADDR2="10.11.5.33"
PREFIX="24"
GATEWAY="192.168.10.1"
DNS1="192.168.10.8"
IPV6_PRIVACY="no"
```

3）启动网卡 ens33，使用 ip add show 命令查看是否存在新增加的 IP 地址，再使用 ping 命令检查 IP 地址是否可用。

```
[root@TianYi~]#ifup ens33
[root@TianYi~]#ip add show
……
    link/ether 00:0c:29:25:23:12 brd ff:ff:ff:ff:ff:ff
    inet 192.168.10.8/24 brd 192.168.10.255 scope global noprefixroute ens33
      valid_lft forever preferred_lft forever
    inet 172.16.1.166/16 brd 172.16.255.255 scope global noprefixroute ens33
      valid_lft forever preferred_lft forever
    inet 10.11.5.33/8 brd 10.255.255.255 scope global noprefixroute ens33
……
[root@TianYi~]#ping 172.16.1.166
PING 172.16.1.166 (172.16.1.166) 56(84) bytes of data.
64 bytes from 172.16.1.166: icmp_seq=1 ttl=64 time=0.021 ms
^Z
[3]+  已停止                ping 172.16.1.166
```

STEP 02 创建目录和首页文件。使用 mkdir 命令和 echo 命令（也可用 vim）分别创建 /var/www/ip2 和/var/www/ip3 两个主目录和默认文件，内容要求不一样，以便进行区分。

```
[root@TianYi~]#mkdir  -p /var/www/bipvhost1
[root@TianYi~]#mkdir  -p /var/www/bipvhost2
```

```
[root@TianYi~]#echo "Welcome to base_ip vhost1!">>/var/www/bipvhost1/index.html
[root@TianYi~]#echo "Welcome to base_ip vhost2!">>/var/www/bipvhost2/index.html
```

STEP 03　新建 baseipvhost.conf 文件。基于 IP 地址的虚拟主机需要在/etc/httpd/conf.d 目录中新建一个用来配置虚拟主机的文件，这里假设是 baseipvhost.conf，操作方法如下：

```
[root@TianYi~]# cd /etc/httpd/conf.d
[root@TianYi~]# vim baseipvhost.conf
```

通过配置 baseipvhost.conf 文件中的<VirtualHost>段来配置基于 IP 地址的虚拟主机服务，因此接下来在 baseipvhost.conf 文件中新增以下内容：

```
<Virtualhost 172.16.1.166>
    DocumentRoot  /var/www/bipvhost1               #设置该虚拟主机的主目录
    DirectoryIndex  index.html                     #设置默认文件的文件名
    ServerAdmin  xesuxn@163.com                    #设置管理员的邮件地址
    ErrorLog   logs/ip2-error_log                  #设置错误日志的存放位置
    CustomLog  logs/ip2-access_log common          #设置访问日志的存放位置
</Virtualhost>
<Virtualhost 10.11.5.33>
    DocumentRoot /var/www/bipvhost2                #设置该虚拟主机的主目录
    DirectoryIndex index.html                      #设置默认文件的文件名
    ServerAdmin  5688609@qq.com                    #设置管理员的邮件地址
    ErrorLog    logs/ip3-error_log                 #设置错误日志的存放位置
    CustomLog   logs/ip3-access_log common         #设置访问日志的存放位置
</Virtualhost>
```

STEP 04　重启 Apache 服务进行测试。配置好前面的内容后，需要使用 systemctl restart httpd 命令重新启动 Apache 服务，然后在客户端的浏览器中分别输入绑定的 IP 地址 172.16.1.166 和 10.11.5.33 进行测试，测试结果如图 9-17 和图 9-18 所示。

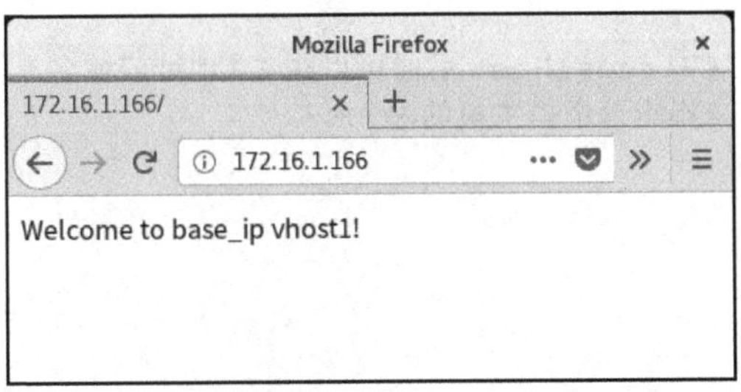

图 9-17　测试虚拟主机 172.16.1.166

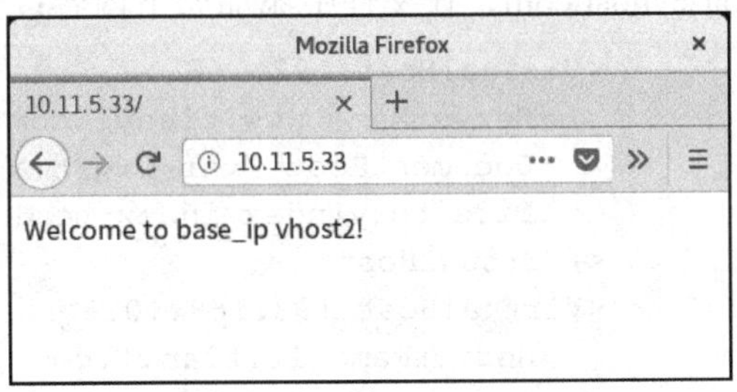

图 9-18　测试虚拟主机 10.11.5.33

2. 配置基于域名的虚拟主机

基于域名的虚拟主机的配置服务器只需一个 IP 地址即可，所有的虚拟主机共享这个 IP 地址，各虚拟主机之间通过域名进行区分。因此，需要配置 DNS 服务器，DNS 服务器中应建立多个主机资源记录，使它们解析到同一个 IP 地址；然后配置 Apache 服务器，令其能够辨识不同的主机名。这样一台服务器可以提供多个虚拟域名的服务，占用资源少，管理方便，也可以缓解 IP 地址不足的问题，作为服务器这种方式比较常用。

任务 9-8

假设研发中心 Web 服务器 IP 地址为 192.168.10.8，对应的域名是 www.tianyi.com 和 it.tianyi.com。要求在该服务器中配置基于域名的虚拟主机，并保证不同的虚拟主机对应不同的主目录，默认文档的内容也不同。

完成任务的具体步骤如下。

STEP 01 配置 DNS 服务器。请参照项目 8 中的“任务 8-3”，在 DNS 服务器的区域文件中建立好多个主机地址 A 资源记录，使它们解析到同一个 IP 地址上，即

```
www.tianyi.com.      IN A 192.168.0.8
it.tianyi.           IN A 192.168.0.8
```

建立完 DNS 服务器后，使用 ping 或 nslookup 命令检查能否解析 www.tianyi.com 和 www.yfzx.com，操作结果应该如下：

```
    [root@TianYi named]# ping www.tianyi.com
    PING www.tianyi.com (192.168.10.8) 56(84) bytes of data.
    64 bytes from www.tianyi.com.10.168.192.in-addr.arpa (192.168.10.8):
icmp_seq=1 ttl=64 time=0.013 ms
    ^Z
    [9]+  已停止                 ping www.tianyi.com
    [root@TianYi named]# ping it.tianyi.com
    PING it.tianyi.com (192.168.10.8) 56(84) bytes of data.
    64 bytes from dns.tianyi.com (192.168.10.8): icmp_seq=1 ttl=64 time=
0.023 ms
    ^Z
    [10]+  已停止                ping it.tianyi.com
```

STEP 02 配置 basevhost. conf。使用 vim 在/etc/httpd/conf.d/目录中新建基于域名的 basevhost.conf，在文件中添加如下内容：

```
<VirtualHost 192.168.10.8>           #VirtualHost 后面可以跟 IP 地址或域名
   ServerName www.tianyi.com          #指定该虚拟主机的 FQDN
   DocumentRoot /var/www/tianyi
   DirectoryIndex index.html
</VirtualHost>
<VirtualHost 192.168.10.8>
   ServerName it.tianyi.com
   DocumentRoot /var/www/it
   DirectoryIndex index.html
</VirtualHost>
```

STEP 03 建立两个主目录和默认主页文件。利用 mkdir 命令和 echo 命令分别创建/var/www/tianyi 和/var/www/yfzx 两个主目录和默认文件，内容要求不一样，以便进行区分。

```
[root@www~]#mkdir /var/www/tianyi
[root@www~]#mkdir /var/www/it
[root@www~]#echo "Welcome to www.tainyi.com">>/var/www/tianyi/index.html
[root@www~]#echo "Welcome to it.tianyi.com">>/var/www/it/index.html
```

STEP 04 重启 Apache 服务进行测试。配置好前面的内容后，需要使用 systemctl

restart httpd 命令重新启动 Apache 服务，然后在客户端的浏览器中分别输入 www.tianyi.com 和 www.yfzx.com 进行测试，测试结果如图 9-19 和图 9-20 所示。

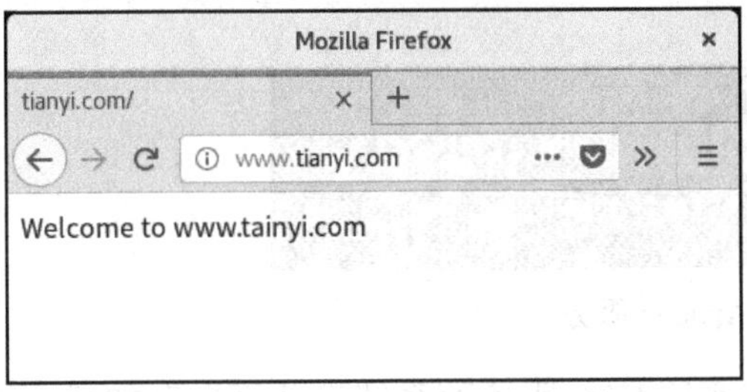

图 9-19　测试虚拟主机 www.tianyi.com

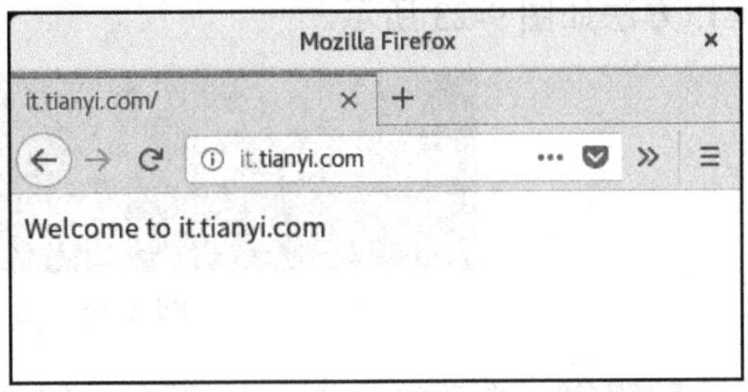

图 9-20　测试虚拟主机 www.yfzx.com

思政小贴士

网站和电子邮件系统已成为个人或企业不可或缺的关键组成部分。无论是个人还是企业，当建立 Web 网站并对外发布信息时，都必须完成 ICP 备案，并严格遵守互联网相关的政策法规。同时，应避免从事任何非法的网站运营或传播不良互联网信息的活动。

9.4.8　启动与停止 Apache 服务

任务 9-9

进入 Linux，练习启动、停止和重启 Apache 服务，最后将 Apache 服务的启动设为自动加载。

完成任务的具体步骤如下。

STEP 01　启动 Apache 服务。在 Apache 服务器中安装完成并配置好 httpd.conf 文件后，需要启动 Apache 服务才能使用 Web 服务。使用 systemctl start httpd 命令启动 Apache 服务，操作方法如图 9-21 所示。

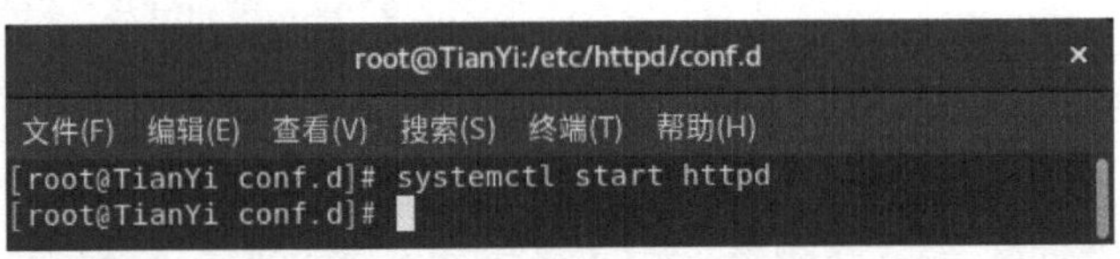

图 9-21　启动 Apache 服务

STEP 02　停止 Apache 服务。与启动 Apache 服务类似，使用 systemctl stop httpd 命令停止 Apache 服务，操作方法如图 9-22 所示。

图 9-22　停止 Apache 服务

STEP 03 重启 Apache 服务。对 Web 服务器进行了相应配置后，如果需要让其生效，则需要对 Web 服务器进行重启，此时使用 systemctl restart httpd 命令重启 Apache 服务，操作方法如图 9-23 所示。

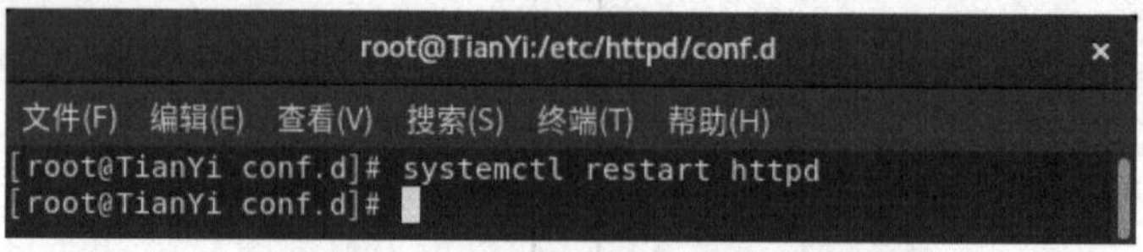

图 9-23 重启 Apache 服务

STEP 04 自动加载 Apache 服务。如果需要让 Web 服务随系统启动而自动加载，需要使用 systemctl enable httpd 命令，操作方法如图 9-24 所示。

图 9-24 设置自动加载 Apache 服务

STEP 05 检查 Apache 服务运行状态。Apache 服务可能处于停止状态，也可能处于运行状态，这时可使用 systemctl status httpd 命令检查 httpd 的状态，操作方法如图 9-25 所示。

图 9-25 检查 httpd 的状态

9.5 项 目 拓 展

9.5.1 知识拓展

1. 填空题

1）Web 服务器使用的协议是________，英文全称是________，中文名称是________。

2）Web 采用客户端/服务器模式进行工作，客户端运行 Web 客户程序叫________，Web 服务器上运行 Web 服务器程序，最常用的 Web 服务器程序是________。

3）在 RHEL 8.3 中，使用________命令查看 httpd 的运行状况。如果已经停止，可使用________命令启动 httpd。

4）Apache 服务器的配置文件 httpd.conf 中有很多内容，请解释如下配置项：

① UserDir public_html，________；

② DirectoryIndex index.html，________；

③ DocumentRoot "/var/www/html"，________。

5）Apache 服务器默认的监听连接端口号是________。

2. 选择题

1）Apache 服务器是实现（　　）网络协议的服务器。

A. FTP　　B. DHCP　　C. DNS　　D. HTTP

2）Apache 服务器的主配置文件 httpd.conf 位于（　　）目录下。

A. /etc/httpd　　B. /etc/conf　　C. /etc/httpd/conf　　D. /etc/conf/httpd

3）Apache 服务器主配置文件中，使用（　　）配置项设置网页文件的根目录。

A. ServerRoot　　B. ServerAdmin

C. DocumentRoot　　D. DirectoryIndex

4）在 Apache 服务器的主配置文件中，使用（　　）配置项设置网站的默认主页。

A. ServerName　　B. ServerAdmin

C. DocumentRoot　　D. DirectoryIndex

5）Apache 服务器默认侦听的端口号是（　　）。

A. 80　　B. 8080　　C. 21　　D. 25

3. 简答题

1）简述 Web 服务的工作原理。

2）简述关闭和开启 Apache 服务器的方法。

3）Web 服务器使用虚拟主机有什么好处？Apache 虚拟主机有哪几种类型？最常用的是哪种类型？

4）简述 Apache 服务器的配置流程。

9.5.2 技能拓展

1. 课堂练习

在利用 Apache 配置 Web 服务器的过程中，可能会碰到各种问题，针对下面给出的典型问题及解决办法练习排除故障。

训练步骤如下。

STEP 01 Apache 无法启动。Apache 无法正常启动，主要是由以下两种情况导致的。

第一种是 httpd.conf 文件配置错误。对于这种情况，Apache 启动时会给出相关提示信息，也可以使用 httpd -t 命令进行检查，操作方法如下：

```
[root@TianYi conf]# httpd -t
httpd: Syntax error on line 105 of /etc/httpd/conf/httpd.conf:
/etc/httpd/conf/httpd.conf:105: <Directory> was not closed.
```

用户可根据提示信息更改 httpd.conf 中的配置以修复错误。

第二种是 Apache 的监听端口被占用。Apache 的默认监听端口为 80，如果其他进程已经占用该端口，Apache 启动时将会出现错误，操作方法如下：

```
98)Address already in use: make_sock: could
not bind to address 0.0.0.0:80 no listening
sockets available, shutting down Unable to open logs
```

用户可通过 netstat -an 命令获取系统当前的端口使用情况，关闭占用端口的进程。

STEP 02 忽略某些访问日志的记录。在默认情况下，Apache 的 access_log 日志文件会记录所有的用户访问记录（用户访问的每一个文件），这会产生大量的日志信息。用户可以更改 Apache 的配置，忽略某些访问日志的记录。例如，要在 access_log 日志文件中忽略图片文件的访问记录，可打开 httpd.conf 配置文件，加入如下内容：

```
<FilesMatch "\.(bmp|gif|jpg|swf)">
SetEnv IMAG 1
</FilesMatch>
CustomLog logs/access_log combined env=!IMAG
```

然后重启 Apache 服务使配置生效，完成后 Apache 将不再记录 bmp、gif、jpeg 及 swf 后缀的文件的访问日志。

STEP 03 防止网站图片被盗链。为了防止其他网站非法盗链本网站中的图片文件，可在 Apache 中进行配置，以禁止图片被非法盗用。假设本网站的域名为 www.MyWeb.com，用户可编辑 httpd.conf 文件，加入以下配置内容：

```
SetEnvIfNoCase Referer "^http://www.MyWeb.com/" local_ref=1
<FilesMatch ".(gif|jpg|bmp)">
Order Allow,Deny
Allow from env=local_ref     #只允许 http://www.MyWeb.com 链接图片文件
</FilesMatch>
```

最后重启 Apache 服务，完成后，如果其他非法主机试图链接图片，图片将无法显示。

2. 课后实践

【课后实践 9-1】假如你是某学校的网络管理员，学校的域名为 www.king.com，学校计划为每位教师开通个人主页服务，为教师与学生之间建立沟通的平台。为每位教师开通个人主页服务后能实现如下功能：

1）网页文件上传完成后，立即自动发布，URL 为 http://www.king.com/~用户名。

2）在 Web 服务器中建立一个名为 private 的虚拟目录，对应的物理路径是/data/private，并配置 Web 服务器对该虚拟目录启用用户认证，只允许 kingma 用户访问。

3）在 Web 服务器中建立一个名为 test 的虚拟目录，其对应的物理路径是/dir1/test，并配置 Web 服务器仅允许来自网络 sample.com 域和 192.168.1.0/24 网段的客户端访问该虚拟目录。

4）使用 192.168.1.2 和 192.168.1.3 两个 IP 地址，创建基于 IP 地址的虚拟主机。其中，IP 地址为 192.168.1.2 的虚拟主机对应的主目录为/var/www/ex2，IP 地址为 192.168.1.3 的虚拟主机对应的主目录为/var/www/ex3。

5）创建基于 www.xsx.com 和 www.king.com 两个域名的虚拟主机，域名为 www.xsx.com 的虚拟主机对应的主目录为/var/www/xsx，域名为 www.king.com 的虚拟主机对应的主目录为/var/www/king。

【课后实践 9-2】假设服务器的 IP 地址为 192.168.16.201，在 DNS 服务器中有 www.abc.com 和 www.xyz.com 主机地址 A 资源记录映射到该 IP 地址，现需要使用这两个域名分别创建两台虚拟主机，每台虚拟主机都对应不同的主目录，请在主配置文件 httpd.conf 中添加相应的语句予以实现。

9.6 项 目 总 结

本项目首先介绍了 Web 服务的工作原理、工作流程和 Apache 软件包的安装方法，Apache 服务的核心配置文件 httpd.conf，然后着重训练了建立个人主页、配置基于 IP 的虚拟主机和配置基于域名的虚拟主机。

Web 服务是目前应用最为广泛的网络服务之一，它的功能非常强大，随着读者学习的深入和对 Web 应用的熟练，更能体会到这一点。通过本项目的学习，你的收获怎样？请认真填写学习情况考核登记表（表 9-1），并及时予以反馈。

表 9-1　学习情况考核登记表

序号	知识与技能	重要性	自我评价					小组评价					教师评价				
			A	B	C	D	E	A	B	C	D	E	A	B	C	D	E
1	会安装 Apache 软件包	★★★															
2	会启动、停止 Apache 服务	★★★☆															
3	能分析 httpd.conf 文件中的主要配置内容	★★★★☆															
4	会配置个人主页和虚拟目录	★★★★															
5	会配置基于 IP 的虚拟主机	★★★★★															
6	会配置基于域名的虚拟主机	★★★★															
7	能完成课堂训练	★★★☆															

注：评价等级分为 A、B、C、D 和 E 共 5 等。其中，对知识与技能掌握很好，能够熟练地完成 Web 服务的配置为 A 等；掌握了 75%以上的内容，能较为顺利地完成任务为 B 等；掌握 60%以上的内容为 C 等；基本掌握为 D 等；大部分内容不够清楚为 E 等。

项目10 FTP服务器配置与管理

Internet 中一个十分重要的资源就是软件资源，这些软件资源大多数存放在 FTP 服务器中。几乎在所有的平台上都有 FTP 的客户端和服务器端的软件，因此用户使用 FTP 服务通过网络在计算机之间传输文件是很方便的一种方法。

本项目详细介绍 FTP 服务的基本概念、工作原理、vsftpd 的安装和配置方法，以及 FTP 服务器的管理与维护技巧。通过任务引导学生检查并安装 FTP 服务，分析核心配置文件 vsftpd.conf，实施 FTP 服务器的配置与管理、FTP 客户端的配置与管理，完成 FTP 服务器故障的判断和处理。

教学导航

知识目标	（1）了解 FTP 的基本概念及工作原理 （2）了解配置 FTP 服务器所需的软件包及软件包的安装方法 （3）掌握匿名用户访问 FTP 服务器的配置方法 （4）掌握实体用户和虚拟用户访问 FTP 服务器的配置方法 （5）掌握 FTP 客户端的配置方法 （6）掌握 FTP 服务器的故障判断与处理的方法
技能目标	（1）会检查并安装 FTP 服务所需的软件包 （2）会启动和停止 FTP 服务 （3）能分析并配置 FTP 服务 （4）能配置与管理匿名用户访问 FTP 服务 （5）能配置实体用户和虚拟用户访问 FTP 服务 （6）能配置 FTP 客户端并测试配置结果 （7）能解决 FTP 服务配置中出现的问题
素质目标	（1）培养认真细致的工作态度和工作作风 （2）养成刻苦、勤奋、好问、独立思考和细心检查的学习习惯 （3）能与组员精诚合作，能正确面对他人的成功或失败 （4）具有一定的自学能力，分析问题、解决问题能力和创新能力
重点、难点	（1）重点：熟悉主配置文件、实现实体用户访问 （2）难点：实现实体用户访问、使用 PAM 实现虚拟用户的 FTP 服务
课时建议	（1）教学课时：理论学习 1 课时+教学示范 2 课时 （2）技能训练课时：课堂模拟 2 课时+课堂训练 2 课时

10.1 项 目 引 入

在添艺教育培训中心的网络改造项目中，曹捷负责技术开发和服务器的配置与管理。现已完成了 Samba、NFS、DHCP、DNS 和 Web 服务器的配置，在整个过程中，曹捷认真负责、刻苦钻研，解决了一个又一个难题，易联公司的领导非常满意，添艺教育培训中心的负责人也给予了高度好评。

在添艺教育培训中心的项目方案中，需要将中心的文件和资料提供给员工使用；人力资源管理部可以发布并收集招聘信息表；研发部和销售部等部门的员工可以在家里通过网络下载有关的开发工具和统计报表，并能将自己设计好的图纸和填写的有关报表及时反馈给部门领导；中心架设了 Web 网站，网站维护人员需要远程对网站的资源和信息进行及时更新。

此时，曹捷需要在服务器中进行哪些配置才能为添艺教育培训中心解决上述问题呢？

10.2 项目任务

曹捷凭借所学的知识和技能，加上多年的现场工作经验，经过认真分析，认为在 Linux 服务器上既不能采用 Samba 服务（因为 Samba 服务只能在局域网使用），也不能使用邮件服务器（因为邮件服务器的附件是有限制的），只有通过配置 FTP 服务，才能解决上述问题。为此，本项目需要完成的具体任务如下。

1）配置服务器的网络工作环境：设置 FTP 服务器的静态 IP 地址、禁用 firewalld 防火墙（或在防火墙中放行 Samba 服务）和 SELinux、测试网络状况等。

2）检查并安装 FTP 服务所需要的 vsftpd 软件包。

3）分析 FTP 服务器的主配置文件 vsftpd.conf，熟悉其结构及相关参数的作用。

4）配置与管理匿名用户访问 FTP 服务。

5）配置实体用户和虚拟用户访问 FTP 服务。

6）加载配置文件或重新启动 vsftpd，使配置生效。

7）配置 FTP 客户端并测试 FTP 服务。

8）解决在配置 FTP 服务时遇到的问题。

10.3 相关知识

10.3.1 FTP 概述

在众多网络应用中，FTP 有着非常重要的地位。Internet 中有着非常多的共享资源，而这些共享资源大多数存放在 FTP 服务器中。与大多数 Internet 服务一样，FTP 也是一个客户端/服务器系统。用户通过一个支持 FTP 协议的客户端程序连接到主机上的 FTP 服务器程序。用户通过客户端程序向服务器程序发出命令，服务器程序执行用户发出的命令，并将执行结果返回给客户端。

提供 FTP 服务的计算机称为 FTP 服务器，用户的本地计算机称为客户端。FTP 是一种实时的联机服务，用户在访问 FTP 服务器之前必须进行登录，登录时要求用户给出其在 FTP 服务器上的合法账号和密码。只有成功登录的用户才能访问 FTP 服务器，并对授权的文件进行查阅和传输。FTP 的这种工作方式限制了 Internet 上一些公用文件及资源的发布，为此，多数 FTP 服务器都提供一种匿名 FTP 服务。

FTP 服务不受计算机类型及操作系统的限制，不管是 PC 机、服务器还是大型机，也不管操作系统是 Linux、DOS 还是 Windows，只要建立 FTP 连接的双方都支持 FTP 协议，就可以方便地传输文件。

10.3.2 FTP 的工作原理

FTP 定义了一个在远程计算机系统和本地计算机系统之间传输文件的标准。FTP 运行在 OSI 模型的应用层，并利用传输控制协议 TCP 在不同的主机之间提供可靠的数据传输。FTP 在文件传输中还支持断点续传功能，可以大幅度地减少 CPU 和网络带宽的开销。

FTP 的工作原理

FTP 使用两个 TCP 连接来执行其功能：一个连接用于控制信息，通常通过端口 21 进行通信；另一个连接则专用于数据传输。客户端发出 FTP 命令后，便与服务器建立一个控制连接，这个连接也被称作协议解析器（protocol interpreter，PI），其核心作用是传输客户端的请求命令以及接收远程服务器的响应信息。控制连接一旦建立，客户端与服务器就进入交互式会话状态，通过协调来完成文件传输任务。另一个连接是数据连接，即当客户端向远程服务器发起 FTP 请求时，会在两者之间临时建立一个连接，这个连接主要用于数据的传送，因此也被称为数据传输过程（data transfer process，DTP）。

FTP 服务的具体工作过程如图 10-1 所示。

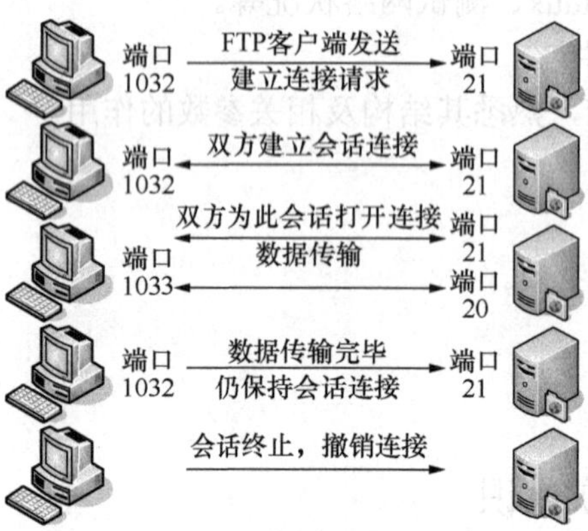

图 10-1 FTP 服务的具体工作过程

1）当 FTP 客户端发出请求时，系统将动态分配一个端口（如 1032）。

2）若 FTP 服务器在端口 21 侦听到该请求，则在 FTP 客户端的端口 1032 和 FTP 服务器的端口 21 之间建立起一个 FTP 会话连接。

3）当需要传输数据时，FTP 客户端再动态打开一个连接到 FTP 服务器的端口 20 的第 2 个端口（如 1033），这样就可以在这两个端口之间进行数据的传输。当数据传输完毕后，这两个端口会自动关闭。

4）当 FTP 客户端断开与 FTP 服务器的连接时，客户端上动态分配的端口将自动释放。

10.3.3 vsftpd 中的三类用户

1. 匿名用户

匿名用户在登录 FTP 服务器时，并不需要特别的密码就能访问服务器。通常采用电子邮件的地址作为匿名用户的登录密码，但并不是必需的。一般匿名用户的用户名为 anonymous 或者 ftp。采用匿名用户登录 vsftpd 服务器后，将映射为指定的本地用户，一般为 ftp。匿名用户登录 FTP 服务器之后，所在的指定 FTP 目录为/var/ftp。

2. 本地用户

本地用户是指具有本地登录权限的用户。这类用户在登录 FTP 服务器时，所用的登录名为本地用户名，采用的密码为本地用户的口令，使用/etc/passwd 中的用户名为认证方式。登录成功之后进入的是本地用户的 home 目录。

3. *虚拟用户*

虚拟用户只具有从远程登录 FTP 服务器的权限，只能访问为其提供的 FTP 服务。虚拟用户不具有本地登录权限，虚拟用户的用户名和口令保存在数据库文件或数据库服务器中。

相对于本地用户来说，虚拟用户只是 FTP 服务器的专有用户，虚拟用户只能访问 FTP 服务器所提供的资源，这大大增强了系统本身的安全性。

相对于匿名用户而言，虚拟用户需要用户名和密码才能获取 FTP 服务器中的文件，增加了对用户和下载的可管理性。对于需要提供下载服务，但又不希望所有人都可以匿名下载，以及既需要对下载用户进行管理，又要考虑主机安全和管理方便的 FTP 站点来说，虚拟用户是一种极好的解决方案。

10.3.4 FTP 的命令方式

FTP 命令是 FTP 客户端程序，在 Linux 系统或 Windows 系统的字符界面可以利用 FTP 命令登录 FTP 服务器，进行文件的上传、下载等操作。

FTP 命令的格式如下：

```
ftp  主机名或 IP 地址
```

在 Linux 系统和 Windows 系统中，利用 FTP 命令以匿名用户身份登录 IP 地址为 10.0.0.212 的 FTP 服务器的登录界面如图 10-2 和图 10-3 所示。

图 10-2　Linux 中 FTP 命令的登录界面

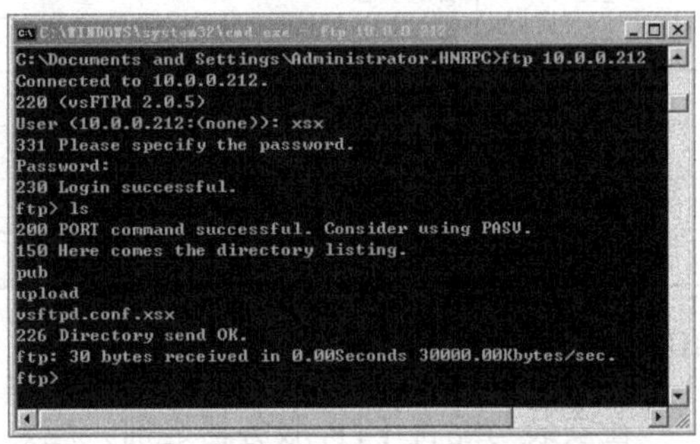

图 10-3　Windows 中 FTP 命令的登录界面

在登录成功之后，用户可以使用 FTP 命令进行文件传输，这种方式称为交互方式。当用户交互使用 FTP 时，FTP 发出一个提示，用户输入一条命令，FTP 执行该命令并发出下一个提示。FTP 允许文件沿任意方向传输，即文件可以上传与下载。在交互方式下，也提供了相应的文件上传与下载命令，其中常用的一些重要命令如表 10-1 所示。

表 10-1　常见的 FTP 命令及其功能

命令	功能	命令	功能
ascii	进入 ASCII 方式，传送文本文件	dir 或 ls remote-dir [1ocal-file]	显示远程目录文件和子目录的缩写列表
binary	传送二进制文件，进入二进制方式	mkdir dir-name	在远程主机上创建目录
bye 或 quit	结束本次文件传输，退出 FTP 程序	mget remote-files	获取多个远程文件，允许用通配符

续表

命令	功能	命令	功能
cd dir	改变远程主机当前工作目录	delete remote-file	删除远程文件
lcd dir	改变本地主机当前目录	mdelete remote-files	删除多个远程文件
rmdir dir name	删除远程目录	get remote-file [local-file]	获取远程文件
mget local-files	将多个本地文件传送到远程主机上，可使用通配符	put local file [remote-file]	将一个本地文件传送到远程主机上
pwd	查询远程主机当前目录	status	显示 FTP 程序状态
open host	与指定主机的 FTP 服务器建立连接	close	关闭与远程 FTP 程序的连接
user	指定远程主机的用户	disconnect	从远程计算机断开，保留 ftp 提示

当执行不同的命令时，会发现 FTP 服务器返回一组数字，不同的数字代表不同的信息。常见的数字及表示的信息如表 10-2 所示。

表 10-2 FTP 命令的返回值及含义

数字	含义	数字	含义
125	打开数据连接，传输开始	230	用户登录成功
200	命令被接受	331	用户名被接受，需要密码
211	系统状态，或者系统返回的帮助	421	服务不可用
212	目录状态	425	不能打开数据连接
213	文件状态	426	连接关闭，传输失败
214	帮助信息	500	语法错误，不可识别的命令
220	服务就绪	501	命令参数错误
221	控制连接关闭	502	命令不能执行
226	关闭数据连接	530	登录不成功

10.3.5 FTP 服务的软件包

在安装与配置 FTP 服务器之前，应熟悉 FTP 服务所需要的软件包，以便更好地配置与管理 FTP 服务器。vsftpd 服务所需软件包及其作用如下。

1）vsftpd-3.0.3-28.el8.x86_64.rpm：vsftpd 主程序包。

2）libdb-utils-5.3.28-36.el8.x86_64.rpm：db 数据库软件包。

10.4 项目实施

10.4.1 安装 vsftpd 软件包

目前，几乎所有的 Linux 发行版本内置了 vsftpd 服务。在安装 Linux 的过程中，如果用户选择了 FTP，那么它就会在安装 Linux 的同时安装 FTP；如果没有选择的话，需要在机器启动后将 RHEL 8.3 安装光盘放进光驱进行安装。

任务 10-1

在 Linux 系统中检查是否安装了 vsftpd 软件包，若没有安装，则利用 Linux 安装盘进行安装，然后检查并了解系统中 vsftpd 的版本号。

完成任务的具体步骤如下。

STEP 01 检查 vsftpd 软件包。使用 rpm -qa|grep vsftpd 命令检测系统中是否安装了 vsftpd 软件包，或查看已经安装的软件包的版本，操作方法如图 10-4 所示。

图 10-4 检查 vsftpd 软件包

图中没有 vsftpd 的相关内容，说明系统还未安装 FTP 软件包，此时就要使用 yum install 命令或 rpm -ivh 命令进行软件包的安装。

STEP 02 安装 vsftpd 软件包。将 RHEL 8.3 的安装光盘放入光驱，首先使用 mount 命令挂载光驱，然后使用 yum install vsftpd-* pam* libdb-utils libdb* -y 命令安装 vsftpd 和 db 数据库（YUM 源的配置见“任务 3-6”），操作方法如图 10-5 所示。

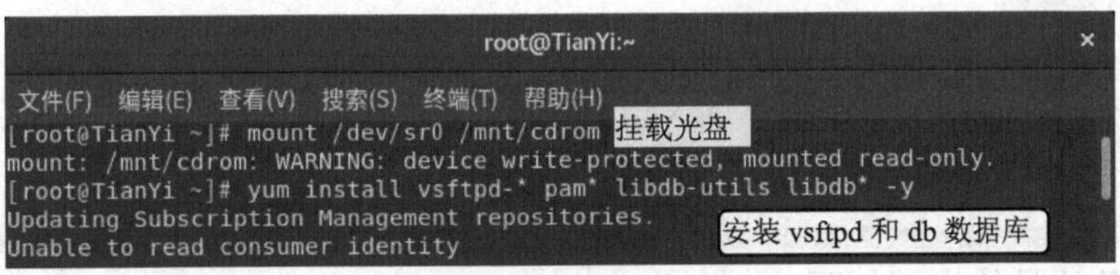

图 10-5 安装 vsftpd 软件包

STEP 03 检查确认。vsftpd 软件包安装完毕后，再次使用 rpm -qa|grep vsftpd 命令进行查询，操作方法如图 10-6 所示。

图 10-6 查看 vsftpd 软件包

10.4.2 熟悉相关配置文件

vsftpd 软件包安装完成后，会在系统中产生与 vsftpd 相关的配置文件供配置 FTP 服务器使用，主要配置文件如下。

1）/etc/vsftpd/vsftpd.conf：vsftpd 的核心配置文件，配置 FTP 服务器时需要编辑此文件中的相关配置。

2）/etc/vsftpd/ftpusers：在该文件中指定哪些用户不能访问 FTP 服务器，所有位于此文件中的用户都不能访问 vsftpd 服务，以此提高系统的安全性。

3）/etc/vsftpd/user_list：指定允许使用 vsftpd 的用户列表文件，当/etc/vsftpd/vsftpd.conf 文件中的 userlist_enable 和 userlist_deny 的值都为 YES 时，在该文件中列出的用户不能访问 FTP 服务器；当/etc/vsftpd/vsftpd.conf 文件中的 userlist_enable 的取值为 YES 而 userlist_deny 的取值为 NO 时，只有/etc/vstpd.user_list 文件中列出的用户才能访问 FTP 服务器。

4）/etc/pam.d/vsftpd：PAM 认证文件，其中的 file=/etc/vsftpd/ftpusers 字段指明阻止访问的用户是来自/etc/vsftpd/ftpusers 文件中的用户。

10.4.3 熟悉主配置文件 vsftpd.conf

vsftpd 的配置文件基本上都位于/etc/vsftpd/目录中，其中 vsftpd.conf 是 FTP 服务最核心的配置文件，它包含了 FTP 服务的绝大多数的配置信息，FTP 服务是依据该文件的配置来完成相关服务的。

为了让 FTP 服务器能更好地按需求提供服务，需要对/etc/vsftpd/vsftpd.conf 文件进行合理且有效的配置。vsftpd 提供的配置命令较多，默认配置文件只列出了最基本的配置命令，很多配置命令在配置文件中并未列出。下面来熟悉一些常用的配置命令。

1. 查看主配置文件

任务 10-2

首先将/etc/vsftpd/目录下的 vsftpd.conf 文件备份，留作备用，然后利用 vim 编辑器查看 vsftpd.conf 文件的内容。

完成任务的具体步骤如下。

STEP 01 备份 vsftpd.conf。vsftpd 软件包安装完成后，会在系统中产生与 vsftpd 相关的配置文件供配置 FTP 服务器使用，核心配置文件是/etc/vsftpd/目录下的 vsftpd.conf。为了确保原配置文件的完整性，用户在配置前最好使用 cp -a 命令对主配置文件进行备份，具体操作方法如图 10-7 所示。

图 10-7 备份 vsftpd.conf

STEP 02 打开 vsftpd.conf 文件。首先进入 vsftpd.conf 所在目录，其次使用 vim /etc/vsftpd/vsftpd.conf 命令打开配置文件。文件打开后，会发现 vsftpd.conf 文件中内容的格式与 Samba 配置文件的格式非常相似，整个配置文件是由很多字段组合而成的，只是等号“=”两边没有空格而已，其格式如下：

```
字段=设定值
```

删除以“#”号开头的注释行（:g/^#/d）之后，vsftpd.conf 文件的内容如图 10-8 所示。

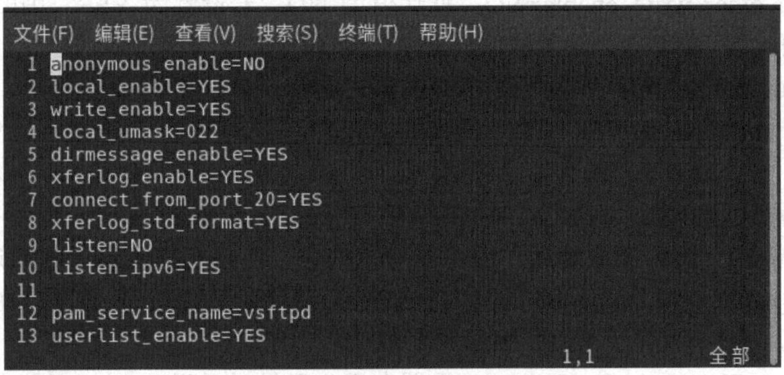

图 10-8 vsftpd.conf 文件的内容

整个配置文件一共有 127 行，图 10-8 是去掉所有注释行之后剩下的部分。虽然没有注释的部分只有 12 行，但想要掌握好 vsftpd 并不是一件容易的事情，下面将进行详细分析。

注意：vsftpd.conf 文件中的内容，以“#”号开头的属于注释行，等号“=”两边没有空格，这是与 Samba 不同的地方。

2. 分析主配置文件 vsftpd.conf

从图 10-8 中可以看出 vsftpd.conf 主配置文件的具体内容，配置文件列出了布尔、数值和字符串类型的“字段=设定值”形式的配置参数，它们被称为指令。每一个“字段=设定值”通过等号连接起来，等号两边没有空格。

布尔类型选项的值为 YES 或 NO，数值类型选项的值为非负整数。八进制数（用来设置 umask 选项）必须以 0（零）开头。如果起始处没有 0（零）的话，就会被视为十进制数字。

下面从 11 个方面对 vsftpd.conf 整个配置文件中常用的配置参数进行分析。

（1）登录及对匿名用户的设置

1）anonymous_enable=YES：设置是否允许匿名用户登录 FTP 服务器，这里选择 YES，表示允许；反之，选择 NO。

2）local_enable=YES：设置是否允许本地用户登录 FTP 服务器。这里选择 YES，表示允许本地用户登录；反之，选择 NO。

3）write_enable=YES：全局性设置，设置是否对登录用户开启写权限。

4）local_umask=022：设置本地用户的文件生成掩码为 022，对应权限为 755（777-022=755）。

5）anon_umask=022：设置匿名用户新增文件的 umask 掩码。

6）anon_upload_enable=YES：设置是否允许匿名用户上传文件，只有在 write_enable

的值为 YES 时，该配置项才有效。

7）anon_mkdir_write_enable=YES：设置是否允许匿名用户创建目录，只有在 write_enable 的值为 YES 时，该配置项才有效。

8）anon_other_write_enable=NO：默认值为 NO。若设置为 YES，则匿名用户会被允许拥有上传文件和建立目录的权限，还有删除和更名的权限。

9）ftp_username=ftp：设置匿名用户的账户名称，默认值为 ftp。

10）no_anon_password=YES：设置匿名用户登录时是否询问口令。YES 表示不询问。

（2）设置欢迎信息

用户登录 FTP 服务器成功后，服务器可以向登录用户输出预设置的欢迎信息。

1）ftpd_banner=Welcome to blah FTP service：设置登录 FTP 服务器时在客户端显示的欢迎信息。

2）banner_file=/etc/vsftpd/banner：设置在用户登录时显示 banner 文件中的内容，该设置将覆盖 ftpd_banner 的设置。

3）message_file=.message：设置目录消息文件的文件名。如果 dirmessage_enable 的取值为 YES，则用户在进入目录时，会显示该文件的内容。

（3）设置用户在 FTP 客户端登录后所在的目录

1）local_root=/var/ftp：设置本地用户登录后所在的目录，默认情况下，没有此项配置。在 vsftpd.conf 文件的默认配置中，本地用户登录 FTP 服务器后，所在的目录为用户的家（/home）目录。

2）anon_root=/var/ftp：设置匿名用户登录 FTP 服务器时所在的目录。若未指定，则默认为/var/ftp 目录。

（4）设置是否将用户锁定到指定的 FTP 目录

默认情况下，匿名用户会被锁定在默认的 FTP 目录中，而本地用户可以访问自己 FTP 目录以外的内容。出于安全性的考虑，建议将本地用户也锁定在指定的 FTP 目录中。可以使用以下几个参数进行设置。

1）chroot_list_enable =YES：设置是否启用 chroot_list_file 配置项指定的用户列表文件。

2）chroot_local_user=YES：用于指定用户列表文件中的用户是否允许切换到指定 FTP 目录以外的其他目录。

3）chroot_list_file=/etc/vsftpd.chroot_list：用于指定用户列表文件，该文件用于控制哪些用户可以切换到指定 FTP 目录以外的其他目录。

（5）设置用户访问控制

对用户的访问控制由/etc/vsftpd.user_list 和/etc/vsftpd.ftpusers 文件控制。/etc/vsftpd.ftpusers 文件专门用于设置不能访问 FTP 服务器的用户列表。/etc/vsftpd.user_list 则由下面的参数决定。

1）userlist_enable=YES：取值为 YES 时，/etc/vsftpd.user_list 文件生效；取值为 NO 时，/etc/vsftpd.user_list 文件不生效。

2）userlist_deny=YES：设置/etc/vsftpd.user_list 文件中的用户是否允许访问 FTP 服务器。若设置为 YES，则/etc/vsftpd.user_list 文件中的用户不能访问 FTP 服务器；若设

置为 NO，则只有/etc/vsftpd.user_list 文件中的用户才能访问 FTP 服务器。

（6）设置主机访问控制

tcp_wrappers=YES：设置是否支持 tcp_wrappers。若取值为 YES，则由/etc/hosts.allow 和/etc/hosts.deny 文件中的内容控制主机或用户的访问；若取值为 NO，则不支持。

（7）设置 FTP 服务的启动方式及监听 IP

vsftpd 服务既可以以独立方式启动，也可以由 xinetd 进程监听以被动方式启动。

1）listen=YES：若取值为 YES，则 vsftpd 服务以独立方式启动；如果想以被动方式启动，将本行注释掉即可。

2）listen_address=IP：设置监听 FTP 服务的 IP 地址，适合 FTP 服务器有多个 IP 地址的情况。如果不设置，则在所有的 IP 地址监听 FTP 请求。只有 vsftpd 服务在独立启动方式下才有效。

（8）与客户连接相关的设置

1）anon_max_rate=0：设置匿名用户的最大传输速度，若取值为 0，则不受限制。

2）local_max_rate=0：设置本地用户的最大传输速度，若取值为 0，则不受限制。

3）max_clients=0：设置 vsftpd 在独立启动方式下允许的最大连接数。

4）max_per_ip=0：设置 vsftpd 在独立启动方式下允许每个 IP 地址同时建立的连接数目。若取值为 0，则不受限制。

5）accept_timeout=60：设置建立 FTP 连接的超时时间间隔，以秒为单位。

6）connect_timeout=120：设置 FTP 服务器在主动传输方式下建立数据连接的超时时间，单位为秒。

7）data_connect_timeout=120：设置建立 FTP 数据连接的超时时间，单位为秒。

8）idle_session_timeout=600：设置断开 FTP 连接的空闲时间间隔，单位为秒。

（9）设置上传文档的所属关系和权限

1）chown_uploads=YES：设置是否改变匿名用户上传文档的属主，默认为 NO。若设置为 YES，则匿名用户上传的文档属主将由 chown_username 参数指定。

2）chown_username=whoever：设置匿名用户上传文档的属主。建议不要使用 root。

3）file_open_mode=755：设置上传文档的权限。

（10）设置数据传输模式

可以采用二进制方式传输数据，也可以采用 ASCII 码方式传输数据。

1）ascii_download_enable=YES：设置是否启用 ASCII 码方式下载数据，默认为 NO。

2）ascii_upload_enable=YES：设置是否启用 ASCII 码方式上传数据，默认为 NO。

（11）设置日志文件

1）xferlog_enable=YES：设置是否启用上传/下载日志记录。

2）xferlog_file=/var/log/vsftpd.log：设置日志文件的文件名及存储路径。

3）xferlog_std_format=YES：设置日志文件是否启用标准的 xferlog 格式。

10.4.4 实现匿名用户访问

在 Linux 系统中，可以搭建匿名用户访问、本地用户访问和虚拟用户访问共 3 种认证访问方式的 FTP 文件传输服务。

任务 10-3

添艺教育培训中心需要将公司的文件和资料提供给全体员工使用，并且员工可以上传文件。为此，需要编辑 vsftpd.conf 文件，实现匿名用户可以上传文件，但不能删除、不能更名的功能。

【任务分析】如果需要使用匿名用户的访问功能，则必须把 anonymous_enable 字段设置为 YES，并在主配置文件中编辑和匿名用户相关的参数，同时还应在匿名用户主目录下新建一个 upload 目录用来存放匿名用户上传的文件。

完成任务的具体步骤如下。

STEP 01 编辑 vsftpd.conf。使用 vim 编辑/etc/vsftpd/vsftpd.conf，在文件中修改相关参数，操作方法如下：

```
[root@TianYi vsftpd]# vim vsftpd.conf        //打开 vsftpd.conf 文件
```

在主配置文件中完成如下配置（原来没有的需自行添加）：

```
anonymous_enable=YES              //启用匿名访问，默认情况是 NO
ftp_username=ftp                  //指定匿名用户，默认为 ftp
anon_root=/var/ftp                //指定匿名用户登录后的主目录为/var/ftp 目录
write_enable=YES                  //允许登录的 FTP 用户写权限，还要视目录的权限而定
anon_upload_enable=YES            //允许匿名用户上传文件
anon_mkdir_write_enable=NO        //不允许匿名用户创建目录
anon_other_write_enable=NO        //不允许匿名用户进行删除或改名等操作
```

STEP 02 新建 upload 目录。在匿名用户主目录（/var/ftp/）下采用 mkdir 命令新建 upload 目录，并使用 chmod 命令将该目录权限设为 777，操作方法如下：

```
[root@TianYi vsftpd]# mkdir /var/ftp/upload
[root@TianYi vsftpd]# chmod 777 /var/ftp/upload
```

STEP 03 修改主目录的属主。采用 chown 命令修改主目录的属主，使主目录的属主为 root，具体操作方法如下：

```
[root@TianYi vsftpd]# chown root.root /var/ftp
```

这样匿名用户就对主目录具有可读非写权限，而对 upload 有可读、可上传、不能删除、不能更名权限。如果在上面的条件下，要使匿名用户拥有对 upload 目录下文件的可删除、可更名权限，则只需将 anon_other_write_enable 修改为 YES 即可。

STEP 04 重启 vsftpd 服务并测试 FTP。利用 service 命令重新启动 vsftpd 服务，再输入 ftp 192.168.10.8 命令进行登录，输入匿名用户的用户名（anonymous）和密码（没有密码），当出现“230 Login successful.”时，表示 FTP 服务器配置成功，再测试相关命令，具体操作方法如图 10-9 所示。

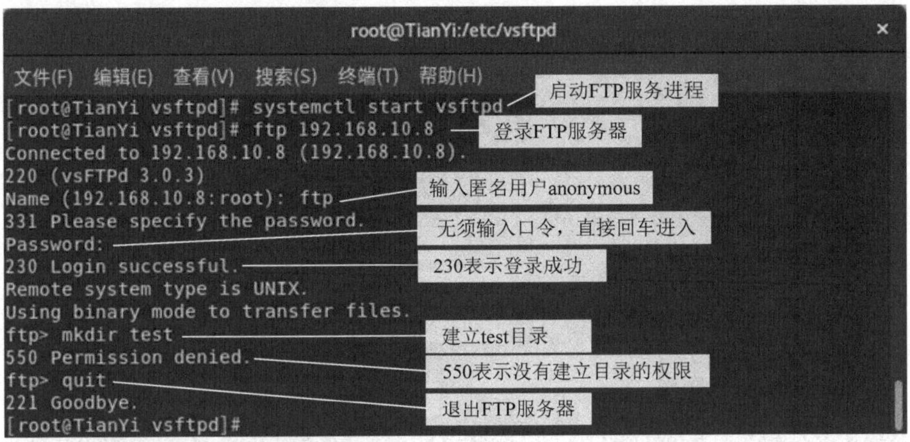

图 10-9　使用匿名账户登录 FTP 服务器进行测试

10.4.5　实现实体用户访问

所谓实体用户访问，就是允许 FTP 服务器上的本地用户进行访问。例如，FTP 服务器上有 student 这个账户，则可以用 student 账号访问 FTP 服务器上的共享资源。大家可能会有这样的疑问，允许匿名访问不就可以解决问题吗？为什么还要用实体用户访问呢？运用实体用户访问最大的特点就是可以灵活地控制用户的权限。例如，公司内部的 FTP 服务器允许所有员工进行访问与下载，但是不允许上传和修改文件，只有管理员可以上传和修改 FTP 服务器上的内容。对于这种不同用户需要不同权限的应用场合，实体用户就能发挥它的作用了。

任务 10-4

请为添艺教育培训中心搭建一台允许本地用户登录的 FTP 服务器。

【任务分析】如果需要使用本地用户的访问功能，则必须把 local_enable 字段设置为 YES，再在主配置文件中修改和匿名用户相关的参数。

完成任务的具体步骤如下。

STEP 01　编辑 vsftpd.conf。编辑/etc/vsftpd/vsftpd.conf 文件，修改以下参数，操作方法如下：

```
anonymous_enable=NO          #关闭匿名访问
local_enable=YES             #允许本地用户登录
local_root=/home             #指定本地用户登录后的主目录为/home 目录
local_umask=022              #指定本地用户新建文件的 umask 数值
```

STEP 02　重启 vsftpd 服务并测试 FTP。利用 systemctl restart vsftpd 命令重新启动 vsftpd 服务，再输入 ftp 192.168.10.8 进行令登录，输入实体用户的用户名（xesuxn，此用户需要先添加）和密码，当出现 230 Login successful.时，表示 FTP 服务器配置成功，再使用命令测试一下，具体操作如图 10-10 所示。

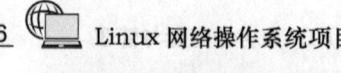

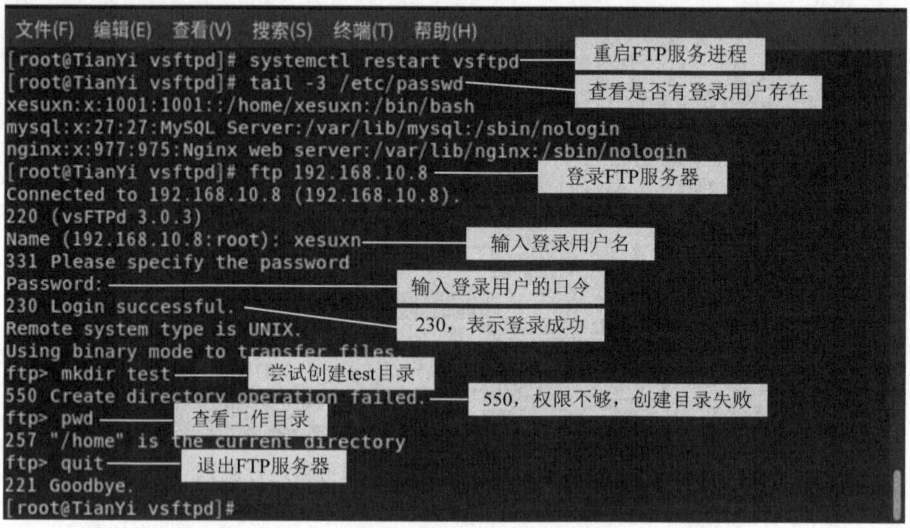

图 10-10 使用本地账户登录 FTP 服务器进行测试

10.4.6 使用 PAM 实现虚拟用户 FTP 服务

上面配置的 FTP 服务器有一个特点，即 FTP 服务器的用户本身也是系统用户。这显然是一个安全隐患，因为这些用户不仅能够访问 FTP，也能够访问其他的系统资源。如何解决这个问题呢？答案就是创建一个虚拟用户的 FTP 服务器。虚拟用户的特点是只能访问服务器为其提供的 FTP 服务，而不能访问系统的其他资源。

在 VSFTP 中，认证虚拟用户使用的是单独的口令库文件（pam_userdb），由可插入认证模块（pluggable authentication modules，PAM）认证。PAM 是一套身份验证共享文件，用于限定特定应用程序的访问。使用 PAM 身份验证机制，可以实现 vsftpd 的虚拟用户功能。使用 PAM 实现基于虚拟用户的 FTP 服务器的关键是创建 PAM 用户数据库文件和修改 vsftpd 的 PAM 配置文件。

任务 10-5

请为添艺教育培训中心搭建一台基于虚拟用户的 FTP 服务器，IP 地址为 10.0.0.212。

完成任务的具体步骤如下。

STEP 01 建立口令库文件的文本文件。建立保存虚拟账号和密码的文本文件，其格式如下：

```
虚拟账号 1
密码 1
虚拟账号 2
密码 2
……
```

创建一个存储文件的目录，再使用 vim 建立保存虚拟账号和密码的文本文件。在该文件中，奇数行设置虚拟用户的用户名，偶数行设置虚拟用户的口令。为了便于记忆，可以将文件命名为.txt 文件。不过 Linux 中不支持文件扩展名，只是为了标示而已，操作方法如下：

```
[root@TianYi~]# vim /etc/login.txt
test                #指定虚拟用户 test
123456              #设置 test 用户的 FTP 密码
jack                #指定虚拟用户 jack
654321              #设置 jack 用户的 FTP 密码
```

STEP 02　生成口令库文件。使用 db_load 命令生成用户口令认证文件（请先安装 db4-utils），具体操作方法如下：

```
[[root@TianYi~]# db_load -T -t hash -f /etc/login.txt /etc/login.db
```

其中，-f 命令选项设置的值是虚拟用户的口令库文件，即 login.txt，命令的参数设置为需要生成的认证文件名 login.db。

注意： db_load 是软件包 db4-utils 带的命令，RHEL 8.3 中没有安装，需要安装 libdb-utils 这个软件包才能支持 db_load 命令。如果需要安装，先使用 mount 命令挂载，再用 yum install 命令进行安装。

STEP 03　修改数据库文件的访问权限。由于 vsftpd 的认证文件 login.db 中保存了所有虚拟用户的用户名和密码，为了增强其安全性，防止非法用户盗取，将其设置为只有 root 才可以查看，具体操作方法如下：

```
[root@TianYi~]#  chmod 600 /etc/login.db
```

STEP 04　新建虚拟用户的 PAM 配置文件。生成虚拟用户所需的 PAM 配置文件 /etc/pam.d/vsftpd，操作方法如下：

```
[root@TianYi~]#vi /etc/pam.d/vsftpd
```

在文件中注释掉或者删除掉原来的所有内容，再加上以下两行内容：

```
auth required /lib64/security/pam_userdb.so db=/etc/login
account required /lib64/security/pam_userdb.so db=/etc/login
```

RHEL 8.3 是 64 位操作系统，不能调用 32 位的 PAM 模块，因此此处必须调用 lib64。

STEP 05　修改 vsftpd.conf 文件。编辑/etc/vsftpd/vsftpd.conf 文件，保证具有 guest_enable、guest_username 和 pam_service_name 这 3 行，具体操作方法如下：

```
[root@TianYi~]# vi /etc/vsftpd/vsftpd.conf
guest_enable=YES            #启用虚拟用户功能
guest_username=xesuxn       #将虚拟用户映射成系统账号 xesuxn，此用户要先建好
pam_service_name=vsftpd     #指定 PAM 配置文件是 vsftpd
```

注意： 系统账号的建立可参考 10.4.7 节，PAM 配置文件 vsftpd 应为 STEP 02 中生成的 PAM 配置文件，且 STEP 02 中的“db=/etc/login”又要与 STEP 01 生成的口令库文件相匹配，不要在 login 文件名后加.db 扩展名。

STEP 06　重启 vsftpd 服务并进行登录测试。利用 service 命令重新启动 vsftpd 服务，

再使用 ftp 命令登录到 FTP 服务器进行测试，当出现“230 Login successful.”时，表示虚拟用户 FTP 服务器配置成功，操作方法如图 10-11 所示。

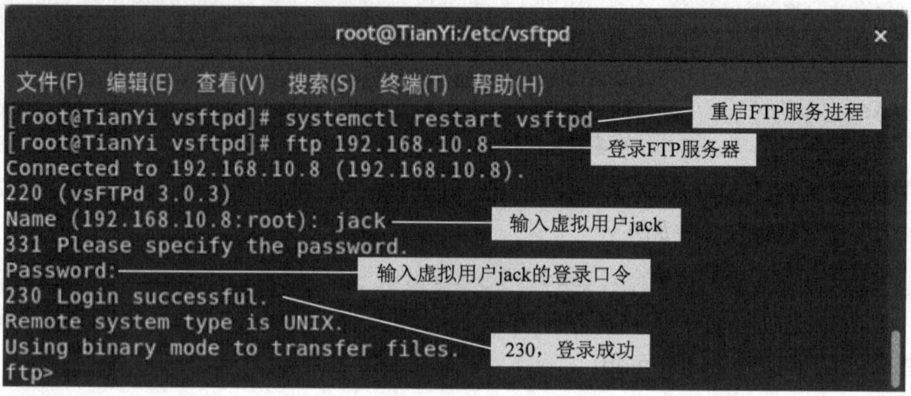

图 10-11　登录 FTP 服务器进行测试

10.4.7　创建 FTP 用户

FTP 配置完毕，接下来创建一个能访问 FTP 服务器的用户，其实就是在 FTP 服务器上添加一个系统用户。

任务 10-6

在系统中添加一个系统账号，账户名为 xesuxn，并将其设置为只能用来访问 FTP 资源，而不能登录系统的账户。

完成任务的具体步骤如下。

STEP 01　添加系统账户。添加系统账户，具体操作方法如下：

```
[root@TIANYI~]#useradd xesuxn
[root@TIANYI~]#passwd xesuxn
Changing password for user xesuxn
New UNIX password:
Retype new UNIX password:
passwd: all authentication tokens updated successfully.
```

STEP 02　建立 FTP 虚拟用户。为了安全起见，希望登录 FTP 的用户只能访问 FTP 资源，而不能登录系统，也就是建立 FTP 虚拟用户，操作方法如下：

```
[root@TIANYI~]#userdel -r xesuxn
[root@TIANYI~]#useradd -g ftp -s /sbin/nologin xesuxn
Changing password for user xesuxn
New UNIX password:
Retype new UNIX password:
passwd: all authentication tokens updated successfully.
```

上述代码先删除了原来建立的 xesuxn 用户，然后创建了一个属于 FTP 组，但不能登录操作系统的用户，接着将这个用户导入允许访问列表即可：

```
[root@TIANYI~]#echo "xesuxn">>/etc/vsftpd/user.list
```

10.4.8　启动与停止 FTP 服务

任务 10-7

进入系统，先启动 vsftpd 服务，并检查启动结果，然后停止 vsftpd 服务，再重启 vsftpd 服务，最后将 vsftpd 服务的启动设为自动加载。

完成任务的具体步骤如下。

STEP 01　启动 vsftpd 服务，并检查启动结果。在 FTP 服务安装完成并配置好 vsftpd.conf 文件后，需要启动 vsftpd 服务才能使用 FTP 服务。通常使用 systemctl start vsftpd 命令启动 vsftpd 服务，使用 systemctl status vsftpd 命令检查启动结果，操作方法如图 10-12 所示。

图 10-12　启动 vsftpd 服务

STEP 02　停止 vsftpd 服务。如果需要停止 FTP 服务进程，可以使用 systemctl stop vsftpd 命令，操作方法如图 10-13 所示。

图 10-13　停止 vsftpd 服务

STEP 03　重启 vsftpd 服务。对 FTP 服务器进行相应配置后，如果需要让其生效，则需要对 FTP 服务器进行重启，使用 systemctl restart vsftpd 命令重启 vsftpd 服务，操作方法如图 10-14 所示。

图 10-14　重启 vsftpd 服务

STEP 04　自动加载 vsftpd 服务。如果需要让 FTP 服务随系统启动自动加载，可以使用 systemctl enable vsftpd 命令设置系统启动时自动加载 FTP 服务，操作方法如图 10-15 所示。

图 10-15　自动加载 vsftpd 服务

10.4.9　FTP 客户端的配置

1. Linux 客户端的配置

Linux 客户端可以使用 ftp 命令访问 FTP 服务器，也可以使用一些客户端软件，如 IE、Mozilla、CutFTP、LeapFTP 等访问 FTP 服务器。

任务 10-8

在 Linux 客户端分别使用 ftp 命令、Mozilla 浏览器访问 FTP 服务器，并完成文件的上传与下载。

完成任务的具体步骤如下。

STEP 01　登录 FTP 服务器。使用 ftp 命令访问 FTP 服务器的命令格式如下：

```
ftp 服务器的 IP 地址或主机名
```

首先参考“任务 10-3”架设一台 FTP 服务器（IP 地址为 10.0.0.212），然后在客户端（客户端的 IP 需要与服务器的 IP 在同一网络中）使用 ftp 命令进行登录（登录用户 xsx 必须事先建好），操作方法如图 10-16 所示。

STEP 02　文件的上传与下载。当登录成功后，客户端可参考表 10-1 输入相应的命令让 FTP 服务器为用户服务，当然也可以在提示符“ftp>”后输入 help 命令来获取帮助。这里先使用 put 命令进行文件的上传（需上传的文件必须事先在客户机上准备好），再使用 get 命令进行文件的下载（需要下载的文件必须事先在 FTP 服务器上准备好），如图 10-17 所示。

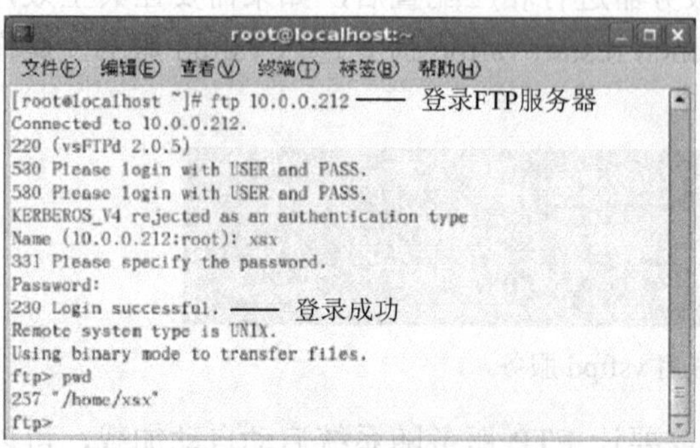

图 10-16　使用 ftp 命令登录 FTP 服务器

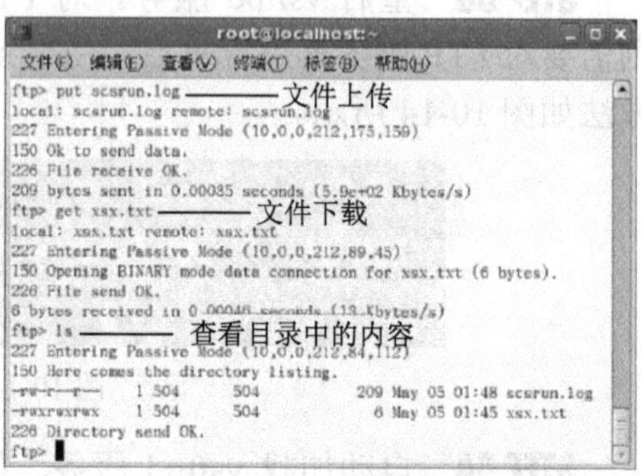

图 10-17　使用 ftp 命令进行文件传输

STEP 03　登录 FTP 服务器。在 Linux 环境中打开 Mozilla 浏览器，在其地址栏中输入要访问的 FTP 服务器的 IP 地址或域名。使用 IP 地址访问 FTP 服务器，如图 10-18 所示。如果需要使用域名进行访问，则需先配置好 DNS 服务。使用域名访问 FTP 服务器，如图 10-19 所示。

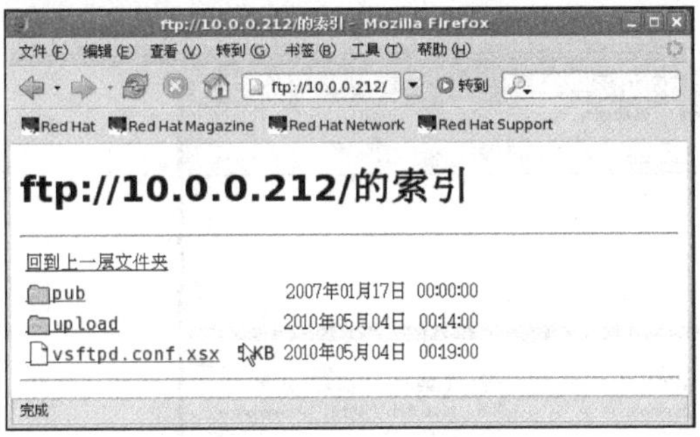

图 10-18　使用 IP 地址访问 FTP 服务器

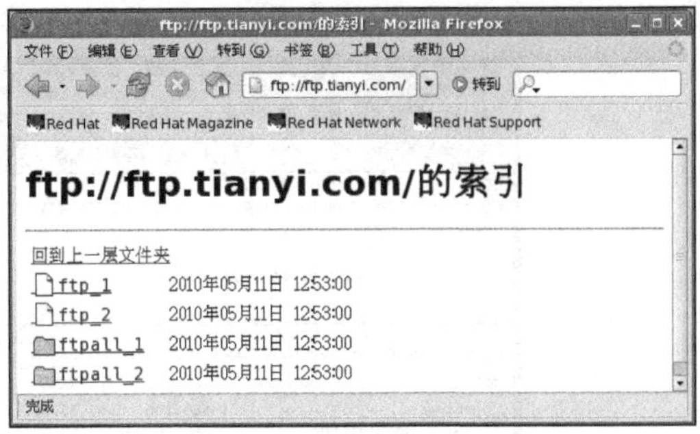

图 10-19　使用域名访问 FTP 服务器

2. Windows 客户端的配置

在 Windows 客户端配置好 IP 地址，检查网络连通性，安装好 FTP 的客户端软件，下面简单介绍几种工具的使用。

任务 10-9

在 Windows 客户端使用浏览器、ftp 命令和客户端软件等方式访问 FTP 服务器。

完成任务的具体步骤如下。

STEP 01　使用浏览器访问 FTP 服务器。

【操作示例 10-1】在 Windows 系统中打开 IE 浏览器，在地址栏中输入要访问的 FTP 服务器的地址后，按要求输入用户名和密码即可登录 FTP 服务器，如图 10-20 所示。

STEP 02　在命令提示符下使用 ftp 命令访问 FTP 服务器。

【操作示例 10-2】在 Windows 系统中选择“开始”→“运行”，在“运行”对话框的“打开”文本框中输入 cmd 命令即可进入命令提示符，此时输入登录命令即可登录 FTP 服务器，操作过程如图 10-21 所示。

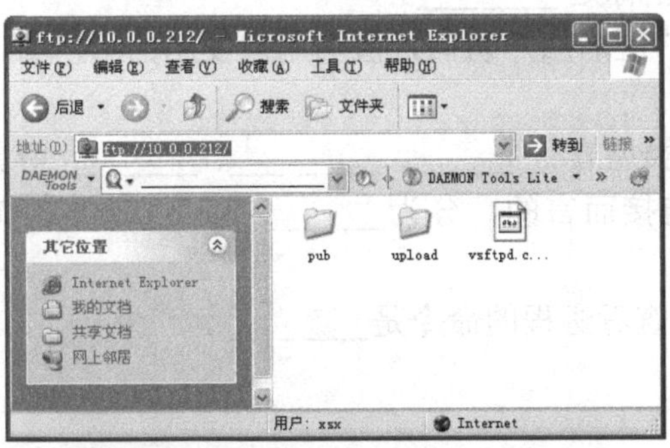

图 10-20　使用浏览器访问 FTP 服务器

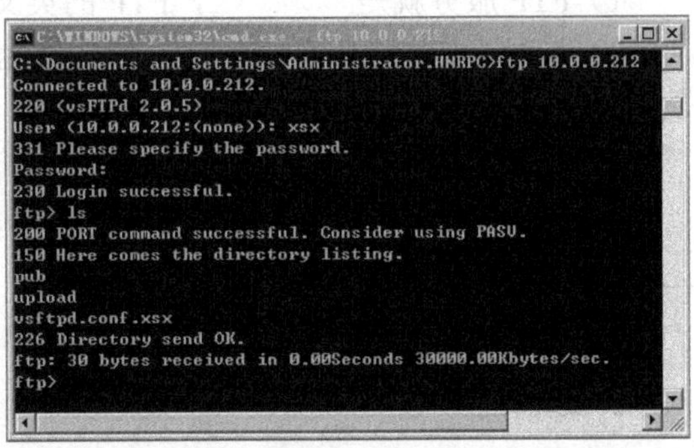

图 10-21　命令提示符下访问 FTP 服务器

STEP 03　使用客户端软件服务 FTP 服务器。

【操作示例 10-3】除了以上的方法外，还可以选择客户端软件访问 FTP 服务器，如

CutFTP、ChinaFTP 等。这里选用 CutFTP，打开 CutFTP，在主界面中输入 FTP 服务器的地址、端口号、账号和密码后，单击“连接”按钮即可登录 FTP 服务器，如图 10-22 所示。

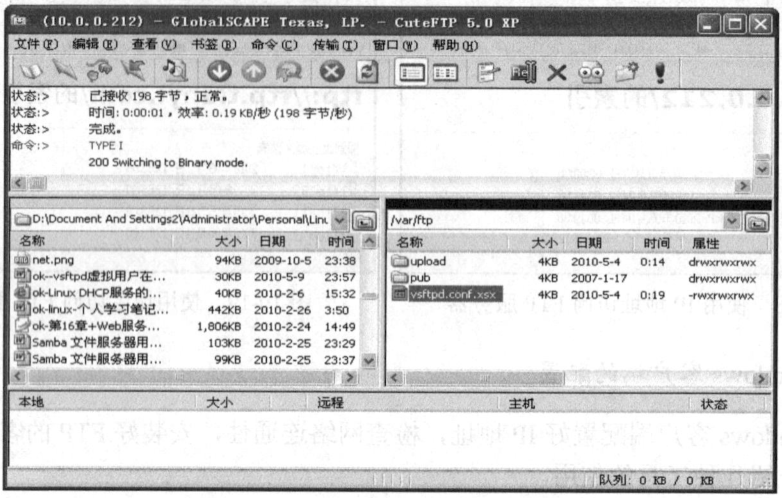

图 10-22　使用 CutFTP 访问 FTP 服务器

登录成功后，在本地目录窗口中选择本地硬盘中保存下载文件的文件夹，在远程目录窗口中选择远程硬盘上的文件或文件夹，用鼠标直接拖到本地目录窗口即可，这种方式称为下载。同样，也可以用鼠标直接拖动本地目录窗口的文件或文件夹到远程目录窗口，这种方式称为上传。还可以单击工具栏中的上传或下载图标，实现上传和下载。

10.5　项 目 拓 展

10.5.1　知识拓展

1. 填空题

1）FTP 服务就是________，FTP 的英文全称是________。

2）vsftpd 安装完后直接启动，默认就允许匿名用户访问，匿名用户使用的用户名是________。

3）使用 vsftpd 搭建的 FTP 服务器，用户类型有________、________、________等。

4）FTP 的工作方式是针对 FTP 数据连接而言的，分为________、________和________共 3 种。

5）启动 vsftpd 进程的命令是________，查看进程的命令是________。

2. 选择题

1）在默认情况下，FTP 服务器利用（　　）端口建立客户端和服务器的数据连接。

A. 20　　B. 21　　C. 22　　D. 23

2）在 FTP 服务器中，vsftpd 的主配置文件是（　　）。

A. /etc/vsftpd/vsftpd.conf　　C. /etc/vsftdp/ftusers
C. /etc/vsftpd/user_list　　D. /etc/pam.d/vsftpd

3）若使用 vsftpd 的默认配置，使用匿名账号登录 FTP 服务器，所处的目录是（　　）。

A. /home/ftp　　B. /home/vsftpd　　C. /var/ftp　　D. /var/vsftpd

4）网络管理员利用 RHEL 8.3 和 vsftpd 安装了一台 FTP 服务器，若只允许 office 部门的用户访问这台服务器，为了达到这个目的，可以在 vsftpd.conf 中配置（　　）。

A. 设置 userlist_deny=YES，将/etc/vsftpd/ftpusers 修改为只包含 office 部门的用户
B. 设置 userlist_deny=NO，将/etc/vsftpd/ftpusers 修改为只包含 office 部门的用户
C. 设置 userlist_deny=YES，将/etc/vsftpd/user_list 修改为只包含 office 部门的用户
D. 设置 userlist_deny=NO，将/etc/vsftpd/user_list 修改为只包含 office 部门的用户

5）将用户加入以下（　　）文件中可能会阻止用户访问 FTP 服务器。

A. vsftp/ftpusers　　B. vfftpd/user_list　　C. ftpd/ftpusers　　D. ftpd/userlist

3. 简答题

1）FTP 服务器与客户端需要建立哪两种连接？
2）简述使用 PAM 实现虚拟用户 FTP 服务。
3）简述配置 FTP 服务的具体步骤。

10.5.2 技能拓展

1. 课堂练习

添艺教育培训中心经常需要在网络中实现资源共享，而且要求也比较多，考虑到资源的安全性，决定在 Linux 系统中架设 FTP 服务器来完成，请按要求完成课堂练习。

【课堂练习 10-1】利用 vsftpd 配置 FTP 服务器，设置只有在/etc/vsftpd. user_ list 文件中指定的本地用户 user1 和 user2 可以访问 FTP 服务器，其他用户都不可以访问。

训练步骤如下。

STEP 01 修改 vsftpd.conf 文件。首先参照“任务 10-1”安装 vsftpd 软件包，然后利用 vim 修改 vsftpd.conf 文件中的相关内容：

```
[root@TianYi ftp]# vi /etc/vsftpd/vsftpd.conf
userlist_enable=YES                          #修改该参数的取值为 YES
usrelist_deny=NO                             #添加此行
userlist_file=/etc/vsftpd.user_list          #添加此行
```

STEP 02 打开/etc/vsftpd.user_list 文件。利用 vim 编辑器打开/etc/vsftpd.user_list 文件，在文件中添加如下两行，并保存退出：

```
[root@TianYi~]# vim /etc/vsftpd.user_list
user1
user2
```

STEP 03 重新启动 vsftpd 服务。利用 systemctl restart vsftpd 命令重新启动 vsftpd 服务，具体操作方法如下：

```
[root@TianYi~]#systemctl  restart vsftpd
[root@TianYi~]#
```

STEP 04 进行测试。

【课堂练习 10-2】在利用 vsftpd 配置 FTP 服务器的过程中，可能会遇到各种问题，针对下面给出的典型问题和解决办法排除故障。

训练步骤如下。

STEP 01 解决拒绝账户登录问题。当客户端使用 ftp 账号登录服务器时，提示“500 OOPS”错误，如图 10-23 所示。

得到该错误信息，其实并不是 vsftpd.conf 配置文件设置有问题，而是 cannot change directory（无法更改目录）。造成这个错误，主要有以下两个原因。

1）目录权限设置错误。该错误一般在本地账户登录时发生，如果管理员在设置该账户主目录权限时忘记添加执行权限（X），那么就会收到该错误信息。FTP 中的本地账号需要拥有目录的执行权限，请使用 chmod 命令添加 X 权限，保证用户能够浏览目录信息，否则拒绝登录。对于 FTP 的虚拟账号，即使不具备目录的执行权限，也可以登录 FTP 服务器，但会有其他错误提示。为了保证 FTP 用户的正常访问，请开启目录的执行权限。

2）SELinux。FTP 服务器开启了 SELinux 针对 FTP 数据传输的策略，也会造成“无法切换目录”的错误提示，如果目录权限设置正确，那么需要检查 SELinux 的配置。用户可以通过 setsebool 命令禁用 SELinux 的 FTP 传输审核功能，操作方法如下：

```
[root@TianYi~] # setsebool  -P  ftpd_disable_trans  1
```

重新启动 vsftpd 服务，用户能够成功登录 FTP 服务器。

STEP 02 解决客户端连接 FTP 服务器超时的问题。造成客户端连接服务器超时的原因，主要有以下两种情况。

1）线路不通。使用 ping 命令测试网络的连通性，如果出现 Request Timed Out，说明客户端与服务器的网络连接存在问题，此时应排除线路、网卡和网络参数等方面的问题。

2）防火墙设置。如果防火墙屏蔽了 FTP 服务器控制端口 21，以及其他的数据端口，也会造成客户端无法连接服务器，形成“超时”的错误提示。此时，需要设置防火墙开放 21 端口，并且还应该开启主动模式使用的 20 端口，以及被动模式使用的端口范围，防止数据的连接错误。

STEP 03 解决账户登录失败的问题。客户端登录 FTP 服务器时，还有可能会得到“登录失败”的错误提示，如图 10-24 所示。

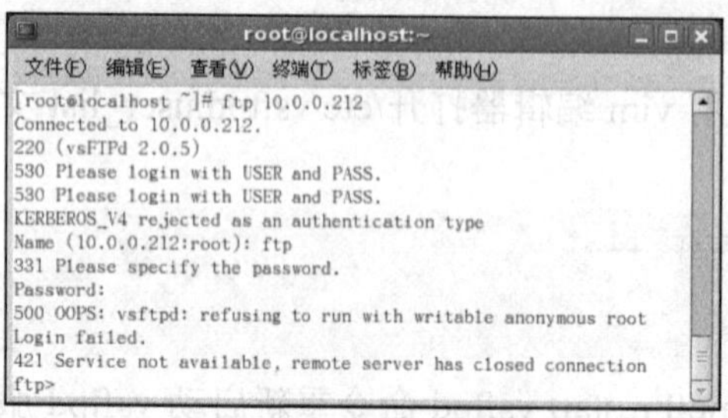

图 10-23　拒绝 ftp 账号登录

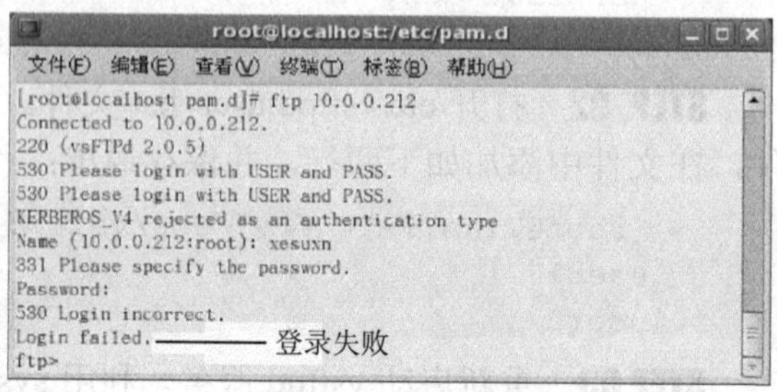

图 10-24　账户登录失败

登录失败，实际上牵扯到身份验证以及其他一些登录的设置。

1）密码错误。登录时一定要确保登录的用户及密码的正确性，如果 FTP 服务器更新了密码设置，则使用新密码重新登录。

2）PAM 验证模块。当输入密码无误，但仍然无法登录 FTP 服务器时，很有可能是 PAM 模块中 vsftpd 的配置文件设置错误造成的。PAM 的配置比较复杂，其中 auth 字段主要是接受用户名和密码，进而对该用户的密码进行认证；account 字段主要是检查账户是否被允许登录系统，账号是否已经过期，账号的登录是否有时间段的限制等。必须保证这两个字段的配置完全正确，否则 FTP 账号将无法登录服务器。事实上，大部分账号登录失败都是由这个原因造成的。

3）用户目录权限。FTP 账号对于主目录没有任何权限时，也会得到“登录失败”的错误提示。根据该账号的用户身份，重新设置主目录权限，重启 vsftpd 服务，使配置生效。

2. 课后实践

【课后实践 10-1】TY 公司想在 Linux 环境中构建一台 FTP 服务器，为公司内部员工在局域网中进行各种资源的上传与下载提供方便，同时为财务部、销售部和 OA 系统提供异地数据备份。请按以下具体要求完成任务。

1）对 FTP 服务器设置连接限制为 300、欢迎消息为“欢迎进入 TY 内部资源中心”、客户端身份通过验证才能登录等。

2）只允许本地客户登录，且没有系统登录权限。

3）创建用户隔离的 FTP 站点。

4）为财务部、销售部和管理部门建立管理组，并为每个组添加 2 个组成员。

5）为各个组及其成员设置磁盘限额（组限额和组员限额自己定）。

6）给出具体配置步骤，每个步骤需要给出文字说明和截图。

7）提供测试结果和截图。

【课后实践 10-2】假定服务器有两个 IP 地址，192.168.0.1 和 192.168.0.2。vsftpd 是建立在 192.168.0.1 上的，现在在 192.168.0.2 上再提供一个虚拟 FTP 服务器。如何在一台服务器上使用多个 IP 地址？可以使用以下方法。

1）创建虚拟 FTP 服务器的根目录，具体操作方法如下：

```
mkdir -p /var/ftp2/pub
```

确保/var/ftp2 和/var/ftp2/pub 目录的拥有者和组均为 root，掩码为 755。

2）增加虚拟 FTP 服务器的匿名用户账号。原先的 FTP 服务器使用系统用户 ftp 作为其匿名用户账号。增加一个 ftp2 用于虚拟 FTP 服务器，具体操作方法如下：

```
useradd -d /var/ftp2 -M ftp2
```

3）创建虚拟 FTP 服务器的配置文件。复制原来的 vsftpd.conf 作为虚拟 FTP 服务器的配置文件，并修改相关参数：

```
cp /etc/vsftpd/vsftpd.conf /etc/vsftpd/vsftpd2.conf
```

新添或修改以下参数：

```
listen=YES
listen_address=192.168.0.2
ftp_username=ftp2
```

10.6 项 目 总 结

本项目首先介绍了 FTP 服务的工作原理、工作流程和 vsftpd 软件包的安装方法，具体分析了 vsftpd 服务的核心配置文件 vsftpd.conf；然后着重训练不同用户访问时 FTP 服务器的配置技能；最后训练学生在客户端进行测试和解决故障的能力等。

FTP 服务是目前应用最为广泛的网络服务之一，它的功能非常强大，随着学习的深入和对 FTP 应用的熟练，更能体会到这一点。通过本项目的学习，你的收获怎样？请认真填写学习情况考核登记表（表 10-3），并及时予以反馈。

表 10-3 学习情况考核登记表

序号	知识与技能	重要性	自我评价					小组评价					教师评价				
			A	B	C	D	E	A	B	C	D	E	A	B	C	D	E
1	会安装 vsftpd 软件包	★★★															
2	会启动、停止 vsftpd 软件包	★★★☆															
3	能分析 vsftpd.conf 文件中的主要字段	★★★★☆															
4	会编辑 vsftpd.conf 的主要字段，实现匿名用户访问	★★★★															
5	会编辑 vsftpd.conf 的主要字段，实现实体用户访问	★★★★★															
6	会使用 PAM 实现虚拟用户的应用	★★★★★															
7	会测试 FTP 服务器，并排除有关故障	★★★★															
8	能完成课堂训练	★★★☆															

注：评价等级分为 A、B、C、D 和 E 共 5 等。其中，对知识与技能掌握很好，能够熟练地完成 FTP 服务的配置为 A 等；掌握了 75%以上的内容，能较为顺利地完成任务为 B 等；掌握 60%以上的内容为 C 等；基本掌握为 D 等；大部分内容不够清楚为 E 等。

项目 11　NAT 服务器和防火墙配置与管理

随着 Internet 规模的迅速扩大，安全问题也越来越重要，构建防火墙是保护系统免受侵害的基本手段之一。虽然防火墙并不能保证系统绝对的安全，但它简单易行、工作可靠、适应性强，因而在网络中得到了广泛的应用。

本项目详细介绍防火墙的基本概念、工作原理，firewalld（dynamic firewall manager of Linux systems，Linux 系统的动态防火墙管理器）防火墙的配置命令及使用方法。通过任务引导学生熟悉 firewall-cmd 的语法规则和应用技巧；具体训练学生利用 firewall-cmd 配置与管理防火墙、配置与管理 NAT（network address translation，网络地址转换）服务器等方面的技能。

教学导航

知识目标	（1）了解防火墙的基本概念 （2）了解防火墙的访问规则 （3）了解 firewalld 的常见区域及各区域的作用 （4）熟悉 firewalld 命令的使用方法 （5）了解 NAT 的工作原理 （6）掌握 firewalld 图形化工具的使用方法
技能目标	（1）会使用 firewalld 命令获取预定义信息 （2）会使用 firewalld 命令配置区域管理、服务管理和端口管理 （3）会使用 firewalld 命令配置内网访问策略 （4）会配置 NAT 服务 （5）能使用 firewalld 图形化工具配置安全访问策略
素质目标	（1）培养认真细致的工作态度和工作作风 （2）养成刻苦、勤奋、好问、独立思考和细心检查的学习习惯 （3）能与组员精诚合作，能正确面对他人的成功或失败 （4）具有一定的自学能力，分析问题、解决问题能力和创新能力
重点、难点	（1）重点：firewalld 命令的使用、防火墙的访问规则 （2）难点：firewalld 命令的使用、配置内网访问策略、配置 NAT
课时建议	（1）教学课时：理论学习 2 课时+教学示范 4 课时 （2）技能训练课时：课堂模拟 4 课时+课堂训练 4 课时

11.1　项 目 引 入

添艺教育培训中心的网络改造项目已接近尾声，在整个项目的实施过程中，曹捷充分发挥自己的智慧，解决了一个又一个难题。为了按质、按量、按时完成网络服务器的配置，他精益求精，乐于奉献，曹捷的敬业精神，得到了易联公司和添艺教育培训中心的多次表彰和奖励。

在添艺教育培训中心的局域网中包含多个子网，这些子网都需要接入互联网。因此，需要保障内网与外网之间的数据通信流畅，及时发现并处理局域网运行时出现的安全风险。既要阻止内网资源不被外部非授权用户非法访问或破坏，又要阻止内部用户对外部不良资源的滥用，还要对发生在网络中的安全事件进行跟踪和审计。

此时，需要在局域网中进行哪些配置才能为添艺教育培训中心解决上述问题呢？

11.2 项 目 任 务

曹捷凭借所学的知识和技能，加上多年的现场工作经验，经过认真分析，认为需要在添艺教育培训中心的局域网配置防火墙以保证网络通信中的数据传输安全，配置 NAT 服务以实现内网与外网之间的正常通信。为此，需要完成的具体任务如下。

1）熟悉防火墙和 NAT 的相关概念，了解防火墙和 NAT 的工作原理。

2）配置网络工作环境：设置服务器的静态 IP 地址、启用 firewalld 和 SELinux、测试局域网的网络状况等。

3）掌握 firewalld-emd 命令的使用方法。

4）使用 firewalld-cmd 命令进行预定义信息、区域管理、服务管理和端口服务管理。

5）使用 firewalld 配置内网访问策略。

6）使用 firewalld 配置 SNAT 服务。

7）使用 firewalld 部署 DNAT 服务。

8）安装 firewalld 防火墙策略的图形化工具。

9）掌握 firewalld 的 GUI 图形化工具的使用方法。

10）使用 GUI 图形化设置相关的策略，保证系统安全。

11.3 相 关 知 识

防火墙概述

11.3.1 防火墙概述

防火墙是指设置在不同网络（如可信任的企业内部网和不可信的公共网）或网络安全域之间的一系列部件的组合，是不同网络或网络安全域之间信息的唯一出入口。防火墙由软件和硬件设备组合而成，是在内部网和外部网之间、专用网与公共网之间构造的保护屏障。在逻辑上，防火墙是分离器、限制器，也是分析器，它有效地监控了内部网和 Internet 之间的任何活动，保证了内部网络的安全，如图 11-1 所示。

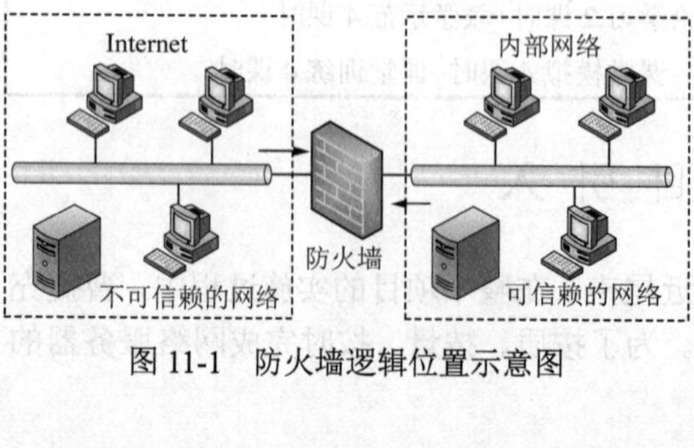

图 11-1 防火墙逻辑位置示意图

防火墙是提供信息安全服务、实现网络和信息安全的基础设施。防火墙作为一种网络或系统之间强制实行访问控制的机制，是确保网络安全的重要手段。防火墙能根据企业的安全政策控制（允许、拒绝、监测）出入网络的信息流，且本身具有较强的抗攻击能力。针对不同的需求和应用环境，可以量身定制出不同的防火墙系统。防火墙可以大到由若干路由器和堡垒主机构成，也可以小到仅仅是网络操作系统上一个防火墙软件包所提供的包过滤功能。

在众多网络防火墙产品中，Linux 操作系统上的防火墙软件特点显著。Linux 操作系统作为类 UNIX 网络操作系统，在系统的稳定性、健壮性及价格的低廉性方面都独具优势。更为重要的是，Linux 不但本身的源代码完全开放，而且系统包含了建立 Internet 网络环境所需要的所有服务软件包。

思政小贴士

没有网络安全就没有国家安全。为了保证网络的安全运行，在企业网络中既要配置防火墙对数据包进行检查和过滤，又要配置 NAT 防止外网对内网的攻击，还要运行其他的安全手段。因此，我们要掌握更多的网络安全知识和技能，担当起维护网络安全的责任，做网络安全坚定的维护者，为建设网络强国培根筑基。

11.3.2 防火墙的访问规则

1. 防火墙的默认设置

防火墙有以下两种默认配置。

1）拒绝所有的通信。在这种情况下，内外的通信完全被阻断，是最安全但也最不适用的形式。

2）允许所有的通信。在这种情况下，内外可以进行无限制的通信，防火墙好像不存在。

对于安全性要求比较高的防火墙，一般采用拒绝所有通信作为默认设置。一旦安装了防火墙，为了授予防火墙内的用户访问被授权的系统，则需要根据公司的安全策略，只打开某些特定的端口以允许特定的内外通信，这需要进行相应的访问规则的配置。

2. 防火墙的规则元素

访问规则定义了允许或拒绝网络之间通信的条件。访问规则中运用的元素是防火墙中可用于创建特定访问规则的配置对象，规则元素一般可分为以下 5 种类型。

1）协议。此规则元素包含一些协议，可用于定义要用在访问规则中的协议。例如，可能想要创建只允许 HTTP 通信的访问规则，则在配置时对于协议的选择只选用 HTTP 即可。

2）用户集。用户集包含许多单独的用户或用户组。可以使用 Active Directory 域用户或用户组、远程身份验证拨入用户服务（RADIUS）服务器组或 SecureID 组等创建用户集。在规则配置时，则可以针对不同的用户集对网络资源的访问分别采用不同的规则进行访问控制。

3）内容类型。此规则元素提供可能想要应用规则的公共内容类型。例如，可以使用内容类型规则元素来阻止包含.exe 或.vbs 扩展名的所有内容下载。

4）计划。此规则元素允许指定一个星期内要应用规则的小时时段。如果需要定义只允许在指定的小时时段内访问 Internet 的访问规则，则可以创建定义小时时段的计划规则元素，然后在创建访问规则时使用该计划规则元素。

5）网络对象。此规则元素允许创建要应用规则的计算机集，或者将不再应用规则的计算机集；还可以配置 URL 集和域名集，用来允许或拒绝对特定 URL 或域的访问。

3. 访问规则的定义

创建访问规则的步骤是选择适当的访问规则元素，然后定义元素之间的关系，如图 11-2 所示。

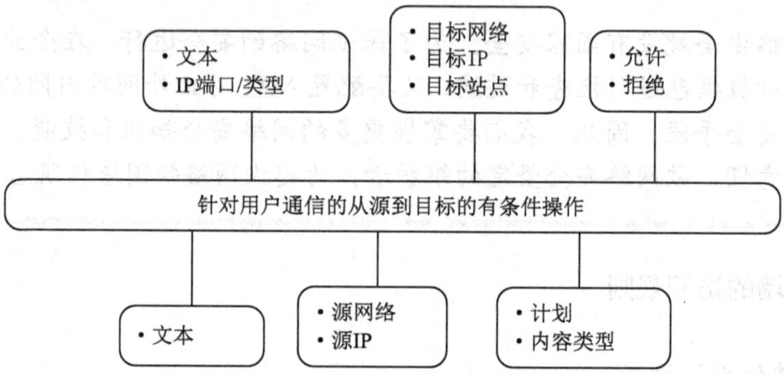

图 11-2　定义访问规则

11.3.3　firewalld 简介

在早期的 Linux 系统中，默认使用 iptables 防火墙管理和配置防火墙。RHEL 从 7.0 开始使用 firewalld 服务作为默认的防火墙配置管理工具。其实 iptables 服务和 firewalld 服务都不是真正的防火墙，只是用来定义防火墙规则功能的管理工具，将定义好的规则交由内核中的 netfilter，从而实现真正的防火墙功能，其调用过程如图 11-3 所示。

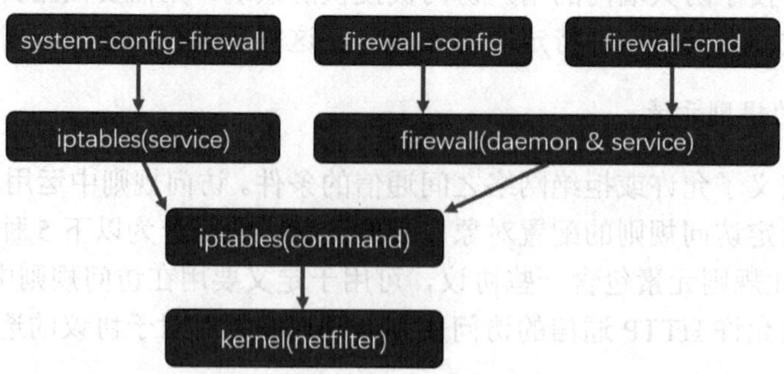

图 11-3　firewalld 及 iptables 的调用过程

在 RHEL 8.3 中可以让 iptables、firewalld、ip6tables、btables 等几种防火墙共存。需要注意的是，不同的防火墙软件相互间存在冲突，使用某个防火墙软件时应禁用其他的防火墙软件。RHEL 8.3 中默认采用 firewalld 管理 netfilter 子系统，也就是说 firewalld 和 iptables 一样，它们的作用都是用于维护规则，而真正使规则起作用的是内核的 netfilter。

在 RHEL 8.3 中搭载了一个名为 firewalld 的防火墙守护程序，它是具有 D-Bus 界面的完整解决方案，可动态管理系统的防火墙。相较于传统的防火墙管理配置工具，firewalld 支持动态更新技术并加入了区域（zone）的概念。简单来说，区域就是 firewalld 预先准备了几套防火墙策略集合（策略模板），用户可以根据生产场景的不同选择合适的策略集合，从而实现防火墙策略之间的快速切换。

1. firewalld 的主要概念

firewalld 将所有网络流量划分为区（zones），简化防火墙管理。例如，一个包传入网络接口时，会根据源 IP 地址把流量转移到用于相应的区域的防火墙规则。每个区域都预设开放的或关闭的端口和服务列表。

（1）过滤规则集合：zone

1）一个 zone 就是一套过滤规则，数据包必须经过某个 zone 才能入站或出站。不同 zone 中规则粒度粗细、安全强度都不尽相同。

2）每个 zone 单独对应一个 xml 配置文件，firewalld 默认提供了 9 个 zone 配置文件：block.xml、dmz.xml、drop.xml、external.xml、home.xml、internal.xml、public.xml、trusted.xml 和 work.xml（表 11-1），这 9 个配置文件都保存在“/usr/lib/firewalld/zones/”目录下。自定义 zone 只需要添加<zone 名称>.xml 文件，然后在其中添加过滤规则即可。

3）每个 zone 都有一个默认的处理行为，包括 default（默认）、ACCEPT、%%REJECT%% 和 DROP。

表 11-1　常见的 zone 区域及各区域的主要作用

区域	描述
block（限制）	任何接收的网络连接都被 IPv4 的 icmp-host-prohibited 信息和 IPv6 的 icmp6-adm-prohibited 信息所拒绝
dmz（非军事区）	用于非军事区的计算机，在此区域内可公开访问，可以有限地进入内部网络，仅接收经过选择的连接
drop（丢弃）	任何接收的网络数据包都被丢弃，没有任何回复，仅有发送出去的网络连接
external（外部）	特别是为路由器启用了伪装功能的外部网。不能信任网络中的其他计算机，无法确认它们会不会对个人计算机造成危害，只能接收经过选择的连接
home（家庭）	用于家庭网络。用户可以基本相信网络中的其他计算机不会危害自己的计算机。仅接收经过选择的连接
internal（内部）	用于内部网络。用户可以基本相信网络中的其他计算机不会威胁自己的计算机。仅接收经过选择的连接
public（公共）	在公共区域使用，无法确认网络中的其他计算机会不会对个人计算机造成危害，只能接收经过选取的连接
trusted（信任）	可接收所有的网络连接
word（工作）	用于工作区。用户可以基本相信网络中的其他计算机不会危害自己的计算机。仅接收经过选择的连接

（2）service

1）service 中可以配置特定的端口（将端口和 service 的名字关联）。zone 中加入 service 规则就等效于直接加入了 port 规则，但使用 service 更容易管理和理解。

2）定义 service 的方式：添加<service 名称>.xml 文件，在其中加入要关联的端口即可。

（3）过滤规则

1）source：根据数据包源地址过滤，相同的 source 只能在一个 zone 中配置。

2）interface：根据接收数据包的网卡过滤。

3）service：根据服务名过滤（实际是查找服务关联的端口，根据端口过滤），一个 service 可以配置到多个 zone 中。

4）port：根据端口过滤。

5）icmp-block：ICMP（Internet control message protocol，Internet 控制报文协议）报文过滤，可按照 ICMP 类型设置。

6）masquerade：IP 地址伪装，即将接收到的请求的源地址设置为转发请求网卡的地址（路由器的工作原理）。

7）forward-port：端口转发。

8）rule：自定义规则，与 itables 配置接近。rule 结合--timeout 可以实现一些有用的功能，如写自动化脚本，发现异常连接时添加一条规则将相应地址去掉，并使用--timeout 设置时间段，之后再自动开放。

（4）过滤规则优先级

1）source：源地址。

2）interface：接收请求的网卡。

3）firewalld.conf：配置的默认 zone。

2. firewalld 的配置方法

（1）运行时配置

1）实时生效，并持续至 firewalld 重新启动或重新加载配置。

2）不中断现有连接。

3）不能修改服务配置。

（2）永久配置

1）不立即生效，除非 firewalld 重新启动或重新加载配置。

2）中断现有连接。

3）可以修改服务配置。

3. firewalld 的配置方式

1）firewall-config：GUI 图形化工具，即使读者没有扎实的 Linux 命令基础，也完全可以通过它来妥善配置防火墙策略。

2）firewall-cmd：命令行工具，读者使用时需要具备一定的 Linux 命令基础，还要掌握 firewalld-cmd 命令的使用方法。

3）直接编辑 XML 文件：编辑完 XML 文件后还需要 reload 才能生效。不建议直接编辑配置文件，建议使用命令行工具。

11.3.4 NAT 的工作原理

NAT 并不是一种网络协议，而是一种过程，它将一组 IP 地址映射到另一组 IP 地址，而且对用户来说是透明的。NAT 通常用于将内部私有的 IP 地址翻译成合法的公网 IP 地址，从而可以使内网中的计算机共享公网 IP，节省了 IP 地址资源。可以这样说，正是由于 NAT 技术的出现，才使得 IPv4 的地址至今还足够使用。因此，在 IPv6 广泛使用之前，NAT 技术仍然会广泛应用。NAT 服务器工作原理如图 11-4 所示。

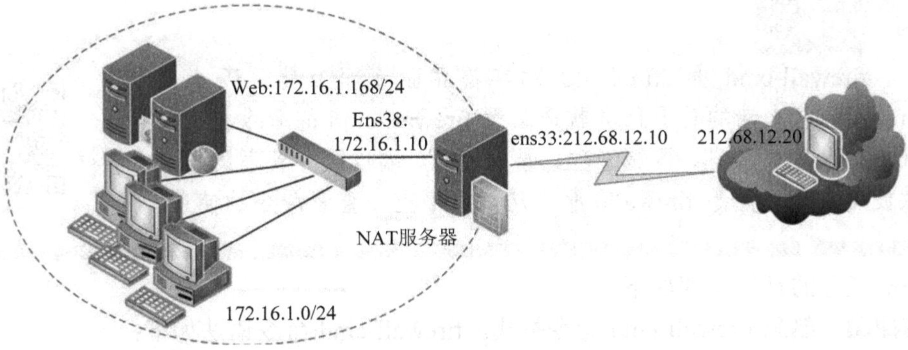

图 11-4　NAT 服务器工作原理

内网中 IP 为 172.16.1.10 的计算机发送的数据包其源 IP 地址是 172.16.1.10，但这个地址是 Internet 的保留地址，不允许在 Internet 上使用，Internet 上的路由器不会转发这样的数据包。为了使这个数据包能在 Internet 上传输，需要把源 IP 地址 172.16.1.10 转换成能在 Internet 上使用的合法 IP 地址（如图 11-4 中连接外网的 NAT 服务器的外部地址 212.68.12.10）才能顺利到达目的地。

这种 IP 地址转换的任务由 NAT 服务器来完成，运行 NAT 服务的主机一般位于内网的出口处，至少需要有两个网络接口：一个设置为内网 IP；一个设置为外网合法 IP。NAT 服务器改变传输出去的数据包的源 IP 地址后，需要在内部保存的 NAT 地址映射表中登记相应的条目，以便回复的数据包能返回给正确的内网计算机。

当然，从 Internet 回复的数据包也并不是直接发送给内网的，而是发送给 NAT 服务器中具有合法 IP 地址的网络接口。NAT 服务器收到回复的数据包后，根据内部保存的 NAT 地址映射表找到该数据包属于哪个内网 IP，然后再把数据包的目的 IP 转换回来，还原成原来的内网地址，最后再通过内网接口路由出去。

以上地址转换过程对用户来说是透明的，计算机 172.16.1.10 并不知道自己发送出去的数据包在传输过程中被修改过，只认为自己发送出去的数据包能得到正确的响应数据包，与正常情况没有什么区别。

通过 NAT 转换还可以保护内网中的计算机不受来自 Internet 的攻击。因为外网的计算机不能直接发送数据包给使用保留地址的内网计算机，只能发给 NAT 服务器的外网接口。在内网计算机没有主动与外网计算机联系的情况下，在 NAT 服务器的 NAT 地址映射表中是无法找到相应条目的，因此也就无法把该数据包的目的 IP 转换成内网 IP。

11.4　项 目 实 施

11.4.1　熟悉 firewalld 命令

firewall-cmd 支持动态更新技术并加入了区域的概念，简单来说就是为用户预先准备了几套防火墙策略集合（策略模板），然后用户可以根据生产场景的不同选择合适的策略集合，实现防火墙策略之间的快速切换。iptables 使用 chain 和 rules，firewalld 使用 zones 和 services，firewalld 可以动态地管理更新规则，不会破坏现有的连接和会话。

任务 11-1

firewall-cmd 是 firewalld 的字符界面管理工具，因此，配置 firewalld 防火墙的首要任务就是熟悉 firewall-cmd 的命令格式，接下来掌握预定义信息、区域管理、服务管理、端口服务管理的命令和参数使用，最后熟悉 firewalld 服务启动、停止、查看命令的使用。

完成任务的具体步骤如下。

STEP 01 熟悉 firewall-cmd 命令格式。firewall-cmd 命令语法如下：

```
firewall-cmd [--zone=zone] 动作 [--permanent]
```

firewall-cmd 的参数都是长格式的，不用担心难记的问题，可以用 Tab 键进行补全。

注意：如果不指定--zone 选项，则为当前所在的默认区域，--permanent 选项为是否将改动写入到区域配置文件中，如果没有--permanent 选项，则表示是临时配置，重启服务后失效。

STEP 02 启动、停止、查看 firewalld 服务。在图 11-4 中使用 firewalld 时，要先使用 systemctl status 命令检查 firewalld、iptables、ip6tables 和 ebtables 等几种防火墙的状态，然后关闭 firewalld 以外的防火墙，接下来启动、停止、重启、查看 firewalld 防火墙，操作方法如下：

```
#systemctl status {firewalld,iptables,ip6tables,ebtables}
● firewalld.service - firewalld - dynamic firewall daemon
  Active: inactive (dead)                    //说明 firewalld 没有运行
● iptables.service - IPv4 firewall with iptables
  Active: inactive (dead)                    //说明 iptables 没有运行
● ip6tables.service - IPv6 firewall with ip6tables
  Active: inactive (dead)                    //说明 ip6tables 没有运行
● ebtables.service - Ethernet Bridge Filtering tables
  Active: inactive (dead)                    //说明 ebtables 没有运行
......
#service iptables stop                 //如果运行了 iptables，一定要停止 iptables
#chkconfig --level 3 iptables off      //取消自动加载 iptables 服务
#systemctl status firewalld            //查看 firewalld 防火墙服务是否开启
#systemctl start firewalld             //启动 firewalld
#systemctl stop firewalld              //停止 firewalld
#systemctl enable firewalld            //设置 firewalld 为开机自启动
#systemctl restart firewalld           //重启 firewalld
#firewall-cmd --state                  //查看 firewalld 的运行状态
running                                //出现 running，表示已开启
```

STEP 03　获取预定义信息。firewall-cmd 预定义信息主要包括可用的区域、可用的服务以及可用的 ICMP 类型 3 种，具体的查看方法如下。

1）查看预定义区域：

```
#firewall-cmd --get-zones
block dmz drop external home internal libvirt public trusted work
```

2）查看预定义服务：

```
#firewall-cmd --get-services
```

3）查看预定义的 ICMP 类型：

```
#firewall-cmd --get-icmptypes
```

firewall-cmd --get-icmptypes 命令的执行结果中各种阻塞类型的含义如下。

- destination-unreachable：目的地址不可达。
- echo-reply：应答回应（pong）。
- parameter-problem：参数问题。
- redirect：重新定向。
- router-advertisement：路由器通告。
- router-solicitation：路由器请求。
- source-quench：源端抑制。
- time-exceeded：超时。
- timestamp-reply：时间戳应答回应。
- timestamp-request：时间戳请求。

STEP 04　熟悉区域管理命令。使用 firewall-cmd 命令可以实现获取和管理区域，及为指定区域绑定网络接口等功能。firewall-cmd 命令包含的选项（选项参数可用 Tab 键补齐）及主要说明如下。

- --get-default-zone：显示网络连接或接口的默认区域。
- --set-default-zone=<zone>：设置网络连接或接口的默认区域。
- --get-active-zones：显示已激活的所有区域。
- --get-zone-of-interface=<interface>：显示指定接口绑定的区域。
- --zone=<zone> --add-interface=<interface>：为指定接口绑定区域。
- --zone=<zone> --change-interface=<interface>：为指定的区域更改绑定的网络接口。
- --zone=<zone> --remove-interface=<interface>：为指定的区域删除绑定的网络接口。
- --list-all-zones：显示所有区域及其规则。
- [--zone=<zone>] --list-all：显示所有指定区域的所有规则，省略--zone=<zone>时表示仅对默认区域操作。

【操作示例 11-1】查看当前系统中的默认区域。

```
[root@tianyi ~]# firewall-cmd --get-default-zone
public
```

【操作示例 11-2】查看默认区域的所有规则。

```
[root@tianyi ~]# firewall-cmd --list-all
public (active)
  target: default
```

```
icmp-block-inversion: no
interfaces: ens33
……
```

【操作示例 11-3】查看本机网络接口 ens33 对应区域。

```
[root@tianyi ~]#firewall-cmd --get-zone-of-interface=ens33
public
```

【操作示例 11-4】将网络接口 ens33 对应区域修改为 internal 区域。

```
[root@localhost ~]#firewall-cmd --zone=internal --change-interface=ens33
success
[root@localhost ~]# firewall-cmd --zone=internal --list-interfaces
ens33
[root@localhost ~]# firewall-cmd --get-zone-of-interface=ens33
internal
```

【操作示例 11-5】查看所有激活区域。

```
[root@localhost ~]# firewall-cmd --get-active-zones
internal
interfaces: ens33
……
```

STEP 05 熟悉服务管理命令。为了方便管理，firewalld 预先定义了很多服务，存放在/usr/lib/firewalld/services/目录中，服务通过单个的 XML 配置文件来指定。这些配置文件按以下格式命名：service-name.xml，每个文件对应一项具体的网络服务，如 ssh 服务。与之对应的配置文件中记录了各项服务所使用的 tcp/udp 端口。firewalld 新版本中默认已经定义了 70 多种服务以供使用，对于每个网络区域，均可以配置允许访问的服务。当默认提供的服务不适用或者需要自定义某项服务的端口时，需要将 service 配置文件放置在/etc/firewalld/services/目录中。

【操作示例 11-6】显示默认区域内允许访问的所有服务。

```
[root@tianyi ~]#firewall-cmd --list-services
cockpit dhcpv6-client ssh telnet
```

【操作示例 11-7】设置默认区域允许访问 http 服务。

```
[root@tianyi ~]#firewall-cmd --add-service=http
Success
```

【操作示例 11-8】设置默认区域允许访问 https 服务。

```
[root@tianyi ~]#firewall-cmd --add-service=https
success
```

【操作示例 11-9】再次查看默认区域内允许访问的所有服务。

```
[root@tianyi ~]# firewall-cmd --list-services
cockpit dhcpv6-client http https ssh telnet
```

【操作示例 11-10】设置 internal 区域允许访问 MySQL 服务。

```
[root@tianyi ~]#firewall-cmd --zone=internal --add-service=mysql
success
```

【操作示例 11-11】设置 internal 区域不允许访问 samba-client 服务。

```
[root@tianyi ~]#firewall-cmd --zone=internal --remove-service=samba- client
```

```
success
```

【操作示例 11-12】查看 internal 区域内允许访问的所有服务。

```
[root@tianyi ~]#firewall-cmd --zone=internal --list-services
cockpit dhcpv6-client mdns mysql ssh
```

STEP 06　熟悉端口管理命令。在进行服务配置时，预定义的网络服务可以使用服务名配置，服务所涉及的端口就会自动打开。但是，对于非预定义的服务只能手动为指定的区域添加端口。

【操作示例 11-13】在 internal 区域打开 443/TCP 端口。

```
[root@tianyi ~]#firewall-cmd --zone=internal --add-port=443/tcp
success
```

【操作示例 11-14】在 internal 区域禁止 443/TCP 端口访问。

```
[root@tianyi ~]# firewall-cmd --zone=internal --remove-port=443/tcp
success
```

【操作示例 11-15】启用 internal 区域 22 端口的 TCP 协议组合。

```
[root@tianyi ~]# firewall-cmd --zone=internal --add-port=22/tcp --timeout=5m
success
```

【操作示例 11-16】查看 internal 区域内允许访问的所有端口号。

```
[root@tianyi ~]# firewall-cmd --zone=internal --list-ports
22/tcp
```

STEP 07　熟悉两种配置模式。firewall-cmd 命令工具有两种配置模式。

1）运行时模式（runtime mode）表示当前内存中运行的防火墙配置，在系统或 firewalld 服务重启、停止时配置将失效。

2）永久模式（permanent mode）表示重启防火墙或重新加载防火墙时的规则配置，是永久存储在配置文件中的。

firewall-cmd 命令工具与配置模式相关的选项有如下 3 个。

- --reload：重新加载防火墙规则并保持状态信息，即将永久配置应用为运行时配置。
- --permanent：带有此选项的命令用于设置永久性规则，这些规则只有在重新启动 firewalld 或重新加载防火墙规则时才会生效；若不带有此选项，表示用于设置运行时规则。
- --runtime-to-permanent：将当前的运行时配置写入规则配置文件中，使之成为永久有效。

【操作示例 11-17】设置 8888 和 9999 端口请求流量当前生效。

```
[root@tianyi ~]# firewall-cmd --zone=home --add-port=8888-9999/tcp
success
[root@tianyi ~]# firewall-cmd -reload
success
```

【操作示例 11-18】设置 https 服务请求流量永久生效。

```
#firewall-cmd --permanent --zone=home --add-service=https
success
```

11.4.2 firewalld 的配置案例

使用 firewalld 配置内网访问策略。

任务 11-2

在图 11-4 所示的企业网中，架设一台 Web 服务器，IP 地址是 172.16.1.168，端口是 80，然后设置内网网段 172.16.1.0/24 中的客户机均可以访问这台 Web 服务器。

完成任务的具体步骤如下。

STEP 01 配置好图 11-4 中 Web 服务器的相关参数，如 IP 地址、网关和 DNS 等。

STEP 02 在内网的 Web 服务器（172.16.1.168）上启用 firewalld 防火墙，并查看配置情况。

```
#systemctl start firewalld                                //启用 firewalld 防火墙
#firewall-cmd  --list-all                                 //查看防火墙的配置
public (active)
  target: default
  icmp-block-inversion: no
  interfaces: ens33
  sources:
……
```

STEP 03 在内网的 Web 服务器上配置 dmz 区域。

```
#firewall-cmd --get-default-zone                          //查看当前的默认区域
public
#firewall-cmd --get-zone-of-interface=ens33 //查询 ens33 网卡所属的区域
public
#firewall-cmd --set-default-zone=dmz                      //设置默认区域为 dmz
success
#firewall-cmd  --permanent  --zone=dmz  --change-interface=ens33
                                          //将 ens33 网卡永久移至 dmz 区域
success
#firewall-cmd  --reload                        //重新载入防火墙设置使设置立即生效
success
```

STEP 04 配置 Web 服务。

```
#yum  -y  install  httpd                                  //安装 httpd 服务软件包
#systemctl  start  httpd                                  //启用 httpd 服务
#echo "firewalld 配置测试" > /var/www/html/index.htm   //创建网站的测试首页
```

STEP 05 测试 Web 服务。

1）在 Web 服务器（本机）上测试 Web 服务。

```
# curl  http://172.16.1.168                               //在本机可成功访问网站
firewalld 配置测试                                         //能正常打开网页
```

2）在局域网的其他主机（如 172.16.1.12）上访问 Web 服务器。可以在局域网内任选一台客户机对 Web 服务器进行测试，既可以选择 Windows 客户机，也可以选择 Linux

客户机，使用浏览器进行测试，或使用 curl 进行测试。

```
#curl http://172.16.1.168                    //在 172.16.1.12 的主机上进行测试
url: (7) Failed to connect to 172.16.1.168 port 80: 没有到主机的路由
                                             //访问失败，因为被防火墙阻止了
```

STEP 06　设置在 dmz 区域允许 http 服务流量通过，并让其立即生效（且永久有效）。

```
#firewall-cmd  --permanent  --zone=dmz  --add-service=http
#firewall-cmd  --reload
```

STEP 07　在网段 192.168.1.0/24 的其他主机上再次进行访问网站测试，此时测试成功。

```
#curl http://172.16.1.168                    //在 172.16.1.12 的主机上进行测试
firewalld 配置测试                            //此时测试成功，表示策略生效
```

11.4.3　firewalld 部署 NAT 服务

企业内部计算机要实现共享上网，就必须部署 SNAT；而外部网络中的计算机要访问企业内部网络中的服务器，就必须部署 DNAT，接下来的任务就是使用 filewalld 部署 NAT 服务。

任务 11-3

在企业内部网络中部署 SNAT 和 DNAT 服务，使内部网络的计算机均能访问互联网，而互联网中的用户只能访问内部网络中的 Web 服务器和 FTP 服务器。

完成任务的具体步骤如下。

1. 配置 SNAT

STEP 01　添加网卡并配置 IP。

1）在 NAT 服务器上添加网卡（ens38），添加完成后使用 nmcli con show 命令查看设备，操作方法如下：

```
[root@tianyi ~]# nmcli con show
NAME    UUID                                  TYPE      DEVICE
ens33   bfe89c9a-4c1a-4f7c-8646-96bff958daeb  ethernet  ens33
ens38   b19a1e61-29c2-49bf-8112-abe65355c02e  ethernet  ens38
virbr0  875f92e1-4272-404b-878b-edbc772f4460  bridge    virbr0
[root@tianyi ~]#
```

注意：主要看 DEVICE 这列的数据，ens33 是设置之前的网卡名，ens38 是新增加的网卡。

2）使用 ls /etc/sysconfig/network-scripts/命令查看网络配置文件，操作方法如下：

```
[root@tianyi ~]#ls /etc/sysconfig/network-scripts/
ifcfg-ens33
```

可以看出在/etc/sysconfig/network-scripts/中缺少 ens38 的网卡配置文件。

3）使用 nmcli con add con-name ens38 type ethernet ifname ens38 命令生成 ens38 网卡的配置文件，操作方法如下：

```
[root@tianyi ~]#nmcli con add con-name ens38 type ethernet ifname ens38
```

4）使用 vim 修改/etc/sysconfig/network-scripts/目录中的网卡配置文件 ifcfg-ens33 和 ifcfg-ens38 的 IP 地址、子网掩码、DNS 和默认网关等，操作方法如下：

```
#vim /etc/sysconfig/network-scripts/ifcfg-ens38
……
BOOTPROTO=static
IPADDR=172.16.1.11                          #配 ens38 的 IP
NETMASK=255.255.255.0                       #配 ens38 的子网掩码，不要网关
ONBOOT=yes
……
```

5）使用 service network restart 命令重启网络服务，操作方法如下：

```
[root@tianyi ~]# service network restart
```

STEP 02 开启内核路由转发功能。

1）临时开启内核路由转发，操作方法如下：

```
[root@TIANYI ~]# echo 1 > /proc/sys/net/ipv4/ip_forward
```

2）如果需要内核路由转发永久生效，则需要修改 /etc/sysctl.conf，在其中修改 net.ipv4.ip_forward = 1，其中“1”表示开启，“0”表示不开启。

```
[root@tianyi~]#vim  /etc/sysctl.conf
……
net.ipv4.ip_forward = 1
……
```

3）使用 sysctl -p 命令执行，使之马上生效。

```
[root@tianyi~]# sysctl -p
……
net.ipv4.ip_forward = 1
: wq
```

4）在客户机中 ping 服务器的外网 IP 测试路由功能是否有效。

```
#ping 212.68.12.10                    //能 ping 通说明路由开启成功
PING 212.68.12.10 (212.68.12.10) 56(84) bytes of data.
64 bytes from 212.68.12.10: icmp_seq=1 ttl=64 time=0.435 ms
64 bytes from 212.68.12.10: icmp_seq=2 ttl=64 time=0.300 ms
……
```

STEP 03 在 NAT 网关服务器上开启防火墙。在图 11-4 所示的 NAT 服务器上开启防火墙，然后将网络接口 ens33 移至外部区域（external），将网络接口 ens38 移至内部区域（internal），并确保设置永久生效和立即生效。

```
#systemctl start firewalld
#firewall-cmd --permanent --zone=external --change-interface=ens33
success
#firewall-cmd --change-interface=ens33 --zone=external
success
#firewall-cmd --permanent --zone=internal --change-interface=ens38
success
```

```
#firewall-cmd --change-interface=ens38 --zone=internal
success
```

STEP 04　在 NAT 网关服务器上添加 masquerading。

1）查询外网卡所属的外部区域（external）是否添加了伪装（masquerading）功能（默认已添加）。

```
# firewall-cmd --zone=external --query-masquerade
yes                        #查询外部区域（external）是否能伪装 IP，结果为 yes
```

2）如果没有添加伪装功能，则需要使用如下命令添加伪装功能。

```
#firewall-cmd --zone=external --add-masquerade -permanent//添加伪装功能
Warning: ALREADY_ENABLED: masquerade
Success
```

3）将 source 为 172.16.1.0/24 网段来的数据包伪装成 external（即 ens33）的地址。

```
#firewall-cmd  --permanent  --direct  --passthrough  ipv4  -t  nat
POSTROUTING -o ens33 -j MASQUERADE -s 172.16.1.0/24
```

STEP 05　在 NAT 网关服务器上开启 IP 转发服务。

1）如果需要临时开启内核路由转发，则按照以下操作方法即可。

```
[root@TIANYI ~]# echo 1 > /proc/sys/net/ipv4/ip_forward
```

2）如果需要内核路由转发永久生效，则需要修改 /etc/sysctl.conf，在其中修改 net.ipv4.ip_forward = 1，其中“1”表示开启，“0”表示不开启。

```
[root@tianyi ~]#vim  /etc/sysctl.conf
……
net.ipv4.ip_forward = 1
……
```

3）使用 sysctl -p 命令执行，使之马上生效。

```
[root@tianyi ~]# sysctl -p          //执行该命令，表示内核路由转发立即生效
……
net.ipv4.ip_forward = 1
```

4）内核路由转发生效后，可以在内网的客户机（如 172.16.1.17）中 ping 网关服务器（即 NAT 服务器）上连接外网网卡的 IP（212.68.12.10），如果能 ping 通，表示内核路由转发成功。

```
[root@TianHe ~]# ping 212.68.12.10
PING 212.68.12.10 (212.68.12.10) 56(84) bytes of data.
64 bytes from 212.68.12.10: icmp_seq=1 ttl=64 time=1.41 ms
^Z
[2]+  已停止                ping 212.68.12.10
[root@TianHe ~]#
```

STEP 06　在 NAT 网关服务器上设置默认区域。将 NAT 服务器内部区域（internal）设置为默认区域，然后重载防火墙规则，使以上设置的永久状态信息在当前运行下生效。

```
#firewall-cmd --set-default-zone=internal
success
#firewall-cmd  --reload
success
```

STEP 07 在客户机中进行测试。

1）将内网中的客户机的默认网关设置为 NAT 服务器的内网网卡的 IP 地址（172.16.1.11），DNS 设置成能够进行域名解析 DNS。

```
#vim /etc/sysconfig/network-scripts/ifcfg-ens33
……
IPADDR=172.16.1.17                              //内网中客户机的 IP
GATEWAY=172.16.1.11                             //客户机接入外网所使用的网关
DNS1=212.68.12.10                               //客户机接入外网所使用的 DNS
……
: wq                                            //保存退出
# ervice network restart                        //重启网卡
```

2）在内网的客户机中 ping 外网的服务器（如 www.baidu.com），如果能 ping 通，表明 SNAT 服务部署成功。

```
#ping www.baidu.com                             //ping 外部网站服务器的域名
PING www.a.shifen.com (14.215.177.38) 56(84) bytes of data.
64 bytes from 14.215.177.38 (14.215.177.38): icmp_seq=1 ttl=52 time=49.1 ms
^C
--- www.a.shifen.com ping statistics ---
2 packets transmitted, 2 received, 0% packet loss, time 3ms
rtt min/avg/max/mdev = 41.492/45.306/49.120/3.814 ms
[root@localhost etc]#
```

2. 部署 DNAT

STEP 01 配置 NAT 基础环境。首先在 NAT 服务器中添加网卡并配置好 IP，再开启路由转发。

STEP 02 配置内网 Web 服务器。接下来在内部网络的 Web 服务器（IP 为 172.16.1.168）上配置好 Web 服务。

STEP 03 在 Web 服务器上配置 firewalld。接下来在内部网络的 Web 服务器（IP 为 172.16.1.168）上配置 Web 页面内容为“DNAT 部署测试页面!”，在 dmz 区开启 HTTP 服务和 8080 端口，使其立即生效和永久生效，并完成测试。

```
#echo " DNAT 部署测试页面!" > /var/www/html/index.html        //制作测试网页
#systemctl start firewalld
#firewall-cmd --set-default-zone=dmz                  //设置默认区域为 dmz
success
#firewall-cmd  --permanent  --zone=dmz  --change-interface=ens33
                                                //将 ens33 网卡永久移至 dmz 区域
success
#firewall-cmd --zone=dmz --add-service=http -permanent //开启 HTTP 服务
success
#firewall-cmd --zone=dmz --add-port=8080/tcp --permanent//开启 8080 端口
success
#firewall-cmd --reload                      //重新载入防火墙设置使设置立即生效
Success
# vim /etc/httpd/conf/httpd.conf           //使用 vim 编辑器打开 httpd.conf
……
Listen 8080                                //将监听端口 80 改为 8080
```

```
......
:wq
#service httpd reload
#curl http://172.16.1.168:8080
DNAT 部署测试页面!
```

STEP 04　在网关服务器上配置 DNAT。将流入 NAT 网关服务器外网卡 ens33（212.68.12.10）的 80 端口的数据包转发给 Web 服务器（172.16.1.168）的 8080 端口。

```
#firewall-cmd --permanent --zone=external --add-forward-port=port=
80:proto=tcp:toport=8080:toaddr=172.16.1.168
success
#firewall-cmd --reload                    //重新载入防火墙设置使设置立即生效
Success
#yum -y install httpd                     //在 NAT 网关服务器上安装 httpd 服务软件包
#systemctl start httpd                    //在 NAT 网关服务器上启动 httpd 服务
```

STEP 05　测试 DNAT。在外网选择一台 Windows 或 Linux 的客户机设置好网关（212.68.12.10）和 DNS，再打开浏览器，在地址栏中输入 http://212.68.12.10，此时若能正常访问内网中的 Web 服务器，说明 DNAT 配置正确，如图 11-5 所示。

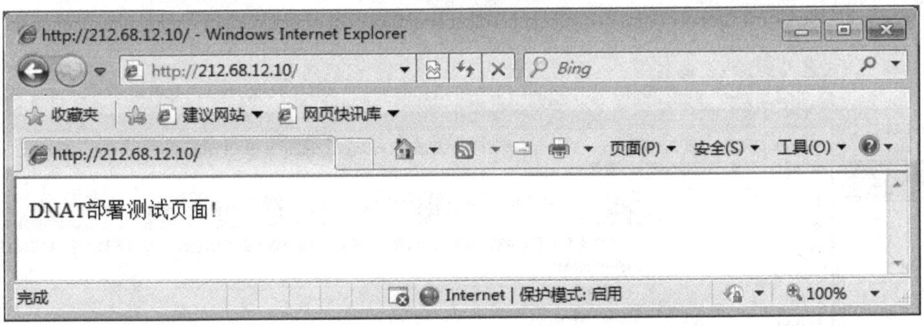

图 11-5　从外部能够访问到内网中的 Web 服务器

11.4.4　使用 firewalld 防火墙策略的图形化工具

firewall-config 命令是管理 firewalld 防火墙策略的图形化工具，其具有界面友好、操作方便的优点。通过 firewall-config 图形化配置工具，可以实现配置防火墙允许通过的服务、端口、伪装、端口转发、ICMP 过滤器等，几乎所有命令行终端的操作都可以实现。利用该工具能够将复杂的配置工作非常直观地予以实现，即使没有扎实的 Linux 命令基础的初学者，也一样可以通过这款图形化工具较好地完成防火墙策略的配置。

任务 11-4

前面已经熟悉了在企业内部网络的 firewalld 防火墙中使用 firewall-cmd 命令方式配置 firewalld 防火墙。接下来使用图形化工具管理 firewalld 防火墙的相关策略。

完成任务的具体步骤如下。

STEP 01　安装 firewalld 防火墙策略的图形化工具。在 RHEL 8.3 中，默认没有安装

firewalld 防火墙策略的图形化工具，因此，需要使用 yum 方式进行安装，操作方法如下：

```
[root@tianyi ~]#yum install -y firewall-config
......
  准备中        :                                                1/1
  Installing   :firewall-config-0.6.3-7.el8.noarch               1/1
  运行脚本     : firewall-config-0.6.3-7.el8.noarch               1/1
  验证         : firewall-config-0.6.3-7.el8.noarch               1/1
Installed products updated.
已安装:
  firewall-config-0.6.3-7.el8.noarch
完毕!
```

STEP 02 熟悉 firewalld 防火墙图形化工作界面。在命令行执行 firewall-config 命令即可启动 firewalld 防火墙图形化配置主界面，如图 11-6 所示。

```
[root@tianyi ~]# firewall-config                //执行 firewall-config 命令
```

firewalld 防火墙图形化配置主界面包括主菜单、配置选项卡、区域设置区和状态栏 4 个部分。

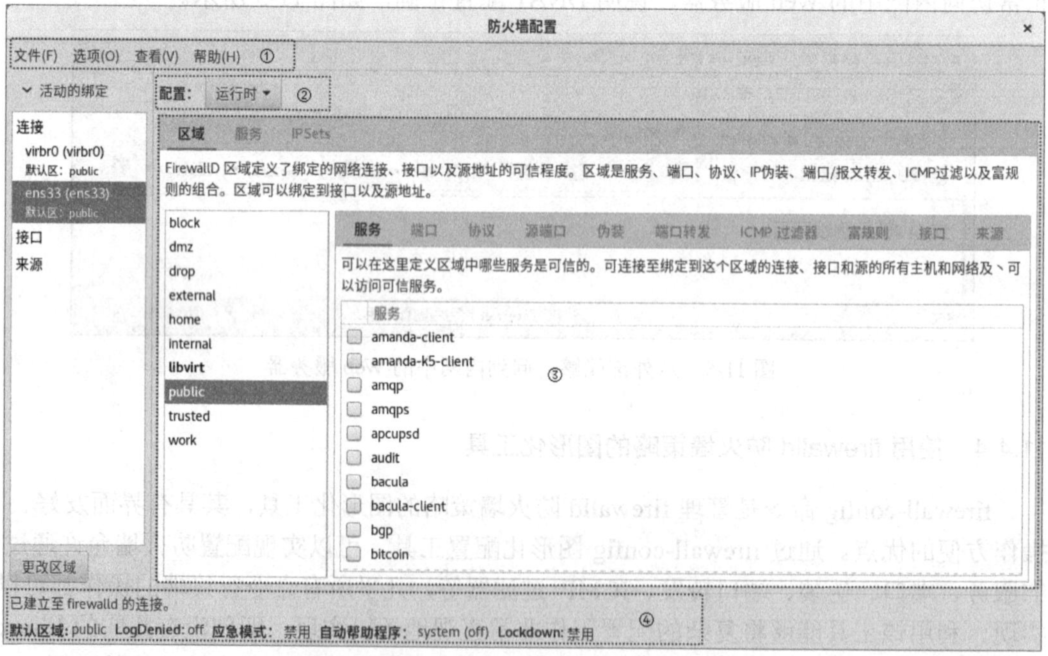

图 11-6 firewaalld 防火墙图形化配置的主界面

1）主菜单。firewall-config 主菜单下有文件、选项、查看和帮助 4 个一级菜单，其中“选项”菜单是最重要的，主要包括以下几个选项。

① 重载防火墙：选择此菜单项以后，能够将当前永久配置的规则变成当即生效的配置。

② 更改连接区域：用于更改网络连接所属的区域。

③ 改变默认区域：更改网络连接或接口所属的默认区域。

④ 应急模式：用于禁用和启用应急模式。应急模式启用后会丢弃所有传入和传出的数据包，禁止所有的网络连接，一切服务的请求被拒绝，只有在服务器受到严重威胁

时才启用。

⑤ 锁定：对防火墙配置进行加锁，只允许白名单上的应用程序进行改动。锁定特性为 firewalld 增加了锁定本地应用或服务配置的简单配置方式。

⑥ 将 Runtime 设定为永久配置：单击此项后会将当前“运行时”的所有配置规则保存为“永久”配置，原有的“永久”配置规则被覆盖。

2）配置选项卡。firewall-config 配置选项卡包括运行时和永久两种配置模式。

① 运行时：运行时配置为当前使用的配置规则。运行时配置并非永久有效，在重新加载时可以被恢复，而系统或者服务重启、停止时，这些选项将会丢失。

② 永久：永久配置规则在系统或者服务重启时使用。永久配置存储在配置文件中，每次机器重启、服务重启或重新加载时将自动恢复。

3）区域设置区。区域设置区是 firewall-config 的主要设置界面，包含区域、服务、IPSets、ICMP 类型、直接配置和锁定白名单 6 个选项卡，其中 IPSets、ICMP 类型、直接配置和锁定白名单 4 个选项需要在“查看”下拉菜单中勾选之后才能显示出来。

①“区域”选项卡：包括 1 个区域列表，以及服务、端口、协议、源端口、伪装、端口转发、ICMP 过滤器、富规则、接口和来源 10 个标签，其设置功能如表 11-2 所示。

表 11-2 “区域”选项卡中 10 个标签的设置功能

标签名称	标签的设置功能
服务	定义哪些区域的服务是可信的，其中可信的服务可以绑定该区的任意连接、接口和源地址
端口	用于添加并设置允许访问的主机、网络的附加端口或端口范围
协议	用于添加所有主机或网络均可访问的协议
源端口	添加额外的源端口或范围，它们对于所有可连接至这台主机的主机或网络来说都是可以访问的
伪装	将本地的私有网络的多个 IP 地址进行隐藏并映射到一个公网 IP，伪装功能目前只适用于 IPv4
端口转发	将本地系统的（源）端口映射为本地系统或其他系统的另一个（目标）端口，此功能只适用于 IPv4
ICMP 过滤器	可以选择 Internet 控制报文协议的报文。这些报文可以是信息请求，也可以是对信息请求或错误条件创建的响应
富规则	用于同时基于服务、主机地址、端口号等多种因素进行更详细、更复杂的规则设置，优先级最高
接口	用于为所选区域绑定相应的网络接口（即网卡）
来源	用于为所选区域添加来源地址或地址范围

在区域列表框中列出了由系统预定义的 9 个区域，每个区域预定义的规则是不一样的，用户可以根据不同的安全要求添加相关规则。由于所有的数据都是从网卡出入，到底哪个区域的规则生效，取决于在该区域上是否绑定了网卡。一个区域可以绑定多块网卡，一块网卡只能绑定一个区域，每个区域都可以绑定到接口和源地址。

②“服务”选项卡：用于添加、编辑服务对应的端口、协议、源端口、模块和目标地址等信息。此处的修改不能针对运行时的服务，只能针对永久配置的服务。

③“IPSets 选项卡：使用 IPSets 创建基于 IP 地址、端口号或 MAC 地址的白名单或黑名单条目（允许或阻止流入或流出防火墙）。本项目只针对永久配置进行设置。

④“ICMP 类型”选项卡：ICMP 主要用于检测主机或网络设备之间是否可通信、主机是否可达、路由是否可用等网络状态，并不用于传输用户数据。在 firewalld 中可以使用 ICMP 类型来限制报文交换。

⑤“直接配置”选项卡：firewalld 的规则是通过调用底层的 iptables 规则来实现的，当 firewalld 对规则的表述不够用时，可直接将 iptables 规则插入 firewalld 管理区域中。

⑥“锁定白名单”选项卡：锁定特性为 firewalld 增加了锁定本地应用或服务配置的简单配置方式，它是一种轻量级的应用程序策略。

4）状态栏。firewall-config 界面的最底部是状态栏，状态栏显示 5 个信息，从左到右依次是连接状态、默认区域、LogDenied、锁定状态和应急模式。若在左上角连接状态有“已连接”字样，则标志着 firewall-config 工具已经连接到用户区后台程序 firewalld。

注意：使用 firewall-config 图形化管理工具配置完策略后，不需要单击“保存”或“完成”按钮，只要有修改内容图形化管理工具会自动保存。

STEP 03 设置允许其他主机访问本机的 http 服务。在 firewall-config 图形化管理工具中，设置允许其他主机访问本机的 http 服务，仅当前生效。

在“活动的绑定”区域中选择网络适配器 ens33，然后在“配置”下拉列表中选择“运行时”，在“区域”中选择需要更改设定的区域 public，在“服务”中勾选 http，如图 11-7 所示。

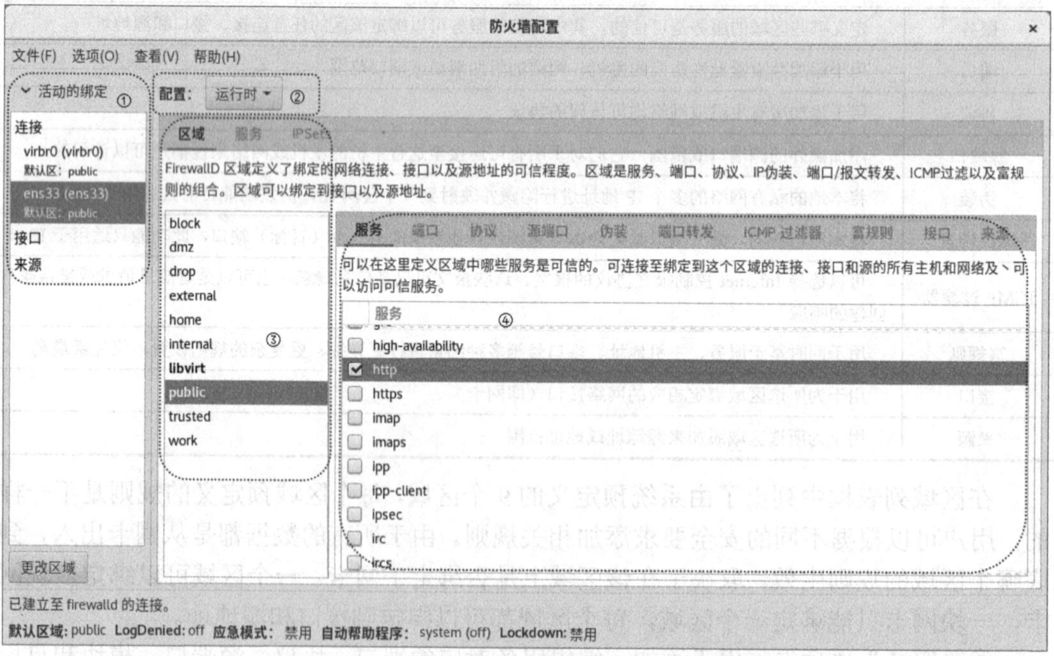

图 11-7 配置防火墙策略允许 http 服务请求

STEP 04 过滤 echo-reply 的 ICMP 协议报文数据包。在“活动的绑定”区域中选择网络适配器 ens33，然后在“配置”下拉列表中选择“运行时”，在“区域”中选择需要更改设定的区域 public，在“ICMP 过滤器”的“ICMP 类型”中勾选 echo-reply，如图 11-8 所示。

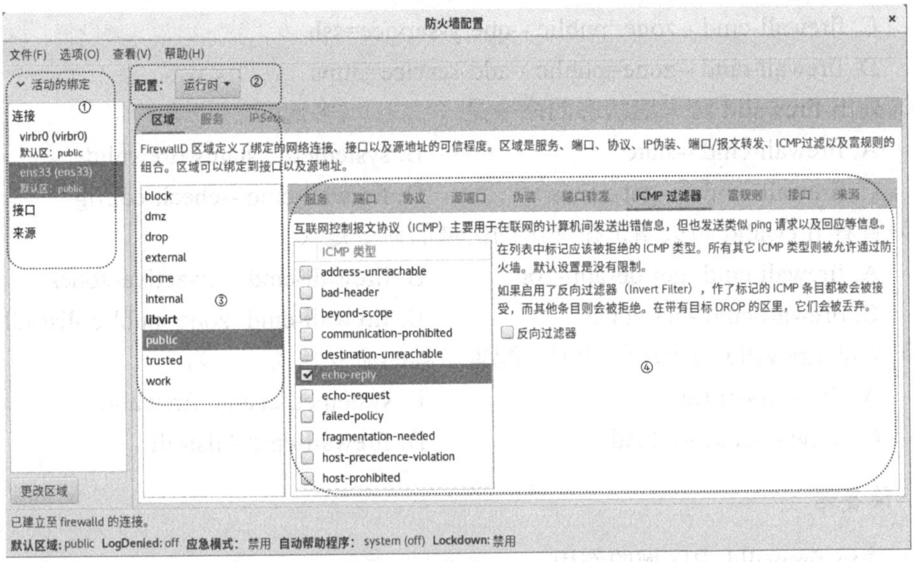

图 11-8　设置过滤 echo-reply 类型的数据包

11.5　项 目 拓 展

11.5.1　知识拓展

1. 填空题

1）防火墙是指设置在不同网络（如可信任的________和不可信的________）或网络安全域之间的一系列部件的组合，是不同网络或网络安全域之间信息的唯一出入口。

2）在 RHEL 8.3 中可以让________、________、ip6tables、btables 等几种防火墙共存，需要注意的是，不同的防火墙软件相互间存在________。

3）在 RHEL 8.3 系统中，常见的 firewalld 区域（zone）有________个，默认为________。

4）使用 firewalld 配置的防火墙策略默认为________模式，又称为当前生效模式。而且随着系统的重启会失效，想让配置策略一直存在，就需要使用________模式。

5）允许 192.168.100.0/24 网段的用户对 controller 和 compute 进行 ssh 访问的 firewalld 命令是________。

6）开启 80 端口、查看 80 端口状态的命令分别是________、________和________。

2. 选择题

1）目前普遍应用的防火墙按软、硬件形式可分为（　　）（多选）。

A．软件防火墙　　B．硬件防火墙

C．芯片级防火墙　　D．包过滤防火墙

2）把 firewalld 服务的当前默认区域设置为 public 的命令是（　　）。

A. firewall-cmd --set-default-zone=public

B. firewall-cmd --get-default-zone

C. firewall-cmd --zone=public --query-service=ssh

D. firewall-cmd --zone=public --add-service=https

3）列出 firewalld 防火墙状态的命令是（　　）（多选）。

A. firewall-cmd --state　　B. systemctl　status firewalld

C. firewall-cmd　--get-zones　　D. firewall-cmd --check-config

4）查看 firewalld 防火墙正在使用的区域的命令是（　　）。

A. firewall-cmd -get-default-zone　　B. firewall-cmd -get-active-zones

C. firewall-cmd -get-zones　　D. firewall-cmd -zone=public -list-all

5）启动 firewalld 防火墙的图形化配置工具的命令是（　　）。

A. firewall-config　　B. systemctl enable firewalld

C. firewall-cmd --reload　　D. firewall-cmd --list-all

3. 简答题

1）简述 firewalld 中区域的作用。

2）如何在 firewalld 中把默认的区域设置为 dmz？

3）如何让 firewalld 中以永久模式配置的防火墙策略规则立即生效？

4）简述 NAT 的工作原理。

11.5.2 技能拓展

1. 课堂练习

某企业的网络拓扑结构如图 11-9 所示，在该企业网络中，需要完成以下任务：首先需要保证企业内部的客户机能够通过网关服务器接入互联网；其次，互联网上的用户可以访问企业内部网络中的 Web 服务器；接下来，要设置只允许 172.16.1.0/24 网络中的计算机能 ping 网关服务器和 Web 服务器；最后，设置网关服务器和 Web 服务器可使用 SSH 远程登录的方式进行运维管理，但又只允许 172.16.1.10 主机通过 12345 端口进行登录。

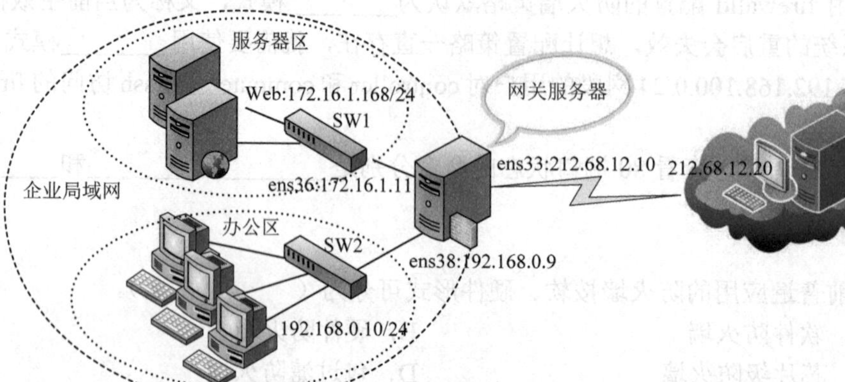

图 11-9　企业网络安全布局图

训练步骤如下。

STEP 01 构建网络环境。在网关服务器上添加 2 块网卡，使其具有 3 块网卡：ens33、ens36 和 ens38，将这 3 块网卡分别连接到企业内部网办公区、企业内部网服务器区和互联网（外部网），规划它们的所属区域，并配置相应的参数。区域规划与配置参数如表 11-3 所示。

表 11-3 区域规划与配置参数

网关服务器网卡区域	网关服务器网卡配置	与之相连网卡的配置	备注
external 区域	ens33：212.68.12.10	ens33：212.68.12.20	互联网（外部网）区
dmz 区域	ens36：172.16.1.11	ens33：172.16.1.168	企业内部网服务器区
trusted 区域	ens38：192.168.0.9	ens33：192.168.0.10	企业内部网办公区

配置网关服务器上的网卡参数：配置网卡参数时，要查看网卡配置文件是否存在，如果不存在，需要先查看再进行添加。

1）配置 ens33 网卡的 IP、网关和 DNS 等。

```
[root@TIANYI ~]# vi /etc/sysconfig/network-scripts/ifcfg-ens33
......
BOOTPROTO=static                        //设置为静态 IP 地址
IPADDR=212.68.12.10                     //设置连接互联网网卡的 IP
NETMASK=255.255.255.0                   //设置子网掩码
GATEWAY=212.68.12.1                     //设置企业网络网关
DNS=222.246.129.80                      //设置本地 DNS 服务器地址
......
```

2）配置 ens36 网卡的 IP，无须配置网关和 DNS。

```
[root@TIANYI ~]#vi /etc/sysconfig/network-scripts/ifcfg-ens36
......
BOOTPROTO=static                        //设置为静态 IP 地址
IPADDR=172.16.1.11                      //设置连接企业网网络服务器网卡的 IP
NETMASK=255.255.255.0                   //设置子网掩码
......
```

3）配置 ens38 网卡的 IP，无须配置网关和 DNS。

```
[root@TIANYI ~]#vi /etc/sysconfig/network-scripts/ifcfg-ens38
......
BOOTPROTO=static                        //设置为静态 IP 地址
IPADDR=192.168.0.9                      //设置连接企业网办公区网卡的 IP
NETMASK=255.255.255.0                   //设置子网掩码
......
#service network restart                //重启网络服务
#ifconfig                               //查看本机地址
```

STEP 02 配置企业内部服务器。

1）配置 Web 服务器的网卡 ens33 的参数。

```
[root@TIANYI ~]# vi /etc/sysconfig/network-scripts/ifcfg-ens33
......
BOOTPROTO=static                        //设置为静态 IP 地址
IPADDR=172.16.1.168                     //设置连接互联网网卡的 IP
NETMASK=255.255.255.0                   //设置子网掩码
```

```
GATEWAY=172.16.1.11                          //设置网关
……
# service network restart                    //重启网络服务
```

2）安装 apache 服务。接下来在内部网络的 Web 服务器（IP 为 172.16.1.168）上配置好 Web 服务。

```
#yum  -y  install  httpd                     //安装 httpd 服务软件包
#systemctl  start  httpd                     //启用 httpd 服务
#echo "我的 firewalld 配置测试" > /var/www/html/index.htm //创建网站的测
                                                        //试首页
```

STEP 03 配置 firewalld 规则（网关服务器配置）。

1）配置每个网卡设置对应的区域。

```
#firewall-cmd --set-default-zone=external             //设置默认区域
#firewall-cmd --change-interface=ens38 --zone=trusted
                                         //将 ens38 添加到 trusted 区域
#firewall-cmd --change-interface=ens36 --zone=dmz//将 ens36 添加到 dmz 区域
#firewall-cmd --reload                              //重新加载防火墙
#firewall-cmd -get-active-zones                     //查看当前区域配置
```

2）配置企业内部网站服务器通过 SSH 的 12345 端口来管理。

① 配置内部网站服务器。

```
vim /etc/ssh/sshd_conf
……
Port 12345                          //去掉前面的#号，将端口修改为 12345
……
```

② 验证、加端口验证。

```
#ssh root@172.16.1.168                       //无法通过验证
#ssh root@172.16.1.168 -p 12345              //无法通过验证
```

③ 配置 setenforce 和防火墙策略，让 12345 端口可用。

```
#setenforce 0                                //先关闭 setenforce 服务
#systemctl restart sshd                      //重启服务
#firewall-cmd --add-port=12345/tcp           //设置防火墙策略，让端口 12345 可用
#ssh root@172.16.1.168 -p 12345              //此时可以通过验证
```

3）配置网关服务器均通过 SSH 的 12345 端口来管理。

① 配置网关服务器 firewalld。

```
#firewall-cmd --add-port=12345/tcp
#firewall-cmd --add-port=12345/tcp --zone=dmz
#firewall-cmd --add-port=12345/tcp --zone=trusted
```

② 企业内部（互联网）服务器启动 HTTP 协议。

```
#firewall-cmd --add-service=http
```

③（企业内网和互联网）服务器拒绝来自任何位置的 ping。

```
firewall-cmd --add-icmp-block=echo-request
```

验证网关服务器，可以发现网关服务器拒绝来自互联网上的 ping（及 ping 不通）。验证公司内网服务器。验证互联网服务器。

4）公司内部主机通过网关服务器共享上网（SNAT）。

① 开启网关服务器的路由转发功能。

```
#echo "1" > /proc/sys/net/ipv4/ip_forward
```

② 为 external 添加富规则，允许来自内网的流量访问外网。

```
#firewall-cmd --add-rich-rule='rule family=ipv4 source address=172.16.
1.0/24 masquerade'
```

③ 验证。

```
#ping www.baidu.com
```

5）互联网用户通过网关服务器访问企业内部网站服务器（配置 DNAT）。为 external 区域添加端口转发，允许外网访问某一个特定地址的 80 端口的请求转发到企业内部服务器上。

① 配置网关服务器的 ens38。

```
#vim /etcsysconfig/network-scripts/ifcfg-ens38
……
IPADDR1=212.68.12.10
NETMASK=255.255.255.0
IPADDR2=212.68.12.17
NETMASK=255.255.255.0
……
```

② 添加富规则。

```
#firewall-cmd --add-rich-rule='rule family=ipv4 destination address=212.
68.12.10/24 forward-port port=80 protocol=tcp to-addr=172.16.1.168' --zone=
external            //这里的212.68.12.10/24代表所有10段的地址都转到企业内部服务器上
```

③ 验证，在互联网服务器上通过网关服务器的 IP 地址转发到企业内网服务器上。

```
#Curl http://172.16.1.168
我的 firewalld 配置测试
```

2. 课后实践

【课后实践 11-1】假设某企业网中 NAT 服务器安装了双网卡，ens33 连接外网，IP 地址为 222.206.160.100；ens38 连接内网，IP 地址为 192.168.0.1。企业内部网络 Web 服务器的 IP 地址为 192.168.1.2。要求当 Internet 网络中的用户在浏览器中输入 http://222.206.160.100 时，可以访问到内网的 Web 服务器。

【课后实践 11-2】假设某企业网中 A 机器安装了两块网卡 ens33（192.168.0.173）和 ens38（192.168.100.1）。ens33 可以上外网，ens38 仅仅是内部网络，B 机器只有 ens33（192.168.100.3）网卡，和 A 机器 ens38 可以通信互联。现在需要使用 firewall-cmd 命令配置 NAT 让 B 机器可以连接外网、进行端口转发（通过 A:1122 连接 B:22）。

11.6　项 目 总 结

本项目首先介绍了防火墙的工作原理、NAT 的工作原理和 firewall-cmd 的命令格式及配置方法，然后着重训练了包过滤防火墙的配置技能，最后训练大家使用 firewalld 配置防火墙、配置 NAT 等方面的技能。

防火墙是目前网络安全中应用最为广泛的服务之一，它的功能非常强大，随着读者学习的深入和对防火墙应用的熟练，更能体会到这一点。通过本项目的学习，你的收获怎样？请认真填写学习情况考核登记表（表 11-4），并及时予以反馈。

表 11-4　学习情况考核登记表

序号	知识与技能	重要性	自我评价					小组评价					教师评价				
			A	B	C	D	E	A	B	C	D	E	A	B	C	D	E
1	了解防火墙的工作原理	★★★															
2	了解防火墙的访问规则	★★★☆															
3	能分析数据包的传输过程	★★★★☆															
4	能正确分析 firewall-cmd 命令格式	★★★★															
5	会使用 firewalld 配置防火墙	★★★★★															
6	会设置各类过滤规则	★★★★★															
7	会使用 firewalld 配置 NAT	★★★★															
8	能完成拓展训练	★★★☆															

注：评价等级分为 A、B、C、D 和 E 共 5 等。其中，对知识与技能掌握很好，能够熟练地使用 firewalled 配置防火墙和 NAT 为 A 等；掌握了 75%以上的内容，能较为顺利地完成任务为 B 等；掌握 60%以上（基本掌握）的内容为 C 等；基本掌握为 D 等；大部分内容不够清楚为 E 等。

参考文献

陈祥琳，2013．Linux 从入门到精通[M]．2 版．北京：人民邮电出版社．

陈祥琳，2022．CentOS 8 Linux 系统管理与一线运维实战[M]．北京：机械工业出版社．

董良，宁方明，2012．Linux 系统管理[M]．北京：人民邮电出版社．

李晨光，2014．Linux 企业应用案例精解[M]．2 版．北京：清华大学出版社．

刘遄，2021．Linux 就该这么学[M]．2 版．北京：人民邮电出版社．

鸟哥，2024．鸟哥的 Linux 私房菜：服务器架设篇[M]．3 版修订．北京：清华大学出版社．

腾子畅，2021．RHEL8 系统管理与性能优化[M]．北京：电子工业出版社．

夏笠芹，谢树新，2013．Linux 网络操作系统配置与管理[M]．大连：大连理工大学出版社．

谢树新，潘玫玫，王浦衡，2020．Linux 网络服务器配置与管理项目教程：微课版[M]．3 版．北京：科学出版社．

杨云，林哲，2022．Linux 网络操作系统项目教程：RHEL 8/CentOS 8）[M]．4 版．北京：人民邮电出版社．

杨云，杨昊龙，吴敏，2024．Linux 网络操作系统项目教程：欧拉/麒麟：微课版[M]．5 版．北京：人民邮电出版社．

张栋，黄成，2010．Linux 服务器搭建实战详解[M]．北京：电子工业出版社．

张同光，2020．Linux 操作系统（RHEL 8/CentOS 8）[M]．2 版．北京：清华大学出版社．